JN028783

スリーパー・エージェント

Sleeper Agent

Ann Hagedorn

The Atomic Spy in America Who Got Away

潜伏工作員

アン・ハーゲドーン　布施由紀子【訳】

作品社

スリーパー・エージェント

――潜伏工作員

いまは亡きエリザベス、ドワイト、ジャネット、
ハリー、エセル、そしてサイラスに

スリーパー・エージェント――潜伏工作員◎目次

第三部　追跡

〈凡例〉

- 本書は、Ann Hagedorn による著書 *Sleeper Agent: The Atomic Spy in America Who Got Away* (Simon & Schuster, 2021)の全訳である。
- 本文中の( )と〔 〕は著者による補足を、〔 〕は訳者による補足を示す。

力強い芝居が続き、きみも詩の一節を献じることができるかもしれない。

——ウォルト・ホイットマン
「おお、わたし！　おお、人生！」
『草の葉』より

プロローグ

前兆であったはずの手がかりをなんとなく見過ごし、あとで振り返ってはじめてそれと気づくことはよくある。たいていの人は前に進む必要に駆られて、高速列車のように先を急ぎ、よく知っているつもりの風景のなかに埋もれた真実や真実のかけらを見落としてしまう。一九四八年のその夜、ニューヨーク市の巨大展示施設、グランド・セントラル・パレスに居合わせた男と女もまた、ほどなく、見落とした手がかりの代償の大きさを思い知ることになった。

その日、九月一九日は、ニューヨーク市の五区合併五〇周年記念行事の最終日だった。この催しが開幕した八月末には、ニューヨークの歴史に残る盛大な開会式典が開催された。最高級ホテル、ウォルドーフ・アストリアでブラックタイ着用の晩餐会が開かれたのち、招待客の一行が松明に守られながらホテル東側のレキシントン街を行進した。この通りでは北四七丁目から一〇ブロックにわたり、あらゆるネオンサインが消されて、街灯も五〇年前のガス灯程度のほの暗さにまで落とされていた。主催者を務めるニューヨーク市長のウィリアム・オドワイヤーと、米国原子力委員会委員長のデイヴィッド・E・リリエンソールの先導で通りを歩いてきた一〇〇人以上の男女は、グランド・セントラル・パレスの四七丁目側の入り口の前で足を止め、初日夜のイベントを見ようと詰めかけた多数の参加者に合流した。レキシントン街の歩道には、五万人を超える見物人がひしめきあっていた。やがて全員が目を上げた。エンパイア・ステート・ビルの屋上に、プラネタリウムの投影機ほどの大きさの望遠鏡が二台設置され、その先端が北斗七星の最も明るい星アリオトに向けられている。

そのあとには、原子力時代の幕開けを告げる趣向が用意されていた。八時三〇分になると同時に、アリオトから降り注いでいた光が、二台の望遠鏡の接眼レンズに組み込まれた光電池を作動させた。エネルギーパルスが電線を伝ってグランド・セントラル・パレスの四階に達し、ウラン原子核を励起させて、電源制御装置のスイッチを入れた。電流が送り出され、レキシントン街にめぐらされた一ブロックぶんの長さのリボンに到達すると、リボンに織り込まれたマグネシウムの塊に点火した。とたんにパチパチと大きな音が弾け、マグネシウムの炎がリボンを切断した。いっせいに明かりがともり、あたり一帯がふたたび明るくなった。[▼1]そこで市長が正式に記念行事の開催を宣言した。「五〇周年記念展示会の開幕にウランのエネルギーを用いたことは、まさにこの催しにぴったりの趣向でした。なぜなら〝人類と原子力〟は、本展示会の最も重要なテーマのひとつだからです。原子力に関わる展示会がこれほど完璧な形で開かれたことはいまだかつてありません[▼2]」

確かに、グランド・セントラル・パレスの四階で開かれた多彩な展示会は類を見ないものだった。原子爆弾という専門性の高いテーマを一般の人々にもわかる言葉で解説し、原子核同士の衝突や核分裂反応の仕組みを図で示したのち、人類史上最も恐ろしい兵器が平和をもたらしたという結論へといたる徹底ぶりだったからだ。一カ月の開催期間中に実施されたアンケートで最も人気があった企画は、原子爆弾が恐怖の源から魅力あふれる存在へと変化するシナリオに沿った展示だった。九月のある日の新聞には、「〝人類と原子力〟——ニューヨークで最高のショー」というヘッドラインが躍った。[▼3]

その男女がグランド・セントラル・パレスで会う約束をしていたのはなぜだろう。このような評判を聞いて、九月一九日の閉幕前に展示会を見ておこうと思ったからか。あるいは、原子力にまつわる巷の話題に興味を惹かれたからか。当時は原子力の国際管理をめぐって白熱した議論が交わされていた。さらに、戦争中に米国が史上初の原子爆弾の開発に取り組んだ施設でソ連のスパイが暗躍していたと主張する声が日に日に高まってもいた。九月に入ってからはほぼ連日、スパイ容疑に関わるニュースが新聞紙上をにぎわしていた。ジョージ・コヴァルという名のその男が、ジーン・フィンクルスタインを展示会に誘った土曜日にも、ニューヨークタイムズ紙が近々公表される報告書をトップ記事として取り上げていた。その文書には「原子力分野における共産主義者のスパイ活動に関わる衝撃的な事実[4]」が書かれており、それまで知られていなかった人物がニューヨーク市を中心とするスパイ網と関係していたことが明らかにされているという。

しかしコヴァルのデート相手は、彼が展示会に行くのは古くからの友人たちに会いたいからだと聞かされていた。戦争時代、テネシー州のオークリッジ〔戦時中に核兵器製造拠点として建設された都市〕で働いていたころの同僚だという話だった。コヴァルは、彼らが必ず〝人類と原子力〟展を見にくるはずなので、行けば会えると確信していた。当初ジーンは、結婚を考えている相手への敬意から、コヴァルの誘いに応じることにした。しかし展示についての論評を読むうち、オークリッジのガス拡散工場の縮尺模型や、高放射性物質プルトニウムの製造工程を紹介するアニメーションパネルを実際に見てみたいと思うようになった。彼はオークリッジやプルトニウム、放射能などの事柄について多くの知識を持っていたが、ジーンは何も知らなかった。それに彼女は、この男のすべてを知りたかった。何に興味があるのか、これまでどんな人生を送ってきたのか。彼が持っている科学知識についても少しでも学びたいと思っていた[5]。

ジーンとジョージ・コヴァルは、一九四八年三月のある夜、ニューヨーク市立大学シティカレッジ（C

CNY）のキャンパスにほど近いボウリング場ではじめて会った。ジーンは二一歳で、CCNYで学ぶ科目履修生だった。コヴァルは三四歳。少し前にCCNYの電子工学科に入学し、ジーンの兄レオナードの同級生になったばかりだった。彼はレオナードが熱心に活動している友愛会の会員でもあった。その夜は、友愛会主催のボウリング大会が開かれていた。レオナードは「おもしろくて風変わりな友だち」――ウォルト・ホイットマンやヘンリー・ワーズワース・ロングフェロー[6]の詩を暗誦できる電気工学者――に妹を引き合わせたかったのだ。

何年ものちにその夜のことをきかれたジーンは、ただ「わたしたちは最初から真剣につきあっていました」とだけ答えた。[7]コヴァルはすらりとしていて肩幅が広く、身長一八〇センチくらいのとても男らしい感じの人だったという。髪は茶色で短くてさらさらしていて、瞳も茶色だった。ふっくらした唇が彼の笑顔をなおさら魅力的にしていた。二年前に米国陸軍を除隊していた彼は、いつも紺色のブレザーとカーキ色のズボンを着けていて、さわやかな印象がした。とくに服装にこだわっているようではなかったが、スマートで都会的な装いを好み、アイオワ出身の元兵士というよりは、教養のあるニューヨーカーのような洗練された雰囲気を漂わせていた。しかしときに無邪気な一面を見せることもあった。それはおそらく幼少期を中西部で過ごしたせいだろう。あるいは、周囲の人やものごとのすべてに旺盛な好奇心を持っていたからかもしれない。また、猫のようなところもあった。いざというときにすぐ行動に移れるよう、半ば楽しむかのように、つねに注意深く状況を観察していたという。

ジーンはコヴァルについてきかれると決まって、人当たりがよくて活力にあふれた人だったが、ごつごつした岩のように近寄りがたいところもあったと答えた。そうした内向的な一面を知る者はほとんどいなかったが、ジーンは、それは困窮していた子供時代に根ざしているのだろうと思っていた。自分の過去について詳しく語りたがらなかったのもそのせいだったかもしれない。しかし、一九一三年のクリスマスにスーシティで生まれたこと、一七歳のときに家を出たこと、それからまもなく両親がふたりとも亡くなったことはジーンに話していた。自分はひとりっ子だったので、それで家系が途絶えてしまったと言っていたらしい。ジーンはただ黙ってその話を聞いた。疑う理由など、何もなかったのだ。それに、ふたりにはほかにも話すことがたくさんあった。コヴァルがことのほか情熱を注いでいた野球もそうした話題のひとつだ。彼は一九四八年に活躍した大リーグの投手全員の経歴とこれまでの成績についてすらすら語ることができた。友人のあいだでは、優秀な遊撃手（ショート）としても知られていた。

数カ月のあいだ、コヴァルとの将来をあれこれと思い描いていたジーンには、好ましくない証拠をさがすことなど思いもよらなかった。そんな必要は皆無だった。それでもときどき、コヴァルが過剰に誠意を示そうとすることには気づいていた。また、彼にはふいに黙り込む癖もあった。まるで機械が突然止まったようにしゃべるのをやめてしまうのだ。いつも几帳面で、決して規範を外れるようなことはせず、思ってもいないことを口にする人ではなかった。そしていつもきちんと時間を守った。

だが九月一九日には約束の時間に遅れてやってきた。しかもそのことでひどく動揺しているようだったという。その夜は最初から、ジーンがそれまで知っていた物静かで魅力的な彼とはようすがちがっていて、時間が経つにつれ、ますます落ち着きを失っていくように見えた。不安を鎮めるためだろう、彼はジーンを連れてずっと歩きまわっていた。展示をひとつ見ては、すぐにまた〝人類と原子力〟のコーナーに取って返す。友人たちと行き違いにならないようにしたかったのだと思われた。頭がそのことでいっぱいだったらしく、人気を集めていた二〇万ボルトの発電機にさえ興味を示さなかった。それは原子力の実験に使われた発電機で、驚異的な量の電力を生み出すことができた。展示ブースには見学者も自由に入って、自分の髪が逆立つのを見ることができた。[8]

コヴァルは関心がないらしく、終始せりふを忘れた役者のように、不安そうな表情を浮かべていた。心はどこか遠くにあって、孤立無援といったようすだった。展示会が終了する午前零時まで、ふたりは会場に残っていた。オークリッジで働いていたころの元同僚で軍隊仲間だったという友人たちは姿を見せずじまいだった。ジーンがのちに語ったところによると、ふたりは地下鉄に乗り、それぞれの住まいがあるブロンクス区へ戻る途中、「つきあって以来はじめての痴話げんか」をしたという。[9] 時を経て何が原因だったかは忘れてしまったが、彼のほうから「けんかを吹っかけてきたような気がした」ことは覚えていた。[10] 両親と暮らしていたアパートまで送ってもらったあと、別れ際にコヴァルが何か言った。それが「おやすみ（グッドナイト）」だったのか、「さよなら（グッドバイ）」だったのかは、どうしても思い出せなかった。

　ジーンはその後何週間ものあいだ、コヴァルを放っておいた。兄のレオナードからの助言もあったが、彼女自身の直感がそうしろと告げたのだった。がまんするには、相当な意志力が必要だっただろう。とくに、新聞の一面を飾ったふたつの大騒動をめぐっては、彼と言葉を交わしたかったはずだ。ひとつはスポーツ界の、もうひとつは政界のできごとだった。プロ野球界では、低迷が続いていた二球団、一九一四年以来リーグ優勝に縁のなかったナショナルリーグのボストン・ブレーブズと、一九二〇年以来首位争いから遠ざかっていたアメリカンリーグのクリーブランド・インディアンズが、一九四八年度ワールド・シリーズに出場できる運びとなった。いつも下位チームを熱心に応援していたコヴァルにとっては、見逃せない対戦だったことだろう。一方、政治の世界は、相変わらずニューヨークでソ連のスパイが暗躍していたというニュースでもちきりだった。原子爆弾開発に関わる諜報活動を展開したスパイ網があったことも発覚したという。ある新聞のヘッドラインは「スパイ、米国内で〝活動中〟[11]」と報じていた。

　ジーンにとっては、彼の声を聞かずに過ごす毎日はやはり耐えがたかった。ついにある日、こらえきれなくなって電話をかけると、家主の女性が出てきて、コヴァルはいないと告げた。しばらく――いや、おそらく二度と――帰ってこないつもりだろうという。もうここには住んでいない、いまごろはきっと船でヨーロッパに向かっているはずだ。「きのうの朝、ボストンバッグひとつ」[12]を提げて出ていったから……。ジーンにしてみれば、晴天の霹靂だったにちがいない。兄に電話をしてみたが、コヴァルが町を出ていったことについては何も知らないという。そこで、コヴァルのいちばんの親友と思われるハービー・サンドバーグという男に連絡をとった。するとコヴァルが一〇月六日にニューヨークを離れたことがわかった。ポーランドに渡り、発電所建設地の現場監督として働く計画だという。サンドバーグは彼がいつ戻ってくるのかも知らず、郵便物の転送先も聞いていなかった。しかし、コヴァルが埠頭(ピア)61から大西洋航路定期船アメリカ号に乗って旅立ったこと、その日が雨だったことは知っていた。だがそれ以上のことは何も知らなかった[13]。

のちにさまざまな文書やインタビューによって、このコヴァルの逃避行にまつわる真実がある程度明らかになるが、解明できずに終わった謎も残っている。たとえば、ニューヨークの空を背景にした摩天楼が遠ざかり、広大な外洋が近づいてくるのを眺めながら、コヴァルは何を考えていたのだろう。一六年前の一九三二年五月、両親と兄と弟といっしょにピア54からソ連行きの船に乗ってはじめてアメリカを離れたときのことを思い出していたのだろうか。あるいは、ロシアからの移民だった父親が一九一〇年にはじめてアメリカを目にしたときのことや、その生涯に思いを馳せていただろうか。コヴァルが生まれた国の自由を象徴する巨大な像のそばを通りすぎたときには、いささかのためらいも感傷もおぼえず、プロフェッショナルらしくふるまっていただろうか。あるいは、捨て去ろうとしている過去、あとに残してきた人々への思いを必死で抑え込もうとしていただろうか。

コヴァルはその年の一一月にはソ連のモスクワにいて、一二年前に結婚した妻のリュドミラ・イワノワ・コヴァルと暮らしていた。そしてやがては当時六五歳だった父親のアブラム、五八歳の母親エテル、それから兄のイサヤと再会することになる。ソ連の軍事諜報員としてアメリカに「出張」していた八年間について、コヴァルが家族に何を語ったのかはわかっていない。しかし彼が絶妙なタイミングでアメリカを離れたことだけは確かだ。いつも機を見るに敏な男だった。コヴァルを知る者なら誰もがそれを認めただろう。

第一部

新天地

もし一国の国民が、書物を通じて他国の人々のつらい体験を深く理解できれば、その国民の将来は明るいものになるだろう。多くの不幸や失敗を避けることができるだろう。しかしそれは非常にむずかしい。「ここではちがう。ここではそんなことはありえない」というあやまった認識がたえず邪魔をするからだ。

――アレクサンドル・ソルジェニーツィン

『収容所群島』より

第1章 アメリカン・ドリーム

アブラム・コヴァルがアイオワ州スーシティに着いてはじめて出会った住人は、混み合った駅のプラットホームで、「新聞はいかがですか」とかん高い声で最新版の日刊紙を売り歩く新聞売りの少年だったにちがいない。[1] 一九一〇年の五月のはじめ、アブラムはアメリカへ来て最初に上陸したテキサス州ガルヴェストンからこの町に向かっていた。そのひと月前の夜明け、彼は生まれ故郷のロシアの村を出た。両親ときょうだい、のちに彼の妻となりジョージ・アブラモヴィチ・コヴァルをふくむ彼の子供たちの母となる女性に別れを告げて旅立ち、近くの町で多くの男女子供といっしょに汽車に乗った。窓のない壁に押しつけられ、肩と肩、背中と背中をくっつけあっていなければならないようなぎゅう詰めの車両で、八時間かけてドイツのブレーメンまで行った。そこで四月七日出航予定のアメリカ行き大西洋航路定期船ハノーファー号への乗船予約をしたのち、宿の共同寝室でふた晩を過ごした。壁はハエがたかって黒ずんで見え、隙間なく列を成して並べられた寝台は、性別年齢を問わずおおぜいの人々で埋まっていた。[2] しかしこれはほんの予行演習にすぎなかった。その後のガルヴェストンまでの八〇〇〇キロにおよぶ船旅でも、三等船室に一六〇〇人近い乗客が詰め込まれ、[3] 同じような状況で寝泊まりすることになったからだ。

四月二八日、アブラムは「西のエリス島」と呼ばれたガルヴェストンの港に着き、ハノーファー号のタラップをおりた。[4] そこで「アブラム・バークス・コワル〔Abram Berks Kowal〕」という名で正式に移民登録をした。行き先は「ミズーリ州スーシティ」と書いた。一週間後、彼は新しい故郷となるミズーリ河畔の町、アイオワ州スーシティで汽車をおりた。[5] 駅で新聞売りの少年たちの活力にあふれた姿を見て、目標に向かう意欲を新たにしたことだろう。

このとき二七歳だったアブラム・バーコ・コヴァル〔移民登録をした翌月にAbram Berko Kovalの名で帰化申請をした〕は、経験豊かな大工だった。骨身を惜しまない働きぶりで信頼を集め、ガルヴェストン運動と呼ばれる活動で中心的役割を担うようになった。これは、銀行家のジェイコブ・シフや商人のサイラス・サルツバーガーなど、著名なユダヤ人がニューヨーク市ではじめた活動で、ユダヤ人移民の落ち着き先を市から遠く離れた西の地方に確保することにより、彼らがアメリカに入国する権利を守ることをめざしていた。[6] 一九〇五年を境に毎年およそ一〇万人のユダヤ人がアメリカにやってきて、多くがマンハッタン南東部のロウワー・イースト・サイドに住み着くようになり、彼らへの偏見から、移民を制限せよとの議論が巻き起こっていた。シフやサルツバーガーらはなんとかこれを阻止しようと考えたのだ。[7]

すでに一九〇六年の夏にはこの活動がはじまっていた。ガルヴェストンが移民受け入れの窓口として選ばれたのは、この町が西部にあり、ドイツのブレーメンに本社を置く北ドイツ・ロイト（ノルトドイチャー）海運会社が運航する直行航路の終点だったからだ。また、ここは西部や中西部の主要都市を結ぶ鉄道の終着点でもあった。シフたちはすでに一九一〇年には、ロシアからやってきた一万人近い移民をガルヴェストン経由で一八の州の六六都市に送り込んでいた。なかには、祖国で勧誘されて移住してきた者もいた。[8]

キエフ〔現ウクライナのキーウ〕を拠点とするシフの組織、ユダヤ人移民協会では、ロシア側の募集担当者たちがアブラム・コヴァルのような若者をさがしていた。新しい土地にすんなり適応し、アメリカ各地のコミュニティに貢献してくれそうな人材を。健康で、四〇歳未満で、金物職人や仕立屋、精肉職人、靴職人、大工としてすぐれた技能を持つ者が望ましいとされた。[9]そのような青年を惹きつけるため、移民協会では、自宅からブレーメンまでの交通費とブレーメンでの宿泊費一、二泊分、それに船賃のほぼ全額を給付するクーポンを用意した。[10]

アブラムも、何度かこうした募集担当者の訪問を受けるうちに、祖国を離れる決意を固めたのかもしれない。アメリカに行けばさまざまな可能性が開けることを聞かされ、よりよい人生への希望をかき立てられたのだろう。彼が住んでいたベラルーシのピンスク郊外のテレハニという村は、ユダヤ人強制集住地域内に位置していた。ヨーロッパ・ロシア〔ロシアの領土のうちヨーロッパに分類される西部地域。当時は現在のベラルーシとウクライナをふくむ東スラブ地域を指した〕からロシア帝国支配下のポーランドの一部にかけての一帯がこの集住地域に指定され、そこに四〇〇万人近いユダヤ人が暮らしていた。ここではユダヤ人を弾圧し、彼らに経済力を持たせないためにさまざまな規制が設けられていた。ユダヤ人は、土地の購入、事業経営、専門職に従事することを禁じられていた。教育面でも、〔宗教の如何にかかわらず通える〕普通学校に在籍できるユダヤ人の割合は全校生徒の一〇パーセントまでと決められていたので、大学に進んで経済的な安定につながる学位を取得できる見込みがきわめて低くなっていた。[11]しかも男子にはロシア陸軍で六年の兵役に就いたのち、九年の予備役に服することが義務づけられていた。[12]

去るべきか踏みとどまるべきか。それは古今、迫害に苦しむ人々のすべてが悩んできた問題だった。いつどのようにして脱出し、どこへ行けばいいのか。みずからを取り巻く現実に不安をおぼえはじめたアブラムは、募集担当者の話に希望を見いだし、やがて答えを出す。一九一〇年にロシアを去るということは、反ユダヤ主義が蔓延する皇帝ニコライ二世治世下の祖国を離れ、つねに暴力に脅かされる日々と決別することを意味した。アブラムが出国を決意するにいたったいちばんの理由もまた、一九〇五年以降、前例がないほど多くのロシア・ユダヤ人をニューヨークに追いやった残虐行為の横行だったにちがいない。

一九〇五年一〇月、皇帝(ツァーリ)はある書類に署名して、広大なロシア帝国全土に機能不全をもたらしたゼネラル・ストライキを終結させようとした。「一〇月詔書」と呼ばれたこの文書の内容が実行されれば、皇帝が最高権力者としての基本的権利を放棄し、独裁制から立憲君主制に移行して、言論、集会の自由や思想・良心の自由が認められるようになるはずだった。もはや国民の生活を左右する法律をひとりの人間が独断で作ることはできなくなり、皇帝の意のままにならない議会が開設されて、あらゆる階級から議員が選出される。アブラムのような労働者も代表を送って自分たちの声を届けることができるようになる。なぜなら、詔書はユダヤ人にも選挙権と被選挙権を与えると保障していたからだ。

翌日には、何万人ものロシア人がこの宣言をロシア初の憲法と受けとめ、町や都市の通りにどっと繰り出して、のちに一九〇五年のロシア革命と名付けられたこの運動の成果を祝った。しかしユダヤ人強制集住地域だけは例外で、こうした祝賀ムードはほんのいっときしか続かなかった。なぜなら昼過ぎには、武器を手にした暴漢や地元の警察官がおおぜいやってきて、喜びに沸き立つ人々を黙らせてしまったからだ。ここでは、この記念すべき日は、大衆の勝利の日としてではなく、ユダヤ人を標的にした虐殺の嵐、「ポグロム」が吹き荒れた日として語り伝えられることになった。▼13

それから数週間のあいだに、六六〇の町で六九四件のポグロムが発生した。その大半はユダヤ人集住地域で起こった。少なくとも三〇〇〇人が殺され、二〇〇〇人が重傷を負った。負傷者の総数は、男女、子供を合わせて一万五〇〇〇人以上と報告された。最も被害が大きかった町では、ユダヤ人の家に強盗が押し入って火を放ち、商店やシナゴーグも略奪に遭った。赤んぼうが殺害され、女性や少女が強姦されたという証言も多く残されている。▼14

もともと皇帝の詔書署名後にユダヤ人を襲撃する計画があったのではないかとの疑惑が持ち上がったが、

ロシア当局はこれらをことごとく否定し、ポグロムは、皇帝支持派の呼びかけではじまったのであり、皇帝と帝政ロシアを失いたくない人々の熱意が高じて突発的な暴力行為につながったのだと主張した。しかし時が経つにつれ、次第に真相が浮かびあがり、大量虐殺は、反ユダヤ主義を掲げる反革命派の指導者たちがあらかじめ仕組んだものとしか思えなくなっていった。やがてある日、政権の失策をユダヤ人のせいにするためにばらまかれた偽情報のせいでポグロムが発生したことが判明した。サンクトペテルブルクで、一九〇五年の一〇月から一一月にかけて、警察本部内にひそかに設置された印刷機で反ユダヤ的パンフレットが製作されていたことが明らかになったのだ。

これは古くからなじみのあるシナリオだ。望ましくない人々を抑圧しておいて、被害者が蜂起すれば、反革命派に彼らの虐殺を許し、これで帝国は救われたと賞賛する。そして大量殺戮の責任を当の被害者に押しつけるのだ。帝政ロシアの厚い否認の殻の下には、目に見えない皮肉がひそんでいた。いつの時代も、抑圧はつねに階級意識を目覚めさせ、反乱と帝国崩壊を引き起こす。果たして、反ユダヤ主義が勢いを増すにつれて、ロシアの急進派ユダヤ人はいっそう硬化していった。一九〇六年には、ロシアに暮らすユダヤ人の多くが独裁体制の転覆を望み、それに向けて運動をはじめていた。皇帝の廃位をめざす革命組織に加わる者や、ユダヤ人コミュニティを暴徒から守ろうと武力抵抗の訓練を受ける者さえ出てきた。活発化する政治活動のなかで主要な役どころを演じていたのは、略称「ブンド」で知られるユダヤ人労働者総同盟だった。アブラム・コヴァルは十代後半からここに加入していた。

若者をブンドに惹きつけたのは、気持ちを高揚させてくれるその連帯感だった。差別の対象だった民族性も、労働者階級という出自も貧困も、もはや恥ではなくなった。そうした特性は弱点ではなく、抑圧に終止符を打って世を変えると誓う力の源となった。彼らは連帯感を通じて、恐怖と屈辱ではなく尊厳と希望に根ざしたアイデンティティを育むことができた。やがてこの世代がユダヤ人弾圧の象徴たる皇帝の打倒を画策することになった。[15]

アブラムの未来の妻、エテル・シェニツキーもまた、こうした情熱に燃える世代の女性だった。彼女はテレハニでラビ〔ユダヤ教の宗教指導者〕の娘として生まれた。父親はエテルがブンドのような過激な社会主義組織に関わることを望まなかったが、若い彼女にとって社会主義は、父親から長年教え込まれてきた教義をあっさり捨てられるほどの魅力にあふれていた。のちにエテルの息子ジョージは、「母は社会主義者という言葉の意味が世間に知られるようになる前から、社会主義者だったのだ」と書いている。エテルの父親にとってこれは不面目なことだった。あるとき彼は激しい怒りに駆られ、娘の豊かな茶色の髪をつかんで庭に引きずり出し、そのまま近くのシナゴーグへ連れていった。時を経ても年齢を重ねても、この緊張に満ちた関係がやわらぐことはなかった。[16]

ロシア当局がユダヤ人への締めつけを強化するにつれ、エテルの信念はいっそうゆるぎないものになっていった。年々、監視が厳しさを増し、革命的と見なされうる活動に携わる者は、日常的に危険にさらされた。夜間は午後八時以降の外出が禁じられた。集会も認められなかった。逮捕者も増えた。標的となったのは、たいていが革命家と呼ばれる人々だった。さらに悪いことに、不当なやりかたでユダヤ人を国外に追放しようとする動きもあった。[17] たとえば、こんな話がいくつも伝わっている。一家全員が真夜中にたたき起こされ、着の身着のまま警察本部に連行されたのち、騎兵隊によってグループ単位で市外へ追い立てられていったという。地元当局が「母親から赤んぼうを取り上げ、家を捨てるか子を捨てるかと決断を迫りさえした」事例も、一九一〇年までに何件も報告されている。[18] こうした措置はのちに「無血ポグロム」[19]と呼ばれたが、ロシア当局は流血をともなう苛烈なポグロムと変わらぬ凶暴な力でユダヤ人を国外へ追い出したのだ。

アブラムとエテルがいつどこで知りあったのかはわかっていない。しかし、キエフの募集担当者がアブラムに接触を試みたころには、すでに親密な間柄だったようだ。ほどなくふたりはある計画を思いつく。アブラムがはじめてアイオワの土を踏んでから約一〇カ月後、エテルもやってきた。そして一九一一年六月三日、ふたりはスーシティで結婚した。当時この都市は商業の中心地として急成長を遂げつつあり、二〇世紀初頭の投資家たちから、第二のシカゴと目されていた。コヴァル夫妻は幸先のよいスタートを切ったのだ。

一九一一年のスーシティでは、一日一〇〇本の旅客列車が市内の三つの鉄道駅を通るようになっていた。アメリカで二番目に大きな家畜置き場〔輸送途中の家畜を一時的に保管する場所。広大な敷地を要した〕があり、大規模な食肉加工工場が三軒稼働していた。人口は五万人近くに達し、そのうちの三〇〇〇人ほどがユダヤ人だった。彼らにとってスーシティは地域の中核になっていた。トウモロコシ畑と、背の高い草が生い茂る大平原(グレートプレーンズ)に囲まれたこの都市には、ユダヤ正教のシナゴーグが四つ、ユダヤ人が保有する会社や商店が一〇〇軒以上あり、何百人ものユダヤ人職人が、市内で最も腕のいい大工や鍛冶屋、仕立て屋、パン職人、煉瓦工、電気工として働き、数多くのユダヤ人少年が家計を助けるために新聞を売っていた。[20]

アブラムはエテルがアメリカに渡ってくるまでは、最低限の家具を備えた小さな下宿部屋を借りて住んでいた。そこから一キロほど先のイースト・ボトムズと呼ばれる地区では、多くのユダヤ人、非ユダヤ人の新移民が共同住宅で生活していた。結婚後、コヴァル夫妻はゲットーのようなこの集落からさらに遠く離れたヴァージニア通りの小さな家に引っ越した。そこから四ブロックのところに、クリーム色の壁に木の窓枠を備えたヴィクトリア様式の三階建ての二戸住宅があり、ふたりはほどなくその家を借りて、やはりロシアから移民してきたアブラムの妹夫婦といっしょに暮らすようになった。[21]住所はヴァージニア通り六一九番地。コヴァル夫妻はのちにこの家を買い取り、そこで三人の息子を育てた。一九一二年七月二二日に長男のイサヤ、一九一三年一二月二五日に次男のジョージ、そして一九一九年一月二五日に三男のガブリエルが誕生した。[22]

しばらくのあいだコヴァル一家は、ガルヴェストン運動の成功例として、募集担当者が理想とした道を歩んでいた。ユダヤ人強制集住地域からヴァージニア通りの家へと移り住んだ彼らは、多くの人々がアメリカン・ドリームと考える暮らしをしていたのだ。

第2章 真実だけを

ジョージ・コヴァルは、すべての夢をかなえる鍵は学びにあると考える家庭に育った。両親とその兄弟姉妹は、本を読み、見習い修業に精を出し、話を聞き、物語ることによって手本を示してきた。家ではよくイディッシュ語が話されたが、エテルもアブラムも英語を学び、息子たちには英語の本を音読するように言い、詩の暗誦さえさせていた。また、家から歩いていけるユダヤ人コミュニティセンターで催される芝居やミュージカル、寄席演芸、コント、さらにはスポーツの試合も観にいくように勧めた。[1] センターの隣には野球場があった。

おそらくジョージはヴァージニア通りの裏通りか、コミュニティセンターにほど近い、しばしばぬかるんで泥だらけになる運動場で野球のルールを覚えたのだろう。スーシティの野球ファンはそのころでもまだ、一八九一年の「ワールド・シリーズ」でスーシティ・ハスカーズがシカゴ・コルツにさよなら勝ちをしたことを語り草にしていた。[2] ニューヨーク・ヤンキースの「ホームラン・ツイン」と謳われたベーブ・ルースとルー・ゲーリッグが〔一九二七年秋に〕スーシティにやってきたときには、こんなことがあった。ストックヤード野球場で公開試合（エキシビション・ゲーム）がおこなわれることになり、ジョージの学校の校長が授業を打ち切りにして、生徒たちが二時半からの試合を観にいけるようにしてくれたのだ。ベーブ・ルースは七回裏に試合を中断し、ゲーリッグも誘って、若いファンたちに外野へ行こうと合図をした。子供たちはそこであこがれの選手といっしょにフライボールをキャッチして楽しむことができた。[3]

少年が新聞売りをして金を稼ぎ、野球、コント、芝居が楽しめる環境で、ジョージはごくふつうの子供時代を送ったかに見えた。しかし二〇世紀はじめのアメリカでロシア出身のユダヤ人移民の子として成長するにつれ、ジョージは次第に気づいていく。自分の人生の背後で、つねに政治と偏見が渦を巻いていたことに。

一九一七年二月にスーシティの新聞がこぞってロシア革命勃発のニュースを報じたとき、ジョージはまだ三歳だった。三月に入ると、帝政の終焉、皇帝ニコライ二世の死亡、新しいロシアをめぐる血なまぐさい戦いに関する記事が相次いで掲載された。そして三月一七日、「スーシティ・ジャーナル」紙が第一面トップで「ロシアのロマノフ朝ついに滅亡」と伝えた。ジョージが詳細を覚えているはずはないが、家庭内を揺らした複雑な感情の波は感じとったにちがいない。帝国の崩壊は、ユダヤ人強制集住地域の消滅をも意味した。一一月初旬——当時ロシアで使われていたユリウス暦では一〇月の末（翌年二月からグレゴリオ暦に改暦）——に、のちに十月革命と名付けられた武装蜂起が起こり、急進的な社会主義政党ボリシェヴィキが権力を掌握、ウラジーミル・レーニンの指導のもと、世界初の共産主義体制の導入に踏み切った。新政権は、反ユダヤ主義を非合法化し、ユダヤ人を社会に受け入れると約束した。

しかしアメリカでは、そのわずか数カ月後、またもやジョージの両親がねじくれた偏見にさらされるようになった。十月革命の余波で、ロシア・ユダヤ人の移民はみな、アメリカの新しい敵ボリシェヴィキであるというレッテルを貼られてしまったのだ。ロシア・ユダヤ人は労働者の権利と社会主義体制実現のために活動し、革命を仕組んだ不穏分子である、今度はアメリカ政府の転覆をもくろんでいるにちがいない、というわけだ。ボリシェヴィキ革命にユダヤ人が関わった、だからロシア・ユダヤ人はボリシェヴィキだという思い込みが、アメリカ国内に反ユダヤ的な憎悪を生み出した。標的になったのは、コヴァル夫妻のように、資本主義体制では決して貧困や抑圧がなくならないと信じる社会主義者たちだった。

一九一九年の末、ジョージが六歳になったころには、第一次世界大戦後にはじまった「赤狩り(レッドスケア)」と呼ばれるパラノイアが広がりはじめていた。新たな敵はボリシェヴィキと社会主義者と共産主義者、労働組合員、そして移民だった。一九二〇年代を迎えるころには、この集団ヒステリーが濃霧のように真実をすっぽり覆い隠していた。アメリカは均衡を失い、とげとげしい空気に支配されていた。革命をめぐる疑念がはびこり、ボリシェヴィズムそのものではなく、反ユダヤ主義と外国人恐怖症(ゼノフォービア)がアメリカを侵略しつつあった。[4]

こうした外国人恐怖症は、ガルヴェストン運動に尽力したジェイコブ・シフらが必死で防ごうとした事態へとつながった。出身国別に移民の人数を決める割当制度が設けられ、アメリカに入国できるユダヤ人の数が大幅に削減されてしまったのだ。一九二四年、制限推進派が支持を広げ、東欧やロシアから弾圧を逃れてくる人々の受け入れを抑制する法案を可決させた。[5] スーシティでは、ユダヤ人コミュニティの成長がほぼ止まってしまった。さらに悪いことに、グレートプレーンズの広がる中西部の州で北方人種至上主義結社のクー・クラックス・クラン(KKK)が急速に勢いを増していた。

アイオワでは、ジョージが一〇歳だった一九二四年の夏にはすでに州内のKKKの加入者数がおよそ四万人に達し、〝クラヴァーン〟と呼ばれる支部が一〇〇カ所以上に設立されていた。[6] スーシティでも新規加入者の数が増え、日が暮れてからまもなく、入団式のおこなわれる丘の頂上で、火のついた十字架がしばしば目撃された。その夏のある土曜日には覆面姿の団員たちがスーシティの東端のハイウェイに集結した。彼らは横断幕を掲げ、フロートを牽いて市の中心部に入り、通りを練り歩いた。[7] 一九二四年には同様のことが何度も繰り返された。

こうしてジョージはその後何年ものあいだ、無知と偏見に囲まれた人生を送ることになった。一九二〇年代には、アメリカに暮らすユダヤ人は、銀行や公益企業への就職を拒否され、地元の企業でも、非ユダヤ人が経営する会社で働くことができなかった。新聞に掲載される求人広告には「キリスト教徒のみ応募可能」と特記されていた。[8] ユダヤ人の入会をことわるクラブも多かった。さらに、のちに「アメリカ史上最悪の反ユダヤ主義的集中砲火」[9]と名付けられるできごとがあった。実業家のヘンリー・フォードが個人的に発行していた週刊新聞「ディアボーン・インディペンデント」紙に、「ユダヤ人の脅威」に関する記事を九一回にわたって連載したのだ。

この連載は二年近く続き、第一面には「ユダヤ人がそそのかした悪事」なるものを取り上げた記事が掲載されていた。フォードは、なかでもとりわけ悪質な「暴露記事」を『国際的ユダヤ人〔*International Jews*〕』と題した全四巻の書籍に収録して出版した。一巻あたりの分量は二二五ページ、価格は二五セントで、アラビア語をふくむ一六カ国語に翻訳されて、アメリカ国内で推計一〇〇〇万部、ヨーロッパ、南米、中東でもさらに多くの部数を売り上げた。フォードはこれを「ないがしろにされてきた真実」と称していた。

事実はまったく逆だ。フォードは『シオン賢者の議定書』という偽造文書の影響を受けていたのだった。この文書は何年も前〔一九〇三年ごろ〕にロシアでポグロムを誘発するプロパガンダとして使われていた。一九世紀中ごろのフランスの小説〔政治風刺家モーリス・ジョリーの著作『マキャベリとモンテスキューの地獄での対話』。ユダヤ人についてはひとことも書かれていない〕を元にしたもので、ユダヤ人が国際的な陰謀によって、アーリア人国家をことごとく破壊しようとたくらんでいるという内容だった。「ディアボーン・インディペンデント」紙の連載では、第一〇回目の記事で『シオン賢者の議定書』を紹介している。[10]

フォードは新聞の購読者をできるだけ多く確保するため、会社のディーラーに対し、今後も続けてフォードの乗用車やトラックを売りたければ、ショールームで「ディアボーン・インディペンデント」紙を配布せよと迫り、この新聞も車と同様フォードの製品なのだと言ってのけた。この要件があったがために、新聞の発行部数は飛躍的に増加した。しかしディーラーのなかには、アイオワ州スーシティのバリッシュ兄弟のように協力を拒む者もいた。

バリッシュ兄弟はフォードのショールームをたたんで「スーシティ・ニュース」紙に全面広告を出し、ヘンリー・フォードが新聞をフォードの製品と考えていることを残念に思うとの見解を明らかにした。要求どおりにフォードのすべての製品を売って乗用車やトラックの販売を続けるよりは、貯金をはたいて新しい会社を立ち上げようと思う。「わたしたちはユダヤ人であり、事業を成功させています。そして金銭よりも誠意と尊厳と真実を重んじます。嘘はやめてください、そうすればわたしたちは戻ります。しかしその日が来るまでは、ほかの道でまっとうに生きていくつもりです[11]」

一九二〇年代の末には、フォードは「ディアボーン・インディペンデント」紙を相手どった訴訟に対処するため、全国の主要な新聞に六〇〇語の撤回声明を出していた[12]。そのころにはすでにKKKも、インディアナ州支部のトップが誘拐と薬物使用と強姦の罪で起訴され〔被害者が死亡したため殺人罪にも問われて終身刑に処せられ〕て以来、信用を失墜していた。しかしKKKの団員と四巻の『国際的ユダヤ人』が広めた嘘は生き続け、アメリカ人の意識に深く組み込まれて、多くのユダヤ人の人生に影響をおよぼした。ジョージもそうしたユダヤ人のひとりだ。少年期にこのような偏見と不安を肌で感じた体験から、用心深くふるまうことを学び、どこか謎めいた魅力的な個性が育まれていったのかもしれない。彼の子供時代の友人によれば、ジョージは外向的で人気者だったが、自分の私生活については極力隠そうとしていたという[13]。

ジョージはスーシティのセントラル高校に進み、一九二六年から一九二九年まで在籍した。最高学年に進級してまもないころには、統率力があって人間的にもすぐれた生徒として、全米優等生協会の候補生に選出された。ジョージは、「高潔にして誠実、民主的たること」を理想と謳う、高校の文学クラブ〔Chrestomathian Literary Society 学習用の外国語書籍を読む読書クラブか。スピーチを得意とする生徒が多かったという情報もある〕の書記を務めていた。また、演劇にも熱心に取り組んだ。最高学年のときにクラスで上演した『真実だけを〔“Nothing But The Truth” 原作はフレデリック・S・イシャムによる同名の小説。一九二九年にボブ・ホープ主演で映画化されている〕』では好演して話題になった。ジョージが演じた役は、疑り深くて感情的になりやすい若者だった。このキャラクターは、まる一日のあいだ一度も嘘をつかずにいられるだけの自律心と勇気を持ち合わせた人間などひとりもいないと信じており、劇中で「正直であることは最も安全な対策ではない」と警告する。[14]

一九二九年六月一三日、一五歳のジョージは、「山上の城」と呼ばれたセントラル高校開校以来最年少の卒業生となった。彼は模範生だった。地元の新聞記者がジョージについてこう書いている。「クラスの人気者ジョージ・コヴァルは、学校対抗討論大会（ディベート）に出場する高校代表チームのメンバーであり、全米優等生協会の会員であり、六月に卒業するクラスでは最年少という優等のあかしを三つも手にしている……昨秋に開催された学校対抗討論大会では重要な役割を果たし、チーム内で最もすぐれた発言者として審査員に評価された……彼はエイブ・コヴァル夫妻の息子である」[15]

高校のアルバムではジョージの写真と氏名の下に、彼が所属していたクラブと受賞歴の一覧が掲載され、「彼は強い男だ」という言葉が添えられていた。[16] それはヘンリー・ワーズワース・ロングフェローの詩「村の鍛冶屋〔The Village Blacksmith〕」第一節からの引用だった。この詩では、鍛冶屋が鉄床（かなとこ）に載せた鉄を打つ姿に、行動によって人生を方向づけていくべき世界が象徴されている。[17] 鍛冶屋は、目標を持って生きる人生を表しているが、じつは「コヴァル〔koval〕」はウクライナ語で「鍛冶屋」を意味する言葉だった。

卒業してから数カ月後、ジョージはアイオワシティに移り住み、アイオワ大学工学部に入学した。[18] 前期授業がはじまってようやく二カ月というころ、ニューヨーク株式取引所で株価が五日連続で下落したのち大暴落にいたった。そしてその後一二年にもわたって欧米の工業国を苦しめた大不況がはじまった。ほどなくジョージはアイオワシティの街角に立って演説をするようになり、ソヴィエト連邦は世界経済とつながりを持っていないので、少しも大恐慌の影響を受けないだろうと聴衆に向かって語った。それどころかソ連ではとどまるところを知らない工業化が進もうとしている。資本主義は崩壊の危機に瀕しているが、社会主義社会は軌道に乗りつつある。ソ連の可能性を信じる者にとっては、またとない好機がやってきたのだと熱弁をふるった。

翌年、ジョージはアイオワ州共産党代表者会議で、青年共産主義連盟（YCL）[19] のアイオワ州代表に選ばれた。YCLの総会は八月の半ばにシカゴで盛況のうちに開催され、その内容に関する詳細な報告書がふたつの組織に送られた。デモインにあったアイオワ共産党本部と、シカゴにあったアメリカ監視情報同盟（AVI）〔American Vigilant Intelligence Federation〕の事務所だ。

AVIは、危険と見なした人物や団体に関わる広範な報告書を作成する反共産主義組織だったが、ジョージは何も知らなかったらしい。総会にスパイが潜入して詳細なメモをとっていたことにも気づいていなかったようだ。AVIの情報は、年会費を払っている企業に提供された。また、各州政府の情報機関や議会の委員会にも、要請があれば無償で届けられた。AVIは第一次世界大戦中に個人が私財を投じて設立した情報収集機関で、戦後の赤狩りの時代に活発に活動していた。一九二〇年代には、ボランティアの情報提供者が、連邦捜査局（FBI）の前身である米国司法省内の捜査局に毎月報告書を送っていた。[20] これは非公式の諜報活動だったが、捜査局長官のジョン・エドガー・フーヴァーは、司法省に宛てたメモのなかで次のように認めている。「米国内の共産主義活動に関わる情報が、捜査局とは無関係な第三者によって自主的に捜査官に提供された場合には、その情報は当局のオフィスに転送されることになっている」[21]

一九三〇年に入ってもこの慣行は続けられていた。しかしシカゴのＹＣＬ総会で誰が誰を監視していようが、報告書がどこへ届けられようが、熱意あふれるアメリカの若き共産党員、一六歳のジョージ・コヴァルにはどうでもよかったのだ。

第3章 逮捕

一九三一年七月末のある朝、スーシティの上空に巨大な黒い雲の塊がいくつも現れ、のぼりくる太陽の光を遮った。トビバッタの大群がアイオワ州北西部を襲い、雹（ひょう）のようにビルディングや住宅をたたき、樹木を丸裸にすると、馬小屋の扉に掛けてあった馬具から、洗濯ロープに干してあった衣類、畑で栽培されていたトウモロコシやアルファルファにいたるまで、目につくものすべてを片っ端から食い尽くしていった。すでに干ばつ続きで危機が高まっていたこの地域では数十万ヘクタール分の農作物が破壊されてしまった。[1] 経営が立ち行かなくなる農場が相次ぎ、強盗団が農村部を恐怖に陥れた。失業率は前年の八・七パーセントから、一五・九パーセントにまで跳ね上がった。それが一九三一年の惨状だった。[2]

北米大陸史上最悪とされるバッタの襲来を招いた原因は、米国中西部穀倉地帯の酷暑と極度の乾燥だった。気温が高くなればなるほど、バッタは多くの卵を産む。空気が乾燥すればするほど、卵を殺す菌類が減少する。その影響は、すでに深刻だった一九三〇年代の新常態（ニューノーマル）に追い打ちをかけ、農場の倒産が激増した。アイオワ州では税金を払えなかったり借金の返済が滞ったりして、一九三一年だけでも一〇〇〇軒以上の農場が失われた。農家のなかには、買い手を脅して差し押さえを阻まもうとする者や、土地や設備の値を下げていくらか暮らし向きのよい隣人や友人に買ってもらい、あとで取り返そうとする者が現れた。[3]地元の急進的なグループに加わる者もいた。アメリカの共産主義者にとっては、こうしたことのすべてが好機を意味していた。

苦境が明らかになるにつれ、弱体化した国のいたるところで資本主義体制の犠牲者が増えていくように見えた。共産主義者がこの機をとらえて利用する方法のひとつは、全国規模で失業者の運動を組織し、各地域に地元の失業者の権利を守るため、市議会や州議会の議場前で抗議デモをするといった活動の拠点をつくることだった。失業者評議会と呼ばれる機関が、差し押さえと立ち退きに抵抗するために設立された。彼らはデモを組織してホームレスの支援を訴え、必要とあらば地域当局との対決も辞さなかった。

一九三一年の夏には、アブラム・コヴァルの大工仕事の注文が大幅に減っていた。ジョージはアイオワシティのレストランでジャガイモの皮むきと守衛のアルバイトをしていたが、どちらも辞めて実家に戻り、数カ月のあいだ便利屋として働いて家計を支えた。[4]彼はまた、アイオワ失業者評議会[5]の活動にボランティアとして加わるようになった。一九三一年九月四日付の「スーシティ・ジャーナル」紙は、第一面の記事のなかでこの失業者評議会を「共産主義団体」であると説明し、ジョージ・コヴァルが逮捕されたことを伝えていた。彼はホームレスの中年女性ふたりへの食事と宿泊所の提供を要求するため、郡の貧困対策事務所の「襲撃」を教唆した嫌疑をかけられていた。

ジョージは九月三日の午後、「貧困対策事務所に対し、暴力行為におよぶと脅しをかけた」疑いで逮捕され、郡の拘置所で二四時間身柄を拘束された。スーシティのウッドベリー郡保安官事務所に保管されている逮捕記録によれば、「住所：ヴァージニア通り六一七［原文ママ］／性別：男／人種：白人／年齢：一七歳／身長：一八二センチ／体重：七九キロ／髪：茶色／目：茶色／肌の色：ふつう／未婚／職業：無職／出生地：アイオワ州スーシティ／捜査および逮捕の日付：一九三一年九月三日／執行者：ダヴェンポート保安官／釈放：一九三一年九月四日」とある。

ジョージは釈放されるとすぐに、「スーシティ・ジャーナル」のインタビューに応じ、彼の側から見た事の次第を語った。するとまたもや、「解放された青年、貧困対策事務所では誰も脅していないと主張」という見出しの記事が一面を飾った。それによれば、ジョージと支持者五〇人は、問題の女性たちが仕事をさがすあいだ、給付金を支給してあげてほしかっただけだという。「〔監督責任者は〕おおぜいの代表団に詰め寄られるまで、なんの支援も約束してくれなかった」のだ。[6]

ジョージも彼の両親も、一九三一年の世界で貧困と抑圧に終止符を打とうと努力している国はソ連だけだと思っていた。彼らの目には、帝政ロシア後の祖国は人類の希望の星であり、不正と不平等を解決してくれる救世主と見えていた。いたるところで広がりを見せるファシズムと反ユダヤ主義は、ソ連では違法とされている。スーシティでは、コヴァルたちと考えを同じくする住民はあまりいないように思えたが、身のまわりで起こる悲劇の数々を見聞きするにつけ、日に日に信念は強まっていった。その裏にはロシア・ユダヤ人入植促進協会（ＩＫＯＲ《イコール》）の影響もあった。

ロシア・ユダヤ人入植促進協会は一九二四年にアメリカで〔米国共産党により〕設立された。ソ連が極東の中国国境近くに設けたユダヤ人自治区――ビロビジャンとも呼ばれた――にユダヤ人を移住させる計画を進めていることを、広くアメリカ人に伝えて、できるだけ多くのユダヤ人をこの自治区に惹きつけ、パレスチナへの入植を呼びかけるシオニストに対抗することを主眼としていた。[7] アメリカでは、在米ユダヤ人を対象に、ソ連での入植の意義を説くとともに、資金を集めて米国製の機器を入植地に送る活動をし、地域ごとにリーダーを選出していた。アブラム・コヴァルもそのひとりとして採用され、一九二五年にスーシティ支部長に就任した。

アメリカが幾重もの困難に見舞われるなか、ＩＫＯＲの各協議会や代表たちは、英語とイディッシュ語の出版物を通じて希望にあふれた展望を広めようとした。記事では、ソ連政府がユダヤ人に新しい故郷を与えるためにさまざまな取り組みを進めていることが紹介され、ユダヤ人の入植がソ連の「憎きファシズムとの断固たる闘い」[8]にいかに大きな貢献となるかが解説されていた。『なぜユダヤの民衆はソ連を守るために結集すべきか』と題した小冊子は、アメリカ資本主義をソ連の敵と位置づけ、労働者と農民が「社会主義の建設によってユダヤの民衆に自由と平等と均等な利益をもたらし、創造的な努力と暗黙の約束によって新たな生活をもたらし」[9]、勝利をおさめることの重要性が強調されている。簡潔に言えばこういうことだ。革命はユダヤ人を自由にした。ソ連に戻って自由な暮らしを謳歌せよ。

一九二九年の春、ＩＫＯＲは、ビロビジャンの現状と問題点を調査するため、科学者、社会学者とマーケティングの専門家から成る調査団を派遣した。ユタ州のブリガム・ヤング大学学長が団長を務めた。[10]一九三一年から一九三二年にかけて、調査団は好意的な報告書を何度か発表し、ビロビジャンは豊富な天然資源に恵まれており、「農業も工業も成功が見込めるだろう。必ずや人口が増え、入植者が豊かな生活を送れるようになるはずだ。そのような未来が来ないと考える理由はない。偏見のない真摯な調査の結果、われわれは自信をもってそのような結論にいたった」と述べた。[11]

一九三二年当時、スーシティでＩＫＯＲに加入していた人の総数はわかっていないが、ほぼ全員がユダヤ人コミュニティセンターから追放されたようだ。二〇年以上ものあいだ勤勉な市民であったコヴァル夫妻も例外ではなかった。スーシティで暮らすユダヤ人の多くは、誠実にして忠実なアメリカ人というイメージを作ろうと必死に努力していたが、コヴァル夫妻は、ユダヤ人の弾圧をなくす唯一の道と信じる社会主義の理念に忠実たろうとした。社会主義の原理が彼らとスーシティの同胞を引き裂いてしまったのだ。しかしコヴァル夫妻にしてみれば、アメリカに同化する地元のユダヤ人コミュニティよりも、ＩＫＯＲの信条のほうがしっかりと自分たちを守ってくれると思えたのだろう。一九三〇年代のはじめごろにスーシティのユダヤ人コミュニティセンターの会長を務めていた友人は、のちにこう振り返っている。「『ＩＫＯＲを』支持するのはたやすいことではありませんでした。そりゃあもう、たいへんでしたよ。だがコヴァル夫妻はその道を選んだ。そしてたびたび、楽じゃないと言っていました」[12]

つまりエテルとアブラムはまたもや去るべきか踏みとどまるべきかという問題に直面し、悩むことになったのだ。大恐慌の苛酷な現実、日に日に高まるファシズムの脅威。それとは対照的な、ソ連のユダヤ人自治区でよりよい暮らしができる可能性……。ふたりの心は揺れに揺れた。今度は、自分たちよりも三人の息子たちの未来を優先しなければならなかった。長男のイサヤは画家としての才能を認められていて、アイオワ大学への進学を希望していた。末っ子のガブリエルはウッドロー・ウィルソン中学でオールＡの成績をおさめている。次男のジョージは、かつてはセントラル高校の優等生だったが、いまは思ったことを包み隠さず口にする共産主義者となり、逮捕歴もある。

夫妻が出国を決めたのは、ジョージが逮捕されてから二、三週間後だったと思われる。郡の記録によれば、ふたりは一九三一年九月一九日に、スーシティの中心部に持っていた土地を売り払っている。それから数カ月後、一九三二年にも別の不動産に関わる取引をした。今度はヴァージニア通りにあった自宅だ。所有権移転証書によれば、アブラムの妹、ゴールディ・ガーシュテルに一ドルで譲渡したことになっている。[13]一九三二年五月一三日、スーシティの連邦地方裁判所で、アブラム・コヴァルがパスポートの「即時発給」を申請し、翌日これを受け取った。それは家族のパスポートで、公式の記録にはアブラムの名前のみが記載されている。アブラムは申請書に、「一九三二年六月一日ごろ」にアメリカを発ち、「職探しのため、イングランド、ポーランド、ソ連を訪れる」予定だと書いた。立会人としてゴールディ・ガーシュテルの名が記されており、申請者については次のように記録されている。「四九（歳）。身長一七五センチ。髪は黒っぽい茶色で白髪まじり、目は茶色。職業：大工。住所：アイオワ州スーシティ、ヴァージニア通り六一九と二分の一番地」。

アブラムが一九一〇年にロシアを去ると決めたのは、帝政ロシアよりもアメリカのほうが誰にでもやさしく、自由で住みよい国だと確信し、信頼したからだ。彼は皮肉にも同じ理由でその夢の国を去ろうとしていた。いまもなお、どこかによりよい世界があると信じて。

アメリカとソ連極東地方にあるビロビジャンとの最短ルートは、太平洋横断航路だった。当時のIKORの出版物には、日本郵船などの海運会社が広告を出し、特別運賃によるサンフランシスコ発「ソ連ビロビジャン行き」の旅を宣伝していた。これに対抗して、ニューヨークを出港して北大西洋航路を使う「高速サービス」の広告を出したドイツの海運会社ハンブルク－アメリカ・ライン、あるいはアメリカのキュナード・ラインは、〝IKOR推奨〟を謳っていた。[14]

コヴァル一家は、ソ連の国営旅行会社インツーリストに渡航の手配を頼み、北大西洋ルートを利用することにした。六月第一週にニューヨークのピア54で当時世界最大の定期航路客船だった英国郵船マジェスティック号に乗り込み、アメリカを離れた。途中でイングランドのサウサンプトンに寄港してハンブルクに到着、六月一六日に別の船に乗り換え、バルト海沿岸の港に向かった。そのあと、エテルとアブラムの生まれ故郷テレハニに立ち寄る予定だったが、アブラムがひどい皮膚炎にかかっていたため、ポーランドへの入国が認められなかった。当時のテレハニはポーランドの領土になっていたのだ。その次に向かう先はモスクワだった。七月初旬には、モスクワから東に八万キロのビロビジャンに到着していたと思われる。[15]

アブラム・コヴァルがテキサス州ガルヴェストンから汽車でスーシティにやってきてから、二二年が経っていた。アブラムは二度とアメリカの地を踏むことはなかったが、息子のジョージはやがてふたたび帰る日を迎えるのだった。

第二部

偽装

みずからを体制に縛りつける者は、真実の全容をとらえることができず、そのしっぽだけをつかもうとする。体制とは真実のしっぽのようなものであり、真実はとかげのようなものだ。真実は、つかまれたしっぽだけを残して、逃げてしまう。すぐにまた新しいしっぽが生えてくることをよく知っているからだ。

——イワン・ツルゲーネフ
1856年の手紙より

第4章 出張

ＩＫＯＲの機関誌名は「ナイレブン〔*Nailebn*「新生活」の意〕」といった。ニューヨークで発行されていた月刊誌で、英語とイディッシュ語によるエッセーや詩、小説、風刺詩、写真、読者の手紙などが掲載されていて、どれもソ連のユダヤ人自治区での暮らしをテーマにしていた。毎号、まるごと一ページの手紙のコーナーが設けられ、ビロビジャンに移住した人がアメリカに住む親戚や友人に宛てて書いた手紙が紹介されていた。一九三五年六月号では、長い書簡が一通だけ掲載された。読者には次のように説明されている。「これはアイオワ州スーシティに生まれ育った若者からの手紙です。彼は両親とともに、一九三二年にビロ・ビジャン〔原文ママ〕に移住しました。現在、この青年はビロ・ビジャンからモスクワに派遣され、勉学に励んでいます」

手紙の日付は一九三五年四月二四日。便りが遅くなったことを詫びる一文からはじまり、そのあとにはソ連を賞賛する言葉が綴られている。「ここがいかにすばらしい国であるか、そして〝ボリシェヴィキ〟がいかにすぐれた人々であるかを伝えたいと思います」。さらに続けて、「ソ連について本を読んだり、あるいはただ座って考えたりしているだけでも、この国への愛と誇りで胸がいっぱいになってきます……レーニンの本を読めば、彼がいかに頭脳明晰な人だったかがわかります。彼は資本主義を深く理解していて、何が闘争の要因となりうるかを見抜いていました。いつ行動を起こし、何をすべきか、いかに指揮をとるべきかを心得ていて、ほんのわずかな逸脱に対しても戦いました。レーニンほどの偉大な人物はいないでしょう……同志よ、いまや勝利は達成されました。疑う者はいません。以前の支配者たちはいま、賞賛の言葉を見つけることもできません。同志よ、まだまだなすべきことはたくさんあります。しかし最も困難な課題はすでに克服されました。われわれはただ、大きく足を前に踏み出して進んでいけばいいのです……いまやわが国の工場、鉱山は、日々生産を続けています。われわれは勝利したのです！」

このときのジョージ・コヴァルは二一歳だった。手紙はさらに、モスクワのD・メンデレーエフ化学工科大学での勉学や寮生活について報告している。彼が暮らしていた「学生の町」は、六階建てのビル八棟から成り、収容人数は五〇〇〇人、ひと部屋を三人で使っていた。学校では、ソ連のエンジニアは「世界一のエンジニアたれ」という標語が人気を集めていた。だから彼も「ほとんど眠ることなく」日夜、勉学に励んでいるという。「成績優秀」だったので、ソ連政府が学費を給付してくれたうえ、七月に最後の試験を受けたあとには、カフカス山脈地方への旅行までプレゼントしてくれた。モスクワではもうすぐメーデーの祝祭がおこなわれる。「天候がよければ、みんな大喜びすることでしょう」[▼1]

もし彼の新生活が実際にこの手紙のように楽しかったのだとすれば、このような高揚感は、ビロビジャンで過ごしたはじめの数年間の反動だったのかもしれない。なぜなら、一九三〇年代のビロビジャンでの暮らしの現実と、コヴァル一家のような熱意に燃えるパイオニアたちが思い描いていた理想とのあいだには、ソ連の国土並みに広い隔たりがあったからだ。一九二八年に最初に到着した入植者は総勢六五四人だった。それから次第に人数が増えて、一九三二年には最多の一万四〇〇〇人が移り住んだ。一九三三年には、新規の入植者が二万五〇〇〇人にも達するだろうと期待されていた。[▼2]しかしここの冬は長くて厳しい。住宅は設備が不十分で暖房もなく「バラック」と呼ぶのが似つかわしい代物ばかり、道路も劣悪で、食料はつねに不足していた。その年には、入ってくる人より出ていく人のほうが多くなった。何千人もの人々が苦労に疲れて、資本主義国へと戻っていった。彼らには、「まず働け。衣食は二の次だ」[3]という考え方は通用しなかったのだ。なかには、以前ささやかれていたビロビジャンをめぐる噂――当初は誰もが反ソ・プロパガンダとみて一蹴していた風評――を信じはじめる者もいた。たとえば、ソ連政府が数多くのユダヤ人を満州との国境近くに移住させるのは、日本の侵攻を防ぐ盾とし、極東にソ連の足場を築くためではないか、などという憶測が飛び交っていた[4]。

一九三四年には、ソ連各地で大規模な飢饉が発生した。すでに慢性的な食料不足に苦しんでいたユダヤ人自治区からは、相当な数の入植者が去っていった。一九三五年末に残っていた住民は、わずか一万四〇〇〇人だった。彼らは集団農場や自治区の首都ビロビジャンで暮らしていた。一九三六年の夏にユダヤ人自治区を訪れ、二カ月間滞在したニューヨークのジャーナリスト、ポール・ノヴィクは、「この地区の入植者の全員がパイオニア精神にあふれていたわけではない」と書いた。「それどころか、移民の受け入れがはじまってから数年のあいだに、多くの者が物質的窮乏に耐えられなくなって帰ってしまった。あと二、三年のうちに自治区が発展を見れば、また話がちがってくるだろうが、いまのところ、［ビロビジャンには］既製（レディメイド）の楽園を期待する人の居場所はない」

のちにノヴィクはインタビューを受け、この地区の未来をどう考えるか、見解をきかれている。ニューヨークのユダヤ新聞「フライハイト」紙の編集者であり、ブロンクス区の住人であるノヴィクはこう答えた。「住宅と道路を整備する必要があります。ユダヤ人自治区では、大部分の土地がいまだに深い森や沼のままで、実際には入植がさほど進んでいません」。彼は現地で出会ったユダヤ人入植者についても語った。そのなかには、アメリカからやってきて、ＩＫＯＲコルホーズという名の集団農場で暮らしている二家族もふくまれており、そのうちの一家族は「アイオワ州スーシティからの入植者、コヴァル一家」だったという。[5]

ノヴィクによれば、IKORコルホーズは、ユダヤ人自治区内では最もすぐれた農場のひとつであり、「コヴァルは、自治区内でも傑出した人物で、有能な営農者として、また、地区評議会（ソヴィエト）のメンバーとして尊敬されていました。息子のうちふたりは化学者になることをめざし、モスクワのメンデレーエフ化学工科大学に学んでいます。もうひとり〔イサヤ〕は父親といっしょに農場で暮らしていて、ユダヤ人の集団農場のあいだで、優秀な〝スタハノフ労働者〟として知られています。コヴァルは居心地のよい家を持ち、自分の菜園と前年に収穫した穀物を保有し、牝牛などの家畜を飼っています」

スタハノフ労働者とは、生産性向上運動に参加しているメンバーのことだ。この運動は、アレクセイ・スタハノフという炭鉱労働者にちなむ。彼は一度のシフトのあいだに、一〇二トンを採炭して新記録を達成し、一九三五年一二月号の「タイム」誌の表紙を飾った男だ。一九三五年の「モスクワニュース」誌〔外国向けの週刊広報誌〕のある記事は、イサヤを「コヴァル二世」として取り上げ、画家としての才能にも言及していた。この若きスタハノフ労働者は、トラクターの運転や漁をしていないときには、いつもスケッチをしたり絵を描いたりしていた。「自治区の住民全員がこの芸術家の卵を誇りに思っている」と、記事は伝えている。[6]

一九三六年夏、スーシティで暮らしていたアブラム・コヴァルの妹ゴールディ・ガーシュテルとその夫ハリーは、思いきってモスクワへ旅をした。そこから汽車で一六日かけて極東地方の集団農場で暮らす兄一家を訪ねる予定だったが、その前にモスクワに一〇日間滞在して、何度か甥のジョージに会ってビロビジャンに移住してからの話を聞いていた。ジョージはビロビジャンで二年暮らした。その目的は父の手助けをすることと、ロシア語の上達をはかることだった。彼はロシア語を習得するのに「たいへんな苦労」

をしていると語った。しっかり舌を巻いて〝r〟を発音することや〝ch〟の音をロシア人のようにやわらかく発音することがむずかしかったからだ。ジョージは叔母夫婦に入植当初の苦しかった日々について話し、よほどしっかりした理想を持った「熱意に燃える」人でなければ、あれだけの重労働には耐えられないと語った。彼にとっては何もかもがはじめての経験だった。とくに、二棟あるバラックのうちの一棟で、一五〇人もの住人にまじって暮らすはめになろうとは夢にも思っていなかった。空腹、たえまなく降る雨、ぬかるんだ地面。そこで休むことなく働くことが要求される。それはまさに試練の時期だった。ジョージは集団農場の製材所の作業員として働き、やがて農業機械を修繕する機械工となり、ついには錠前師になった。

しかしジョージが最も多く話したのは、すぐれた教育機関として名高いメンデレーエフ大学のカリキュラムのことだ。この学校は、元素周期表を考案したことで知られるロシアの化学者ドミトリ・メンデレーエフの名を冠している。ジョージがここに入学できたのは、ひとつには、ビロビジャンの製材所での献身的な働きぶりが認められ、報奨金を与えられたからだ。彼はそのお金でモスクワへ旅行し、滞在中に入学試験を受けて、すぐに合格が決まった。ビロビジャンの新聞は、「コヴァル快挙」という見出しの記事で、進学が決まるまでの経緯を伝えた。一九三四年秋、ジョージは化学の学位取得をめざして入学した。一九三八年か一九三九年には目標を達成できると思っていた。[7]

ジョージはまた、大学の同級生で婚約者のリュドミラ・イワノワ――通称〝ミラ〟――を、ガーシュテル夫妻に引き合わせた。ミラは身長一六二センチのすらりとした女性で、薄茶色の髪を短く切りそろえていた。[8] ジョージと同じように勉強熱心で利発だった。誕生日が一九一二年六月二五日なので、ジョージよりちょうど一年半早く生まれた計算になる。ミラは一九一九年にロシア正教会で洗礼を受けていた。彼女の家族は帝政ロシア時代の貴族階級の出身で、祖父はモスクワにある大手菓子メーカーの創業者のひとりだった。会社の製品のなかでは、かつて皇帝とその一族に愛されたというチョコレートが最もよく知られていた。ミラの父親はロシア帝国軍の軍人として四年近く服務したのち、一九一八年に赤軍に加わった。ミラは一九三四年にメンデレーエフに入学し、同じ年に共産党の青年組織コムソモール〔一四歳から二八歳の男女を対象に共産主義の理念による社会教育的活動をおこなった組織〕への正式加入を認められた。[9]

一九三六年一〇月、ミラとジョージは、モスクワに暮らす共通の学友の家でささやかな結婚式を挙げた。ミラの母親と、やはりメンデレーエフに進学していたジョージの弟ガブリエルも立ち会った。ジョージは寮の部屋を出て、ボルシャヤ・オルディンカ通り一四番地のアパート一号室に引っ越し、ミラと彼女の母親と、一一人の人々といっしょに暮らしはじめた。[10]そこはかつてミラの祖父が保有していた広大な屋敷で、革命後、共同住宅として数軒が住めるように改装したのだった。新婚夫婦はまず一九三九年までにメンデレーエフで学位を取り、そのあとジョージは大学院へ願書を出し、ミラはできればモスクワにある化学薬品会社に安定した職を確保したいと思っていた。

それはあくまでも計画だった。しかし誰にとっても、一九三六年秋のソ連でともに新しいスタートを切ろうとするのは、小鳥が嵐のさなかに飛び立とうとするのに等しかったにちがいない。ふたりが結婚した時期は、のちにスターリンの大粛清として知られるテロルがはじまってまもないころだったのだ。何百万人もの国民が処刑により、あるいはシベリアの収容所での強制労働によって命を落とした。正確な死者数はわかっていないが、たいていの推計では、スターリン政権時代に一八〇〇万から二〇〇〇万人がグラーグと呼ばれた強制収容所に送られ、六〇〇万人近い男女子供が、過労や飢えや遺棄、病気のために死んでいったとみられている。処刑された人の数は、一九三七年から一九三八年にかけての二年だけでも、九五万人から一二〇万人にのぼる。そのなかには政府高官や赤軍の司令官、反革命主義者、スターリンの過去の政敵、反政府派の疑いありと判断された組織の成員がふくまれていた。スターリンにとっては、自分の政策を批判する者は誰もが自分の権力をじかに脅かす存在と思われたのだ。

スターリンが一般国民に真実を知らせまいとするプロパガンダ作戦を展開していたことを考えると、ミラとジョージは粛清の範囲については何も知らなかったのだろう。みずからの勉学と目標のことしか眼中になく、どんな犠牲を払ってでも自分たちの社会を守ろうと決意していただろうから、身のまわりで起きていたことには目をつぶっていたのかもしれない。しかしどう思っていたかはともかく、赤軍の粛清は彼らの生活に多大な影響をおよぼしたはずだ。陸軍の司令官一三人のうち一一人、軍団長八五人のうちの五七人、師団長一九五人のうちの一一〇人、さらに数えきれないほど多くのスパイが対象となったのだから。[11]

ほどなくその衝撃が雪崩のように襲いかかり、個人の計画を押しつぶしてしまった。

一九三八年には、隣人の密告がソ連の文化の一部になっていた。グラーグ送りを免れるため、仕事に就くため、あるいは狭苦しいアパートの部屋で自分のスペースを少しでも広げるために、人々はほかの間借り人の罪をでっちあげて警察に通報した。ジョージは一九三八年後半から一九三九年前半までのどこかの時点で、タイプライターで書かれた匿名の手紙を受け取った。そこには、同じアパートの誰かがふたりに関する情報を政府当局に提供したと書かれていた。彼らを危険にさらす内容だという。「親愛なる友、ゾーラ［ジョージの愛称］へ。あなたのアパートには、警察や情報機関と多くのつながりを持つ者が暮らしています。おしゃべりな女は、あなたがたが何者で何をしているか、どこの出身かを言いふらしています。あなたがたは元地主で、タイプライターを持っています。夜には見知らぬ人たちが自宅に集まっているでしょう。気をつけなさい。この手紙は焼き捨ててください[12]」

その「おしゃべりな」住人は、夫と三歳になる息子のいる女性で、ジョージやイワノフ家の人々などとボルシャヤ・オルディンカ通り一四番地のアパート一号室でともに暮らしていた。妊娠していて、一九三九年のはじめにふたりめの子が生まれる予定だったので、もしかすると――いや、おそらく――ミラとジョージを陥れて逮捕させれば、家族のために居住スペースを広げることができると考えたのだろう。

しかしミラとジョージには、当局の目を惹く理由があった。それはタイプライターを持っているといったくだらないものではない。ミラの父親は、かつては地所を保有する貴族だったうえ、帝国軍の将校でもあった。さらに悪いことに、父親が革命後に赤軍に加わったのちには、共産党指導者レオン・トロツキー隷下の高級指揮官に任じられていた。トロツキーは赤軍の創設者であり最高司令官であり、しかも一九二九年にスターリンによって国外追放処分にされている。スターリンの目には、トロツキーはソ連国家の大敵だったのだ。

さらにまずいことに、ジョージとミラは、ミラのいとこの夫であったオーストリア人男性が、少し前に故国へ帰ったことを政府に報告していなかった。オーストリアに移住するのは罪ではないが、いとこは夫が出国したことを黙っていたために逮捕されていた。そしてジョージとミラは彼の出国についても、いとこの逮捕についても、いっさい何も報告していなかったのだ。ふたりは政府による譴責を受け、そのことが記録に残された。その書類には、こうした処分を受けた事実はふたりの利益にはならない、いとこの両親が一九二七年か一九二八年に「金投機」に手を染めたかどでモスクワから追放されていた事実[13]も同様である、と書かれている。

しかしソ連政府としては、ふたりには警戒すべき要素よりも、むしろ好ましい要素がいくつかあった。そのひとつは、ジョージが諜報員として願ってもない条件を備えていたことだ。ソ連政府は赤軍の粛清によって数多くの軍人を失い、欠員を補充する必要に迫られていた。赤軍参謀本部情報総局（GRU）は一九三九年までに処刑またはシベリアへの流刑によって要員の半数近くを失った。そのなかには、アメリカで活動中にソ連に呼び戻された者もいた。[14]

赤軍が新たなスパイ候補者をさがしていたからか、あるいはアパートの腹黒い住人が秘密警察に密告したためか、一九三九年五月には、当局がジョージ・コヴァルについてかなりの情報をつかんでいた。トップレベルの教育機関であるメンデレーエフ化学工科大学で化学を学び、ほどなく優秀な成績で卒業する若者なら、アメリカでの諜報活動に必要な訓練を短期間で終えられるだろう。ロシア語訛りなどまったくない流暢な英語をしゃべり、アメリカ文化にも精通している。ユニークな技能をいくつも持ち合わせていることを考えれば、スパイとしての養成期間を少なくとも半分に縮められる。そんなわけで一九三九年の春の終わりごろには、ジョージをGRUに採用する準備がはじまっていた。

五月の半ば、ジョージは大学の職員から、共産党中央委員会の本部ビルで開かれる会議に出席するよう求められた。後年、彼はこう語っている。「指定された部屋に入ると、わたしとまったく同じような者が一〇〇人ほど集まっていた。モスクワの高等教育機関の卒業生か、卒業を控えた学生たちばかりだ。わたしたちは書類に記入したのち、面接を受けたが、なんのためにそんなことをしているのかわからなかった。ただ、[GRUが][15]ふつうのエンジニアを特別なスパイに育てようとしているのだと、誰かから聞いたことは記憶している」

一九三九年五月二六日、GRUからメンデレーエフ化学工科大学の指導教官と学内共産党委員会のもとへ「ジョージ・コヴァルという学生の特性に関する情報」を「至急」送付されたしとの要請が届いた。[16]赤軍情報総局の局長代行の署名が入っていた。大学は取り急ぎ五月二八日付で報告書をまとめ、翌日GRUに送った。[17]そこには、コヴァル一家が一九三二年にアメリカから移住してきたこと、ジョージの出生地などの詳細が記載されていたほか、次のようなコメントが添えられていた。「彼はまもなく本学において無機化学の課程を修了する。優秀な学生であり、人柄は誠実。コムソモールの団員であり、政治的にも成長を遂げている。積極的に社会活動に参加し、学生部の最も優秀なリーダーであり、労働組合の学生局長を務めている。本学入学前は集団農場でなんらかの作業所または事業のエンジニアとして働いていた。海外に親戚がいるが、一九三七年以降は接触していない[18]」

それからまもなく、ジョージは大学の指導教官から、直ちにある場所へ行くよう指示された。のちに彼はこう振り返っている。「どのような理由で誰がわたしを招請したのかは教えてもらえず、もちろん、わたしもきかなかった。指定された住所地を訪ねて、呼び鈴を押すと扉が開き、政治将校（コミッサール）〔軍内のイデオロギー統制を目的として配置されていた共産党員〕との面会許可証を渡された。面接は、面談というより尋問のようだった。彼は机の上にわたしのファイルを置いていた。そこには、わたしが回答を書き込んだアンケート用紙と、わたしの経歴書がおさめられていた。わたしの話をひととおり聞いたあと、彼は簡潔に『よかろう、合格だ』と言った。それでおしまいだ。そのあと、長い廊下を歩き、別の部屋へ連れていかれた。今度は、背広の襟にダイヤモンドのピンをつけた男が座っていた。情報総局の局長だったのだろう。彼に会ったとたん、わたしの人生は一変した」。会話のなかでは、諜報活動に直接言及されたことはなく、またなんの打診もされなかったが、その日のうちに、ジョージを赤軍情報総局に採用する決断が下されたらしい。「わたしは二六歳で、活力にあふれていて、従順だった。まさに彼らが求める人材だったのだ」と、彼はのちに語っている。[19]

一九三九年の夏のあいだに、ジョージはGRUのほかのメンバーとも何度か顔を合わせ、ミラといっしょに軍の諜報活動に携わる可能性について話し合った。しかし書類にサインをするといった、最終的な契約が交わされることはなく、ただ何度も繰り返し「待機せよ」と申し渡された。ジョージはまた、彼らが「アメリカ出張」と呼ぶ任務を引き受けるなら、のちにミラも送り込んで行動をともにしてもらうとも説明されていた。

つまりジョージがGRUのために働けば、ミラと彼女の母親が密告情報のせいで処罰されずにすむわけだ。彼は過去三年のあいだに、スターリンに忠実ではないように見えた人々がどうなったかを見てきた。

ＧＲＵに入り、「出張」任務に携われば、家族に確実な安全を保障してやれる。それにもし自分が死ねば、ミラはＧＲＵの遺族年金を受け取ることができるので、彼女の将来も安泰だ。

それに、ジョージは祖国への忠誠心を持っていた。共産党を信頼していて、その目標達成に貢献したかった。一九三九年一〇月、ＧＲＵの資料として求められた自己紹介書に、彼はこう書いた。「わたしは［共産］党の良識を信じます。わたしが怠りなくすべての任務を全うし、つねに誠実であれば、事実無根の誹謗中傷など一蹴してくださるはずだと思っています」。それはつまり、あなたがたがわたしを信頼してくれれば、わたしも同じように信頼を返しますということだ。

しかしミラは危険だと思っていた。彼女はソ連の政府関係者をいっさい信用していなかった。いつなんどき支持者の首を絞めたり裏切ったりするかわからない体制に、夫が深く関与することには反対だった。ミラはジョージに、彼が大学生のあいだは、自分が働いて家族を養えるだけのお金を稼ぐから安心してほしいと言った。もうすぐ大学院に進学するのだから、あなたは赤軍に徴集されずにすむでしょう。彼女の目から見れば、ジョージが情報総局に入る理由はどこにも見あたらなかったのだ。何年ものちにジョージは、「ミラがわたしを行かせたくなかったことはわかっていたが、わたしは行かなくてはならなかったのだ」と振り返っている。[20]

六月二九日、ジョージは優秀な成績でメンデレーエフを卒業し、工学士の学位を取得した。専攻は無機化学工学だった。八月八日には、モスクワにあった全連邦電気工科大学の希ガス研究所に職を見つけていた。メンデレーエフの大学院に入学するまでのあいだだけ働くつもりだった。八月いっぱいは受験勉強に精を出した。ミラはモスクワのソ連化学工業人民委員部により、スターリン化学工場の研究本部に化学者として勤務するよう命じられた。

八月末になっても、赤軍情報総局からは正式な採用通知が来なかった。確たる要請がないのだから、ジョージは計画を変更する必要はないと判断した。そこで一九三九年九月一日、彼は大学院に入学願書を提出した。しかしその日の午前四時四五分、ドイツ軍が一五〇万の兵力をもってポーランドに侵攻した。同時に、ポーランド各地の空港を爆撃し、バルト海でもポーランド海軍を戦艦で攻撃した。二日のうちに、イギリス、オーストラリア、ニュージーランド、インド、フランスがドイツに宣戦布告した。ナチス・ドイツとソ連は、ヒトラーが侵攻する前の週に、モスクワで独ソ不可侵条約を締結したばかりだった。それぞれの外相、ヨアヒム・フォン・リッベントロップとヴャチェスラフ・モロトフが自国の代表として署名していた。

ドイツが条約を破棄し、ポーランドに侵攻して第二次世界大戦が勃発すると、ソ連の兵役法が改正された。それまでは一八歳から二〇歳の若者が徴兵の対象だったが、学生、科学者、過疎地の教師、それにビロビジャンの住人をふくむ海外からの移住者は対象外とされていた。男子学生は軍事教練のクラスをとることが義務づけられており、ジョージもすでにメンデレーエフで修了していた。彼はこの取得単位を使って予備役兵として登録し、そうして兵役に替えることで大学院での勉強を続けるつもりだった。それで何も問題ないはずだった。あの九月一日までは。だがもはや戦争から逃れることはできなくなった。

進路が定まらず、若いふたりにとって宙ぶらりんの状態が続いていたある日、ジョージのもとへ大学院から合格通知が届いた。授業は一一月初旬に開始されるという。ちょうど同じころ、赤軍からも長々しい書類への記入と詳細な自己紹介書の提出を命じられた。そしてまだ大学院入学の日を迎えないうちに、一〇月二五日、GRUに正式採用するという通知を受けた。ジョージはきっとそうなると思っていた。軍内では兵卒という最低ランクが選ばれた。そうすれば、誰にも気づかれずにモスクワから姿を消し、別の場所でスパイになるための訓練をはじめることができた。それがどこであったか、正確なところはわかっていないが、一九三〇年代には「モスクワ郊外の森のなか」に学校があり、引退したスパイが教師として雇われて、新規採用された諜報員の指導にあたったことが知られている[21]。

ジョージに与えられたアメリカでの任務は、アメリカの研究施設で開発が進められている化学兵器の最新情報を調査することだった。彼は「化学、それもとくに新しいタイプの毒性化学物質の軍事利用について、米軍が保有している細菌兵器に関わる情報源を確保し、化学兵器の大量生産に携わるアメリカの研究所、企業、工場の一覧を暗記する」よう命じられた[22]。そして「デルマー」という暗号名（コードネーム）を与えられた――文書のなかでは「工作員D」と記載されている。なぜデルマーだったのか。これには諸説ある。しかしジョージがみずから選んだのだとしたら、彼が十代のころの人気作家、ヴィナ・デルマーの名を使ったのかもしれない。デルマーの両親は、イディッシュ劇場の有名なボードビル芸人だったので、ジョージが少年時代を過ごしたスーシティのユダヤ人コミュニティでもよく知られていたと考えられる。

一九三九年一二月にはすでに訓練がはじまり、一九四〇年の夏の終わりごろには終了していた。ソ連を発つ前には、アメリカへの「出張」期間は二年だと告げられた。当初の予定どおり、ミラもあとから合流させるという。しかし戦時とあっては、そのような約束が必ずしも守られるとはかぎらなかった。ふたりもそれは承知していたはずだ。九月、ミラは夫を乗せた軍の列車が、翌日の某時刻にモスクワを通過するという通知を書面で受け取った。ミラは駅に行って待ち、汽車が到着すると乗り込んだ。「ほんの短い時間だけ、ふたりは顔を合わせることができた」と、友人がのちに語っている。「ミラにとっては、それが夫とともに過ごせる最後の機会だったのだ[23]」。そのときのミラはジョージとの再会が八年後になろうとは、夢にも思っていなかっただろう。

ジョージ・コヴァルがはじめてアメリカの中心都市を離れて海を越え、ソ連の極東地域へと渡る船旅をしたのは一九三二年のことだ。彼がニューヨークを出港したときの記録は残っていない。なぜなら、コヴァル一家のパスポートは父の名前で発行されていたからだ。いま彼は偽造パスポートを携えてアメリカへ戻ろうとしている。だから、アメリカの税関には、アイオワ州出身のジョージ・コヴァルが出国した記録も、入国あるいは再入国した記録もいっさい残らなかった。まるでなんの変化もなかったかのように……。しかしそれはちがう。なぜなら一九三二年のジョージは共産主義に魅せられた情熱的な理想主義者だったが、このときには、ソ連で軍の訓練を受け、アメリカを裏切ることをソ連に誓い、絶対に逃れることのできない任務を帯びた諜報員だったからだ。

第5章 ブロンクス

一九四〇年九月のある夜、ソ連南東部ウラジオストクを出てアメリカのサンフランシスコに向かう小さな貨物船が、東シナ海のどこかで山のような大波にもまれていた。その船にはジョージ・コヴァルが乗っていた。「ぼくたちはもう少しでサイクロンの目に飛び込むところだった」。彼はのちにミラへの手紙にそう綴っている。「船は激しく揺れた。棚の本が落ちてきて、家具が倒れてきた。ぼくらは寝台から放り出された」。モスクワからウラジオストクまで汽車で六日かけておよそ九三〇〇キロを移動したのち、三週間以上を費やし、四五五四海里〔約八四三五キロ〕を航行することになったのだ。

波が穏やかで「風がなんとも心地よい」日には、船長とチェスやドミノを楽しんだり、船長の九歳になる娘に本を読んでやったりした。その子はジョージを「グリシャおじさん」と呼ぶようになった。長い航海中に船長一家とのあいだに生まれたこの絆がサンフランシスコの港に着いてすぐに彼を救ってくれた。ジョージは偽造パスポートを所持してはいたが、まずは乗組員にまじって船の荷下ろしを手伝い、隙を見て抜け出すつもりだった。おそらく湾岸地域（ベイエリア）の「待ち合わせ場所」でその後の旅に必要なものを受け取る手はずになっていたのだろう。

貨物船なので乗組員はすぐにウラジオストクへ戻る。税関巡視隊は、彼らひとりひとりの入国審査はしなかったが、いちおう船内をひととおり調べにきた。ジョージはそのあいだ船長室のなかでベンチを兼ねた収納庫のなかに隠れていた。椅子の上には、船長夫妻と娘が腰かけていた。英語を話す検査官たちは、船長一家に身分証明書類の提示を求めた。その手続きに少々時間がかかり、しばらくすると九歳の少女がしびれを切らして母親を見上げ、「グリシャおじさんはまだ長椅子の下にいなくちゃいけないの?」ときいた。母親は黙って笑顔を返し、夫が検査官に対応しているあいだ、娘の手を握っていた。両親の冷静な態度と、おそらく検査官がロシア語を理解しなかったこと、あるいは単に女の子と母親とのやりとりに関心を惹かれなかったことが幸いし、ジョージは危機を切り抜けた。ほどなく、彼はニューヨーク市に向かう列車に乗っていた。[1]

到着から少なくとも一カ月のあいだ、ジョージは偽名[2]を使ってマンハッタン北部のフォート・ワシントン街にあるアパートで暮らしていた。その後、一九四一年一月二日に、米国選抜徴兵局に徴兵候補者として実名で登録した。[3]こうしてアイオワ出身のジョージ・コヴァルはニューヨーク市民になった。その前日、彼はブロンクス区のキングズブリッジ地区にある静かな街路、キャノン通りに面したアパートに引っ越していた。この地区には曲がりくねった道や急勾配の斜面が多く、ときには通りから通りへ移動するのに何十段ものコンクリート階段をあがらなくてはならなかった。丘の斜面を利用して建てられた大きな建物では、一階と最上階がそれぞれ異なる通りに面していて、下と上で住所が異なる場合もあった。ジョージの新しい住まいもまさにそのような建物だった。

キャノン通りの部屋に身を落ち着けてからまもなく、ジョージは、ショーレム・アレイヘム・ハウジズという名のそのアパート内の別の部屋へ引っ越し、住所がガイルズ通りに変わった。[4]彼が居を定めたのは、一九二七年にユダヤ人の非営利組織「労働者の会〔Workmen's Circle〕」の助成金で建設された一五棟の五階建てアパートのうちの一棟だ。この組織はイディッシュ語を話す東欧出身のユダヤ人によって創設され、ジョージが子供のころには、アブラム・コヴァルがその西部支部の運営をまかされていた。マンハッタン区のロウアー・イースト・サイドのみじめなユダヤ人街の生活から抜け出したいという夢を共有するニューヨークの会員たちが、ブロンクス区に集合住宅を建設するための基金を立ち上げた。彼らはイディッシュの文化や音楽、演劇の継承保存に力を注いでいた。そしてブロンクスで暮らしていた著名なユダヤ人作家、ショーレム・アレイヘムを誰もが心から敬愛していた。[5]

このようなイディッシュ語のオアシスとも言うべき場所に暮らせたおかげで、久々のアメリカでの新生活にもいくらかすんなりなじめたことだろう。ジョージは高校時代にショーレム・アレイヘムが書いた芝居に出たことがあった。ガイルズ通りのアパートの家主ティリー・シルヴァーは、スーシティで暮らすジョージのおじのひとりと同じアパートに住んでいたことがあり、しかも親戚でもないのに苗字も同じだった。何より彼女は、いまやスパイとなったジョージの複雑きわまる二重生活を管理する連絡員（コンタクト）のネットワークと関わりを持っていた。ティリーの兄のベンジャミン・ロセフは、ロウアー・マンハッタンで宝石店を営んでいて、しばしばベンジャミン・ウィリアム・ラッセンと取引をしていた。[6] [7] このラッセンはGRUの将校で、ジョージ・コヴァルの諜報活動を監督する責任者――〝ハンドラー〟――だった。スパイ網の活動がはじまったのは、ロセフがナッソー通りに店を構えて開業した一九三八年暮れのころだ。以来、彼の店は、ラッセンの隠れた資金源のひとつとなっていた。ロセフ兄妹とラッセンの妻はいとこ同士でもあった。

ラッセンの入り組んだスパイ網は、連絡員、銀行員、小売店主、旅行業者、科学者、大学教授、外交官、親族など、多くの人員で構成されていた。ジョージ・コヴァルは一度もそのメンバーと顔を合わせたことはない。厳格なルールに従い、彼は自分のハンドラー以外のスパイとは交流を持たなかった。ラッセンとソ連の諜報機関との関係性から判断すると、ジョージは、帝政ロシア時代の地下革命組織のように、細胞(セル)単位の活動に従事していた可能性が高い。これはつまり、ある歴史家が指摘したように「スパイ集団にはリーダー」がいて、「ひとりひとりのメンバーは、自分のネットワークについてはほとんど、あるいは何も知らず、ただリーダーのみを知っていた。そしてリーダーだけが全員を知っていた」ということだ[8]。

ジョージは、ブロンクスに住むほかのスパイには会ったことがなさそうだったが、自分のアパートからほど近いクレストン街にラッセンが住んでいたこと、彼とティリー・シルヴァーとのあいだになんらかのつながりがあったことはわかっていたにちがいない。そのおかげでジョージの身の安全はより確実に守られ、秘密に覆われた新しい環境のなかで、より効率的に行動することができた。ここではすべてが見かけとは異なっていた。家主の女性も。実体のない名目だけの偽装店舗(カバーショップ)も、ハンドラーも。彼の本名はラッセンではなくラソフであり、その経歴は多くの者にとって謎だった。

ジョージがブロンクスへ引っ越したころには、ラッセンは隠れ蓑(カバー)として、西二三丁目にレイヴン電気商会という電気店を開いていた。この店はブロードウェイから半ブロック西に行ったところにあった。元従業員の話によると、店長はレイヴン電気商会の日々の取引とは無関係な集金業務に多くの時間を割いていた。ナッソー通りの宝石店のほかに、マディソン街の輸入業者、さらに、口座を開設していたマンハッタンの七つ以上の銀行[9]を定期的に訪れていた。モスクワからの報酬は、パーク通り五番地にあったブロードウェイ貯蓄銀行を通じて支払われていた。

ラッセンは表情の乏しい顔に、縁なし眼鏡をかけ、身長は中ぐらいで一七三センチ、どこから見てもふつうの男だった。髪は薄茶色で、早くから白いものがまじり、ジョージが最初に会ったときには、こめかみあたりの白髪と、いつも背広の襟に留めていたダイヤモンドのピンが明確な特徴になっていた[10]。めったに笑顔を見せないため、面識のない人々の集まりでも目を惹くことなく溶け込めるが、知人のあいだではかえって目立っていた。周囲には、不信感と警戒心の塊のように思われていたようだ。ラッセンの元同僚のひとりは、「非常に内向的で控えめな男だった」と評していた。「なんとなくこわい感じ」がするせいか、そばにいたがる人はほとんどいなかった。「ただ無口だったから、というだけかもしれません。彼は人のことを鋭い目で見てくるんです。何も言わずにね[11]」

ラッセンことラソフは、一八八二年四月六日、ウクライナのキエフ郊外の町に生まれた[12]。ショーレム・アレイヘムが書いた一九〇五年一〇月の凄惨なポグロムが起きた地域だったかもしれない。事件からまもない一九〇六年のはじめ、ラソフは渡米してニューヨークのブルックリン区で暮らす親戚のもとへ身を寄せた。その三カ月前にキエフで繰り広げられた蛮行の数々は、「ロシアのすべての苦難の根源はユダヤ人と社会主義者にある[13]」と主張する帝政支持派によるものだった。ユダヤ人であったラソフの両親も犠牲になったのかもしれない。

それから数年のうちに、ラソフは電気工学を学ぶため、オハイオ・ノーザン大学に入学した。そして工学会と友愛文学会に入会し[14]、一九一二年に学内にアメリカ電気学会（電気工学者の全国組織）の支部を設立することをめざす活動を主導し、とうとうそれを実現した[15]（この学会では一九〇三年から学生会員の受け入れを開始、各大学のキャンパスに支部を設けることも認めた）。クラブを作ることに熱心だったとみえ、全国学生社会主義連盟の支部として、学内社会主義研究会の設立をめざす実行委員会にも名を連ねていた。一九一二年三月にはオハイオ州のある新聞が、「賛否をふくめて社会主義を研究する」ことを目的とした「意気盛んなサークル」の誕生を報じ、「B・ラソフ」ほかリーダーの学生たちは、全国の機関から著名な講師を迎える計画を立てていると伝えた[16]。その春、ラソフはオハイオ・ノーザン大学を卒業し、ほどなく、電気工学で修士号を取得するため、マサチューセッツ工科大学（ＭＩＴ）に進学した。

ＭＩＴに在学し、ボストンで暮らしていたあいだに、ラソフはガートルード・カウフマンという女性に出会った。一九一七年の十月革命のあとには、いっしょにロシアへ渡ろうと考え、彼女を説得しようとした。ガートルードも一九八九年生まれのロシア人だったが、革命が起きたからといって戻りたいとは思わなかった。彼女は一九一四年にアメリカの市民権を取得しており、アメリカで勉強して医師になろうと固く決意していた。兄弟のひとりがすでにその道で成功していたのだ。ガートルードはアメリカを離れることは拒んだものの、一九一八年九月に結婚して、ブルックリンに移り住むことには同意した。そのころラソフは、ストーン&ウェブスター社に勤務していた。当時は全国各地の路面電車の運行システムを手がけていることで有名な企業だった〔のちに発電所の建設・運営や武器の製造、原爆開発にも関わった〕。しかしほどなく、ラソフは妻とともにブロンクスのオークランド通りに引っ越し、ニューヨーク州公益事業委員会ニューヨークシティ支部の「初級電気技師〔junior electrical engineer〕」という新たな職に就くことになる。[17]

一九二〇年には、ラソフはアメリカ電気学会の会員であったばかりではなく、米国共産党(CPUSA)にも入党していた。どちらかの、あるいは両方の関係者が次の仕事への道を開いてくれたようだ。彼はソ連の広大な国土の電化推進事業のひとつ、産業輸送を支える送電網の設計に携わることになった。そのためには、まず水力源を分析調査し、水力発電所の建設地と送電設備の設置場所を選定して、地点ごとの消費電力を見積もらなくてはならない。ラソフは情報を収集し、モスクワのロシア電化委員会に送った。さらに、アメリカのゼネラル・エレクトリック(GE)社の花形エンジニアで、交流電気技術の確立に功績のあったチャールズ・P・スタインメッツにも送った。[18]

スタインメッツは熱心な社会主義者で、ロシア革命が国を発展へと導くものと信じていた。彼は実を結びつつあったソ連の電化計画に感銘を受けていた。一九二二年末、スタインメッツは「エレクトリカル・ワールド」という電力業界誌に、この事業に関する記事を書いた。[19] スタインメッツがラソフに会ったことがあるかどうかは不明だが、この事業にラソフがどのような貢献をしたかは、スタインメッツの記事を通じてGE社に伝わった。まもなく彼はアメリカ製の――それもおもにGE社の――機械をソ連に紹介するコンサルティング業務をまかされた。一九二四年のはじめごろには、ソ連行きを渋っていたガートルードをどうにか説き伏せ、ふたりでモスクワに移り住んだ。

その年には、移民法が厳格化され〔移民の年間受け入れ人数が人口の二パーセント以下に制限され、アジア系の移民は全面的に禁止された〕、クー・クラックス・クラン（KKK）をめぐるニュースが頻繁に報じられるようになっていた。おそらくガートルードも、ユダヤ人の夫婦にとっては反ユダヤ主義が広まりつつあるアメリカよりソ連のほうが心穏やかな暮らしが期待できそうだと判断したのだろう。それからの三年間、ガートルードはモスクワで医学を学び、ラソフはGE社の仕事を続けた。同じころ、彼はあるソ連政府受託機関から、水力発電所の専門家として雇われた。やがてこうした経験のすべてが買われ、一九二七年には、ロンドンの全ロシア協同委員会、通称ARCOS（アルコス）の管理職に抜擢された。[20]

アルコスはソ連通商代表部の英国における売買取引の窓口機関だった。ラソフはそこで電気工業部門の責任者を務めることになった。英国企業にソ連での商機につながる情報を提供することが職務だったが、やがて新たな仕事も手がけるようになった。英国製品の技術的詳細にまつわる情報をソ連の産業に流しはじめたのだ。ラソフは妻とともにロンドンで二年暮らしたのち、一九二九年、アルコスのアメリカ事務所のソ連側仕入れ担当者として、ニューヨークに赴任する。この事務所はアメリカンスカヤ・タルゴーヴリャ〔Amerikanskaya Torgovlya 米国貿易〕という名称を略し、アムトルグと呼ばれていた。

アムトルグは五番街二六一番地にあり、一九二九年当時には実質的に大使館の役割を果たしていた。このころにはまだアメリカがソ連を国家として承認していなかったからだ。アムトルグは、米国内で唯一のソ連側バイヤーだった。ソ連と商取引をしたい会社は、アムトルグを通して契約交渉をし、それぞれに如才なく関係を結んでいたが、国務省からは、何ごとも「自己責任で」進めるようにと釘を刺されていた。

GE社、フォード社、インターナショナル・ハーヴェスター社〔農業機械や建設機械の製造会社〕、デュポン社など、一〇〇を超える企業が自社製品をソ連に売り込もうとし、アムトルグの代表者たちに、膨大な量の詳細な企業情報を提供した。アメリカ人たちは何も知らなかったが、一九二〇年代の終わりごろにはすでに赤軍情報総局の要員がアムトルグの従業員にまぎれこみ、事務所を隠れ蓑に使って活動していた。一説によれば、このころからソ連のスパイが渡米するときには「出張に行く」という隠語が使われるようになったのだという。[21]

ラソフ夫妻にとってはめまぐるしい時期だった。一九二九年、ベンジャミンは共産党中央委員会のメンバーとして活動していた。米国共産党とソ連の諜報員とをつなぐ地下工作に関わったとみられる証拠も存在する。その年にはベンジャミンとガートルードにとっては第一子であり、唯一の子であるシーモアが誕生した。翌年の一九三一年九月七日、ベンジャミン・ウィリアム・ラソフはニューヨーク州ブロンクス郡〔郡域はニューヨーク市ブロンクス区と同じ〕で、妻子ともども苗字をラッセンに変更する法的手続きをとった。[22]この新しい身分を手に入れる少し前に、彼は共産党を脱退していた。ガートルードは入党しておらず、ベンジャミン・ウィリアム・ラッセンも二度とふたたび入らなかった。しかし党への忠誠心が変わることはなかった。

名前の変更からおよそ六カ月後、ラッセン夫妻はアメリカの友人たちに、近々ベンジャミンが革製品の輸出入業をはじめるとふれまわりはじめた。おもに海外の市場で取引をするので、家族揃ってアメリカを離れることが多くなる、と。ほんとうはワルシャワに向かう予定だった。その後まもなく、ベンジャミンは赤軍情報総局に採用され、GRUのスパイとなった。コードネームは「ファラデー」。[23]この名は、一九世紀に活躍し、電気学のパイオニアとして名高いイギリス人化学者、マイケル・ファラデーにちなむ。当時、ラッセンが所持していた米国のパスポートの法的住所の欄には、マサチューセッツ州ウースター市コモドア通り九番地と記載されていた。これはガートルードの兄で、尊敬を集めていた医師の自宅の住所だった。ワルシャワで暮らしていたあいだ、ラッセンは義兄の住所を使ってアメリカのパスポートを二度更新し、一九三四年にはヨーロッパ各地を歴訪、一九三六年にはイギリスを訪れている。

　ラッセンはGRUにとっては得がたい人材だったにちがいない。経験豊かな電気工学者としてGE社などの米国企業に強いコネを持ち、アムトルグで働いた経験もあり、ロシア語、英語、フランス語、ドイツ語、ポーランド語に堪能で、しかもアメリカの市民権を持っている。そのうえ貴重なアメリカのパスポートには、マサチューセッツ州ボストンに近い高級住宅街の住所が書いてある。それはつまり、GRUがラッセンを送り込みたいところなら、彼が難なくどこへでも行けることを意味した。人材採用のため、潜入のため、組織作りのため、情報収集のために。

　一九三〇年代には、彼の年代の人々のあいだでは、法的住所を決めておいて、実際は別の場所に住むことが流行していた。ラッセン一家は一九三七年に帰米すると、マンハッタンのワシントンハイツ地区のアパートで暮らしはじめ、ベンジャミンは「赤軍情報総局第四部」から命じられた「アムトルグにおける諜報活動」を開始した。彼が「第四部不法滞在主任諜報員▼24」としてネットワークを構築するころには、家族揃ってブロンクスのクレストン街に引っ越していた。その間もずっとガートルードの兄の住所を法的住所として使っていた。

　わかっているかぎりでは、ラッセンに課せられていた任務は、アメリカでネットワークをいくつか構築すること、そうしたネットワークのメンバーと安全に面会できて、新人スパイのための研修もおこなえる場所――ある報告書の表現を借りれば「謀略本部▼25」――をニューヨーク市内の数カ所に確保することだった。しかし主たる任務は、セルのリーダーとしてこうしたネットワークを運営し、ソ連の支払担当者（ソース）から受け取った活動資金を諜報員に分配したり、各地に隠れ蓑として開設したカバーショップの仕事を割り振ったりすることだ。もっとも、そのような店の大半はニューヨークにあった。

たとえば、一九三九年に四三丁目と四四丁目のあいだに開設されたミッドランド輸出商会がそうだ。経営者はマイケル・B・バードという男だった。ラッセンとは一九二〇年代に米国共産党の党員同士として知り合った。ラッセンは一九三〇年代に党から脱退したが、バードは会社が繁昌してきた一九四〇年まで在籍していた。のちにバードが明かしたように、彼はその会社で「ソ連のソース」から金を受け取り、それを南米やメキシコで活動するスパイに送金していた。バードはまた、アメリカン・マーチャンダイジング社という会社も経営していた。その住所は長年、ミッドランド輸出商会と同じマディソン街三四七番地とされていたが、のちにレイヴン電気商会と同じ西二三丁目二〇番地に変更されている。[26]

バードがこの会社をはじめてから二、三カ月後の一九四〇年一月一七日、ラッセンはレイヴン電気商会を法人化した。[27] 最初の一年は、ブロードウェイと二八丁目の交差点にほど近い場所に小さな二階建てのビルを借りて営業していた。一九四一年初頭、ジョージ・コヴァルが表向きは従業員としてレイヴン電気商会で働きはじめたころには、ラッセンはこの会社を西二三丁目二〇番地の五階建てビルに移転していた。そこは、ラッセンが使っていた西二五丁目の事務所から二ブロック、五番街とブロードウェイと二三丁目の〔三本の通りが交わる〕交差点から半ブロックのところにあった。その交差点はレイヴン電気商会から歩いて五分、おあつらえ向きにマディソン・スクエア公園があり、ラッセンが昼間にたびたびそこを訪れていたことがわかっている。この公園を見おろす位置に建つ有名な三角柱の形のフラットアイアン・ビルの七階に、ワールド・ツーリスツという会社が入っていた。いくつかの情報を総合すると、ラッセンが初の「諜略本部」を構えたのは、このフラットアイアン・ビルの七階だったと考えられる。

一九二七年に開業したワールド・ツーリスツ社は、ソ連の国営旅行会社インツーリストと契約関係にあったらしく、インツーリストのサービスを販売し、手数料を収益としていた。サービス内容は、米ソ間の渡航やソ連国内の移動手段、宿泊先の手配のほか、パスポートの申請など、出入国手続きに必要な準備を手伝うことだ。アムトルグにソ連行きを勧められたアメリカ人のビジネスマンは、全員とは言わないまでもほとんどがワールド・ツーリスツ社を利用した。アメリカの産業を続々と視察に訪れるソ連の商人もみなワールド・ツーリスツ社を使った。つまり、断続的におこなわれていた米ソ間の商取引は、おおむねワールド・ツーリスツ頼みだったのだ。共産党員やソ連の諜報員もまた、アメリカへの「出張」に必要な偽造パスポートが必要なときにはこの会社を頼っていた。[28]

アメリカのパスポートは貴重とされていた。たいていの国の出入国管理当局で信頼度が高いと評価されていたからだ。しかも当時は、仮面をさっとかぶるように、簡単に偽造できた。ワールド・ツーリスツ社の職員は、米国共産党員だろうがソ連のスパイだろうが、提出された書類の記載事項について、真偽を疑うようなことはめったになかった。それでも明らかに虚偽とわかるものもあった。たとえば幼くして死亡した人の情報をニューヨーク公共図書館の系図史料室で調べ出して名を借りたような場合だ。そのような子の生年月日を使えば簡単に出生証明書を発行してもらうことができる。あとは偽の証人を頼んで、パスポート発行当局に、確かにこの名前の人物を知っていると証言してもらえばすむ。一九三〇年代には、税関職員がそうとは知らずに、何百人分もの偽造パスポートを承認していた。[29]

ワールド・ツーリスツ社がその手口でパスポートを偽造して何年ものあいだ円滑に業務を続けられたのは、ひとつには周囲の雰囲気に助けられたからだろう。一九三〇年代には、感知されることも露見することもなく、ソ連のスパイ網が米国内に広がっていった。たとえば一九三三年に連邦捜査局（FBI）〔当時の名称は「捜査局（BOI）」。一九三五年に改称〕がかかえていた捜査官はわずか三〇〇人足らずで、[30]しかもその大半が防諜活動の経験に乏しかった。彼らは犯罪捜査を専門とし、国内の保安対策では、もっぱらヒトラーの褐色シャツ隊〔突撃隊〕を模した銀シャツ隊と呼ばれるアメリカ銀軍団（シルヴァー・リージョン）など、ファシストの準軍事組織に焦点を置いていた。一九三〇年代の一〇年間には、ソ連の潜入スパイへの懸念より、ドイツ、日本、イタリアの諜報活動の脅威のほうが優先順位が高かったのだ。ある研究者が書いたように、一九三〇年代半ばには「司法省はソ連の諜報活動の摘発には関心が薄く、一般の報道機関もほとんど注目していなかった」[31]。

アメリカの反共主義は姿を消しはしなかったが、一九三三年にアメリカ政府がソビエト社会主義共和国連邦を、外交権を持つ国家として承認してからは、いくらか下火になっていた。ほどなく、ソ連の大使館や領事館が各地に開設された。当然ながら、ソ連の国力が増すにつれて、共産主義への不安や恐怖は薄れていった。それまでになかったほど多くのアメリカ人が、ソ連で進行していることは実質的には集団化、社会主義化、共産主義化の実験であり、未来の趨勢かもしれないと思いはじめた。世界恐慌に打ちのめされたアメリカの惨状を目の当たりにした人々は、資本主義に失望し、共産主義の理念に心を動かされた。共産党の党員数はどんどん増えて、一九三九年一月には最大の六万六〇〇〇人に達した。まさに栄光の一〇年となった。

アメリカの党員のほとんどはスパイではなかったが、時折、地下ネットワークの連絡員や仲介役を務めてスパイ活動を助けていた。ソ連の諜報当局にとって、米国共産党は政党としても諜報活動の道具としても利用価値があったのだ。ある歴史家が指摘しているように、秘密の地下ネットワークは「じつはひとつの機関ではなく、いくつかのネットワークから成り立っていた」[32]。アメリカの政治に特化して、ワシントンの官僚たちに働きかけ、ソ連の利益にかなうように動かすグループもあれば、化学兵器の研究開発などに関する軍事機密や企業秘密の収集を担うグループもあった。各ネットワークはそれぞれに専門分野を持ち、ラッセンや米国共産党の創始者のひとり、ジェイコブ・ゴロスなどの中継役を通じてソ連の諜報当局とつながっていた。ゴロスはワールド・ツーリスツ社の主要株主のひとりで、スパイをスカウトしてくる能力に長けていた。この会社の表向きの社主は米国共産党だった。
ラッセンとゴロスは米国共産党が一九一九年に結成されたころからのつきあいで、ともにアムトルグで働いたこともあった。ふたりがたびたび、ワールド・ツーリスツ社のオフィスで会っていたこともわかっている。[33] ある情報によれば、ラッセンがフラットアイアン・ビル七階にあった「ゴロスの部屋にしょっちゅう出入りしていた」ことは確かなようだ。[34]
しかし彼らがそうして会っていたのも一九三八年末ごろまでのことだった。なぜなら、ナチス・ドイツとソ連が一九三九年八月に不可侵条約を締結してからほどなく、アメリカ政府がスパイ活動への関与が疑われる場所のリストに、ソ連とのつながりのある企業や事業もふくめることに決めたからだ。これにより、米国共産党が疑惑の的になった。一〇月には、党の書記長アール・ブラウダーが偽造パスポートを使用したかどで逮捕された。引き続き、ゴロスとワールド・ツーリスツ社が数々の罪で告発されることになった。[35] ゴロスは一九四〇年のはじめに、ソ連政府の職員としての登録を怠ったとして有罪判決を受け、五〇〇ドルの罰金刑と執行猶予つきの懲役刑を申し渡された。
ワールド・ツーリスツ社は旅行代理店としては営業を続けたものの、フラットアイアン・ビルの七階をスパイの連絡場所にしておくのはあまりに危険すぎた。そこでゴロスと米国共産党は、五番街二一二番地に、新たにUSサービス・アンド・シッピング・コーポレーションというダミー会社を設立した。[36] そこはラッセンのお気に入りの場所、マディソン・スクエア公園のすぐ近く、アムトルグと同じ区画にあった。スパイの世界では偶然の一致は稀なことだったが、ラッセンはちょうど同じころに、その付近でレイヴン電気商会を開業していた。ラッセンは社屋の四階を夜間の会合に使うようになった。開設を指示されていた「謀略本部」をそこに置くつもりだったのかもしれない。一九四〇年以降、ラッセンがワールド・ツーリスツ社で誰かに会ったという情報はない。

新会社の設立準備を進めていた数カ月のあいだに、ラッセンはサンフランシスコでパスポート・ビジネスに携わっていた仲間と連絡をとっている。コヴァルがアメリカに戻ってから当面のあいだ使用する新しい身元を用意するよう頼んだのかもしれないが、その証拠はない。しかし、コヴァルが到着してから少し経った一九四〇年末、ラッセンはニューヨークのある新聞に、自分と「同僚」が兵器製造に関わる機械設計の仕事をさがしているとする求職広告を出している。この「同僚」というのは、まだ偽名を名乗っていたコヴァルであった可能性がきわめて高い。この広告を見てラッセンと「同僚」の面接をした職業仲介業者はのちに、ふたりの男が「兵器設計の仕事」に情熱を持っていて、「政府の仕事を請け負う会社で働きたい」と切望していると率直に語ったと証言している。しかしこの仲介業者はその後、彼らに連絡していない。「ふたりとも、さほど経験豊かには見えなかった」からだという。▼37

コヴァルは偽名で職に就いたことはなかったようだ。ジョージ・コヴァルの名で徴兵局に登録し、レイヴン電気商会で働きはじめてからまもなく、コロンビア大学のエクステンション・プログラム〔社会人を対象とした専門教育コース〕の化学の講座に受講の申し込みをした。ただひとえに科学――それもとりわけ化学――への情熱ゆえのことだったかもしれない。なんといっても、彼は科学の研究教育機関として世界的に有名な大学の卒業生だったのだから。優秀な成績で化学工学を修め、その後は数カ月間、モスクワの全連邦電気工科大学の希ガス研究所に勤務した経験もあった。

コヴァルは転機が訪れるたびに、学校に入っている。おそらく、つねに緊張を強いられる生活につきものの危機感や不安感を紛らすためだったのだろう。彼にとって学校に行くことは、知らないことずくめの新しい環境で、唯一慣れ親しんだものを取り戻す手段だったのかもしれない。家族とともにソ連に渡ったときにも学校に通った。今回もブロンクスに身を落ち着けてすぐに通学をはじめ、その後もアメリカにいるあいだに、同じことをさらに二度も繰り返した。

しかしコロンビア大学での受講は、「出張」の目的を考えれば、ハンドラーの考えだったかもしれない。なぜならこのときには、とりわけアイビーリーグの大学の授業に惹きつけられたというよりは、コロンビア大学物理化学部の一九四一年度の著名な教授陣とつながりを持つことが目的だったようだからだ。[38]

第6章　一般化学

コロンビア大学の成人向けエクステンション・プログラム[1]の一般化学の授業は、毎週火曜と金曜の午後六時四五分から九時五〇分まで、ハヴマイヤー・ホールでおこなわれた。ハヴマイヤー・ホールは、物理学部〔と天文学部〕の校舎であるピューピン・ホールなど、ほかの理系学科の建物の近くに建っている。毎週の授業では、まず三階にある階段座席つきの広い講堂で講義を受け、次に五階で実験実習に取り組んだ[2]。チームによる指導が実施され、たまたま、教授のひとりが米国陸軍化学戦局〔Chemical Warfare Service 現在の化学軍団〕の予備役兵だった。もしかすると、コヴァルはそのことを知っていて受講を決め、できるだけ多くの教員と面識を得ようと考えたのかもしれない。一九四一年にコヴァルが受講を申し込んだころには、コロンビア大学はすでに世界的に名高い物理学者や化学者を惹きつけていた。そして後年、そのうちの何人かが史上初の原子爆弾製造に中心的役割を果たすことになった。

一九三九年一月、前年にノーベル物理学賞を受賞したエンリコ・フェルミとその妻がファシスト政権下のイタリアからアメリカに亡命し、コロンビア大学物理学部の教授陣に加わった。同じ年の一月二五日、フェルミは同僚のジョン・ダニング准教授と学内の教職員クラブで食事をし、一九三八年末にベルリンでふたりのドイツ人物理学者が成し遂げた発見について語り合った。その学者たちは、ウランの原子に中性子を衝突させると、分裂してエネルギーを放出し、「核分裂」と呼ばれる過程のなかでさらに中性子が産生されることを発見した〔このふたりはオットー・ハーンとフリッツ・シュトラスマンを指すが、核分裂であることを解明したのはユダヤ人の女性物理学者リーゼ・マイトナーである〕。すでに中性子について二〇本以上の論文を発表していたダニングは、その夜、ピューピン・ホールの地下室で、四人の同僚物理学者――ハーバート・アンダーソン、ユージーン・ブース、G・ノリス・グラソー、それにフランシス・スラック――とともに、アメリカではじめての核分裂による放出エネルギーの測定実験をおこなった。

ピューピン・ホールには、サイクロトロンと呼ばれる原子粉砕機が設置されていた。サイクロトロンは一九三一年にカリフォルニア大学バークレー校のアーネスト・O・ローレンス〔と、M・スタンリー・リヴィングストン〕によって考案された装置で、その五年後の一九三六年、ダニング率いるコロンビア大学の精鋭チームが、ピューピン・ホールの地下室でこれを建造することに成功した。一九三九年一月のその夜、ダニングと彼の同僚たちはそのサイクロトロンを使って、酸化ウランでコーティングした金属板に衝撃を加えた。核分裂の最中に、ウランが吸収したよりも多くの中性子を放出すれば、画面上にエネルギーの発生を示す緑の線が現れるはずだった。果たして、緑の線がたくさん表示され、ダニングは「大当たりだ」と言った。[3]

その年、ピューピン・ホールではさらに多くの実験がおこなわれ、発見があり、才能が発揮された。何もかもがのちに重要な意味を持つことになる。まさに記念すべき年だった。フェルミとひとりの同僚が、「一回の核分裂で平均二個の中性子が発生する」ことを確認し、このことから、放出された中性子が同じ作用を繰り返せば連鎖反応が起きる可能性があることがわかった。[4] 後年フェルミが書いたように、「核分裂で十分な量の中性子が放出されれば、連鎖反応はほぼ止まらなくなるが、中性子が少なすぎれば、連鎖反応がはじまらない」。この作用には膨大な量のウラン235（U235）が必要だった。U235は、ウラン鉱石を精製して得られる天然ウランにふくまれる三つのウラン同位体のひとつだ。その含有率はきわめて少なく、一パーセントにも満たない（U234はさらに少なく、U238が九九パーセント以上を占める）。そこで、含有率を増やす――つまり「濃縮」する――ため、ガス拡散法という方法を用いて、U238からU235を分離する必要があった。ダニングは一九三九年から重点的にこの濃縮方法の研究に取り組んだ。

フェルミとダニングとその共同研究者たちは、原子物理学の最前線に立っていた。アメリカに量子力学を紹介したことで知られるユージーン・ウィグナーも、ブダペスト生まれのアメリカ人物理学者エドワード・テラー、ガス拡散法研究の第一人者ユージーン・ブースも。また、ハンガリー系アメリカ人物理学者のレオ・シラードもメンバーのひとりだった。シラードは一九三〇年代のはじめから、中性子によって核が二個に分裂する元素が見つかるはずだと思っていた。核分裂すれば、分裂片のうち一個を保持し、もう一個を放出する。するとこれが大きな塊として継続的な連鎖反応を引き起こす……。のちに彼はフェルミと共同で、まさにそうした連鎖反応を可能にする機械、原子炉を設計することになる。

このようなすぐれた研究は、大量のエネルギー生成への応用を前提としていた。ダニングは一九三九年一月の「大当たり」を確認した翌朝、ピューピン・ホール内の自分の執務室でノートにこう書いた。「われわれは、とてつもない成果につながる新現象を観察したと確信する」[5]

その年の三月、ちょうどヒトラーがチェコスロヴァキア併合を発表した日に、コロンビア大学物理学部長であり、大学院長であったジョージ・ペグラムが海軍次官補に電話をかけ、フェルミに手紙を託すので直接会って受け取ってほしいと頼んだ。その手紙は、コロンビア大学で進められている画期的な実験の重要性を政府に説明する内容だった。ペグラムは、ウランの連鎖反応は「現在知られているあらゆる爆弾の一〇〇万倍のエネルギーを放出する」だろうと書いていた。[6]

しかしワシントンはこの情報にほとんど関心を示さなかった。それから三カ月ほどあとの七月、シラードとテラー、ウィグナーが、おそらくこのようにあからさまな無関心に業を煮やし、ロングアイランドに住むアルベルト・アインシュタインの自宅を訪れ、シラードが書いた大統領宛ての書簡〔アインシュタインの手紙としてタイプライターで作成したもの〕に署名してもらえないかと頼んだ。そこには、コロンビア大学でおこなわれている原子力に関わる最新の研究内容と、よきも悪しきもふくめたその将来性、こうした強力な爆弾がすでにドイツで開発されようとしているという心穏やかならぬ可能性が記されていた。当時プリンストン大学で教えていたアインシュタインは、八月二日にこの手紙にサインをした。そこにはこう書かれていた。「E・フェルミとL・シラードによる最近の研究成果が文書によってわたしのもとに届けられました。それを読んで、わたしはウランという元素が近い将来、新たに重要なエネルギー源になると確信しました。最近の情勢には、警戒を要する一面と、必要とあらば早急に政府が対応すべき一面があると思います……こうした状況を踏まえれば、政府はアメリカで連鎖反応の研究に取り組む物理学者集団とのあいだに、より継続的な連繫体制を構築することが望ましいと考えます」[7]

ルーズヴェルト大統領は一〇月一一日にこの手紙を受け取った。目を通したあと、大統領は「これはなんとかしなくてはなるまい」[8]と言ったと伝えられている。一〇日後、新たに設置されたウラン諮問委員会の初会合が開かれた。この委員会は、一九四〇年に政府の国防調査委員会に吸収された。国防調査委員会には、コロンビア大学のジョージ・ペグラム大学院長のほか、化学部長のハロルド・ユーリーもメンバーとして加わった。ほどなく連邦政府が海軍省の予算から、初の原子力エネルギーの研究助成金として、コロンビア大学に六〇〇〇ドルを給付することを決めた。[9] これはつまり、原子爆弾建造をめざすプロジェクトが非公式にコロンビア大学ではじまったことを意味した。やがてこのプロジェクトを進める機関として、米国陸軍工兵隊マンハッタン工管区が創設された。その司令部が当初はマンハッタンのブロードウェイ二七〇番地に置かれていたため、この事業はのちにマンハッタン計画と呼ばれるようになった。

一九四〇年四月、世界の科学者が絶大な信頼を寄せるアメリカ物理学会の学術誌「フィジカル・レビュー」が、濃縮ウランの可能性について特集した。するとニューヨークタイムズのめざとい記者がいちはやく反応し、五月五月付の第一面に「原子力の膨大なエネルギー源を科学が開く」と題した記事を書き、その重要性を科学者ではない自分の言葉で解説した。「地球上の多くの地域にふんだんに存在する天然物質のひとつが、はじめて純粋な形で分離された。コロンビア大学物理学部で一連の画期的な実験がおこなわれた結果、その物質が一〇ポンド〔約四五〇〇グラム〕あれば、石炭なら五〇〇万ポンド〔約二三七〇トン〕ぶん、ガソリンなら三〇〇万ポンド〔約一三七〇トン〕ぶんのエネルギーを生み出せることが、昨日明らかになった」

この記事では、天然ウランからU235を抽出するむずかしさを説明し、コロンビア大学の物理学者チームが、大学所有のサイクロトロンを使ってそれを成し遂げたと伝えている。また、「フィジカル・レビュー」誌の記事からの情報として、GE社の研究所もコロンビア大学に協力したことを報じている。同研究所の科学者たちは、ある機械〔ミネソタ大学のアルフレッド・ニーア教授がフェルミの依頼によりU235の抽出用に考案した特殊な質量分析計を改良したもの〕を組み立てて「比較的大量のU235のサンプル」を分離し、これを「実験試料としてコロンビア大学の物理学者チームに送った」という。[10]

情報は一気に広まった。これはビッグニュースだった。[11]アメリカの一般読者を対象とする雑誌「コリアーズ」でさえ、この物理学界の新発見を取り上げた。ニューヨークタイムズは、「長年の夢であった原子力時代」の幕開けを告げるできごとであり、「近代科学が成し遂げた最も偉大な発見のひとつだ」と報じた。[12]さらに、熱狂的な興奮が広まっているが、多くの物理学者や化学者は、科学界の外ではこれらの実験についてあまり話したがらないとも伝え、その大きな理由は、これらの発見がヨーロッパの戦争の行方に影響をおよぼす可能性があるからだと警告している。

とくにコロンビア大学のピューピン・ホールなどでは、専門家を対象にある程度の箝口令が敷かれていたはずだが、当時は実験の進捗状況や成果をめぐる会話を制限する正式なルールがなく、守秘義務の徹底は、政府によるマンハッタン計画の始動まで待たなくてはならなかった。だがコロンビア大学では、物理学と化学の専門用語を理解できるジョージ・コヴァルが成人向けエクステンション・プログラムの講座を受講していた。ハヴマイヤー・ホールで講堂と実験室のあいだを行き来していたとき、あるいはハヴマイヤーとピューピンのあいだにあった小さな公園のベンチに座っていたとき、付近のブロードウェイのカフェで級友や教官やその助手たちとコーヒーを飲んでいたときに、なんらかの専門的な詳細や楽観的な仮説を耳にしたとすれば、彼にはやすやすと理解できただろう。

コヴァルがコロンビア大学に在籍することは、スパイとしての任務の一部だった。これは、一九三〇年代にはじめて科学を専攻する学生スパイをマサチューセッツ工科大学（MIT）に送り込んで以来、ソ連が使ってきた手法だった。この科学スパイ方式は、アメリカの一流研究所の最新の研究成果に関わる情報を入手したり、同僚の科学者を引き抜いたりするのに最も合理的かつ効果的な戦略と考えられていた。スパイは赤軍で訓練を受けたのち、こうした学校に入学して物理学や化学を専攻し、学生クラブに入会して、科学者たちの交流の場に入りこむ。そして、自分の担当分野の講師や研究者の面識を得るのだ。アメリカ科学界の中枢にコネを作る方法として、その効果は実証されていた。「科学者のコミュニティは、クラブとして機能していた。内部に入りこめば、簡単にネットワークを構築できた。あとはただ、適切な人に紹介してもらいさえすればよかった」[13]

そうした例は枚挙にいとまがなかった。たとえば、セミョーン・セメノフは、一九三七年にソ連の内務人民委員部（NKVD（エヌカーヴェーデー））〔刑事警察、秘密警察、国境警察、諜報機関を統括した行政機関〕に入り、MITに入学して一九四〇年に卒業した。その後、表向きはアムトルグのエンジニアとして働きながら、科学に関わる諜報活動に従事していた。また、アメリカの航空関連の機密情報を広範に収集したとされるスタニスラフ・シュモフスキーも、まずはMITの教室で学び、学士号、修士号の取得をめざしながら諜報活動にあたった。彼も一九三六年からアムトルグに勤務している。さらに、ラッセンがアムトルグにいたころから知っていたガイク・オヴァキミアンは、一九三三年に領事館が開設されると、NKVDのニューヨーク副支局長に就任した。

のちに「操り人形師（パペット・マスター）」の異名をとったオヴァキミアンは、複数の方法により、アメリカのスパイ網を拡大した。学生スパイ方式を編み出したのも、科学者を抱き込む方法をシュモフスキーに伝授したのも、細胞（セル）単位で諜報活動を効率よく進める体制を敷いたのも彼だった。原子力に関わる情報提供者とモスクワの情報総局とのパイプ役として、オヴァキミアンは科学に特化したスパイという新たなコンセプトの誕生に貢献した。一九三八年、ソ連から家族を連れて渡米したばかりの四人の男がアムトルグでオヴァキミアンと落ち合い、MITに在学中に達成すべき目標について話を聞いた。まず、英語を完全にマスターすること、第二に「学生も教官もふくめ、科学者コミュニティのなかに可能なかぎり広い人脈を築くこと」[14]。一九四一年にコヴァルがコロンビア大学にやってきたころには、ソ連の諜報機関はとりわけMITとコロンビア大学の科学者集団に高い関心を寄せるようになっていた。

ラッセンは、一九四〇年五月のニューヨークタイムズのコロンビア大学に関する記事を読んだはずだ。あるいは、コロンビア大学かMITに潜入している連絡員から最新の発見について聞かされていたと考えられる。つまりコヴァルは、コロンビア大学の講座を申し込む前から、ピューピン・ホールで何がおこなわれているか知っていた可能性が高い。教室では、熱心な学生らしい好奇心に顔を輝かせていたかもしれないが、一般化学は彼が求めるものではなかったのだ。コロンビア大学での彼の任務は、物理学部長と緊密に協力して研究を進めている化学部長と懇意になり、飛躍的な進歩を遂げつつある科学の現状を知ることだ。そしてアメリカの化学兵器に関する研究について可能なかぎりの情報を集めることだった。コヴァルはとりわけ、コロンビア大学化学部の優秀な教官のひとり、クラレンス・ヒスキーのことが知りたかった。

ヒスキーは、コヴァルより一歳だけ年長だった。背が高くてほっそりした体つきをしていて、薄茶色の鼈甲のフレームがついた眼鏡をかけていた。ふさふさした赤い髪と無遠慮で高圧的な態度は、いつでもどこでも目立っていた。服装はだらしなく、何日も続けて同じシャツとズボンで過ごすこともめずらしくない。しかもたいへんな酒豪で、しらふであろうがなかろうが、慎み深い言動を心がけることはまずできない男だった。しかし彼は傑出した化学者と見なされてもいて、ふたりが共通点を見いだしたのもそこだった。ヒスキーは一九三九年にウィスコンシン大学で化学の博士号を取得した。同じ年に、米国陸軍化学戦局に予備役兵として登録されている。この部局は、戦争に必要または有益となる可能性のある化学兵器の研究開発を進めるため、一九一八年に創設された。ヒスキーはコロンビア大学に来るまでは、テネシー州ノックスヴィルにあるテネシー大学で一年以上化学を教えていた[15]。

おそらくヒスキーは、コヴァルが自分と同じように、最先端化学に情熱的な関心を寄せていることを即座に見抜いただろう。しかもコヴァルはほかにも共通点があったことを知っていたはずだ。ヒスキーはウィスコンシン大学の学生だったころから、共産党と密接なつながりを持っていた。後年、彼は入党したことはないと述べたが、党員であったか否かはともかく、ヒスキーも彼の妻も、ニューヨークで頻繁に共産党員と連絡を取り合っていた。しかし当時のアメリカではそれはめずらしいことではなかった。どこの大学のキャンパスでも、ファシズムとヒトラー融和策の影響が毎日のように話題にのぼっていた。コロンビア大学でもヒスキーのように多くの教授がきわめて率直に、ヒトラーやムッソリーニの力に立ち向かう社会主義者や共産主義者を支持する発言をしていた。この時代には、恐怖や希望が、共産主義ではなくファシズムとの闘いを後押しする力となっていたのだ。

もっとも、コヴァルがヒスキーと共産主義について語り合ったとは考えにくい。コヴァルはそれよりも、教授たちの専門知識や、彼らが最近おこなった実験の潜在的な重要性のほうに関心を持っていた。彼らはU238からU235を分離する手段としてのガス拡散法についても話していたかもしれない。

ヒスキーがコロンビア大学のようなところに職を得ていたこと、そしてコヴァルがこのような特別な時期にコロンビア大学でいくつかの講座を受講できたことは、このうえもない幸運だった。ほどなく、幸運な人物がもうひとり、この舞台に登場する。その男は、ラッセンと活動をともにしていた熱烈な共産主義者で、名をアーサー・アレクサンドロヴィチ・アダムズといった。コードネームはアキレスだ。証拠文書によれば、彼はコヴァルと同様、「〝ファラデー〟（ラッセン）の指揮に従って行動し、彼を通じて報酬を受け取っていた」という。[16] ヒスキーとアダムズを引き合わせたのはコヴァルだったと考えられる。のちにその出会いは、原子爆弾をめぐる諜報活動史の記念すべき瞬間であったことが明らかになる。

アダムズもラッセンと同じように、一九三〇年代はじめにモスクワで赤軍情報総局にスカウトされた。しかし一説によれば、正式にGRUに採用されたのはこの時期だったが、じつはすでにロシア革命の直後から米国内に拠点を置いて諜報活動をおこなっていたらしい。彼は一九一九年から一九二一年まで、マンハッタンにあったロシア・ソヴィエト政府局で働いていた。この機関はソ連が資金を出し、西四〇丁目のワールズ・タワー・ビルの二階分を借りて設立された非公式の大使館で、ルートヴィヒ・マーテンズという人物〔ドイツ系ソヴィエト人〕が代表を務めていた。ソ連は米国資本にとって「将来の最大市場」と目されており、あるジャーナリストが述べたように、職員のおもな仕事は、ソ連との取引を切望する米国主要企業との手紙のやりとりや面談の設定にあたることだった。反ボリシェヴィズムが高まっていたこと、さらにロシア・ソヴィエト政治局には発足第一日目からすでにスパイが配置されていたとする情報——マーテンズ・ミッションと呼ばれていた——があったことから、一九二一年、米国政府は同局の閉鎖を命じた。これにより、アダムズはモスクワへ戻らざるをえなくなった。[17] そのころの彼には、ドロシー・キーンという利発で快活なアメリカ人女性の恋人がいた。[18] キーンはロシア・ソヴィエト政治局が一九一九年に設立されたときから、アダムズといっしょに働いていて、のちに米国諜報局により「熱烈な共産主義者」とレッテルを貼られることになった。彼女もまた、八月に客船アドリアティック号に乗り込んでモスクワに旅立った。

それから七、八年のあいだ、アダムズはソ連の自動車・航空機産業で指導的ポストに就いていた。一方のキーンは「ソヴィエト・ロシアに移り住んでからしばらくはレーニンの秘書を務めていた」[19]が、やがて翻訳と英語の個人教授で収入を得るようになった。一九二〇年代の後半、アダムズはアムトルグの代表者に選ばれ、キーンとふたりでアメリカに帰り、一九三二年一一月に結婚した。アムトルグでのアダムズの任務は、ソ連の兵器産業のために米国製品を発注することだった。この仕事では、アメリカの無線工学や軍用化学の最新技術に関する情報収集が求められた。証拠によれば、アダムズはアムトルグでベンジャミン・ラッセン——当時はまだラソフ——と面識を得たことになっているが、実際は一九一九年の米国共産党設立当時にニューヨークではじめて会ったと考えたほうが理にかなっている。最初からふたりには多くの共通点があり、熱心な共産党員同士として、長年にわたり、たびたび顔を合わせることになった。

アダムズのニューヨーク＝モスクワ間の移動は、とりわけ一九三〇年代には、典型的なスパイドラマの一幕のようだった。しかし一九一七年の革命以前にレーニンと出会った「古参ボリシェヴィキ」のアダムズには、たとえば一時期トロツキーとともに活動していたことなど、スターリン政権下では粛清の口実にされかねない過去があった。だから一九三七年の夏、スターリンへの陰謀をたくらむトロツキストとして起訴され、ニューヨークからモスクワへ呼び戻されたことは驚くにはあたらなかった。弁護士を雇い、数年にわたって米国でスパイ活動をおこなったことなどを根拠に、スターリンとソ連への忠誠を立証し、一九三七年末には容疑を晴らすことができた。しかしふたたびアメリカに潜入するのは、思いのほか困難だった。

ニューヨークの同志たちはアダムズのために、カナダからアメリカに再入国するプランを立てた。最初の試みは一九三七年一二月、手配してくれたのはサム・ノヴィクという男だった。アダムズのビザ申請書の記載によれば、この人物は、六番街にあるホールセール・レイディオ・サービス社〔ラジオとその部品を製造販売していた会社〕の経営者ということになっている。ノヴィクは国務省への手紙のなかで、自分はアダムズに一〇年前からカナダで仕事をさせてきたが、このほど彼の手助けが必要になったので帰国させたいと書いた。しかしやがてこの書簡は「アダムズのために虚偽を並べた」ものであるとされ、ミッションは失敗に終わった。

その次は、米国共産党の弁護士とされるジェイコブ・アロノフが、すばやくテクノロジカル・ラボラトリーズという会社を設立し、一九三八年五月九日に提出した法人税申告書に、社長兼財務担当役員としてアダムズの名を記し、書記役〔株主総会・取締役会の議事録の記録・保管などの任に当たる役員〕として自分の名を書いた。アダムズはビザ申請書にテクノロジカル・ラボラトリーズ社社長と記入し、身元の照会先としてアロノフの名を書いた。そのあとアロノフが、マンハッタンにあったコーン・エクスチェンジ信託銀行に、会社の名義で口座を開設し、アーサー・アダムズ財務担当役員の名で四〇〇〇ドルを預け入れた。カナダにいたアダムズは、五月一四日にトロントの住所宛てに送られてきた手紙を受け取った。そこには口座の詳細が書かれていた。

今度はうまくいき、アダムズは一九三八年五月一七日にニューヨークへ戻った。[20] 彼の妻はモスクワにとどまり、ニューヨークタイムズの特派員ハロルド・デニーの秘書として働くことになった。アダムズはふたつの会社を隠れ蓑にしてマンハッタンで暮らした。ひとつはノヴィクが六番街に保有していたエレクトロニック・コーポレーション・オヴ・アメリカ社（住所はホールセール・レイディオ・サービス社と同じ）、もうひとつは、近くにあるキーノート・レコーディング社というレコード会社だった。

コヴァルが手はずを整えたとみられるアダムズとヒスキーの顔合わせは、一九四一年九月に、西四四丁目の、ブロードウェイと七番街のあいだにあるミュージック・ルームという名のレコード店で実現した。[21] 店の経営者は、一九四〇年に小さな独立系企業キーノート・レコーディング社を設立したエリック・バーネイだった。創立まもないころには、スペイン内戦の歌や赤軍合唱団などによるソ連の音楽のレコードをリリースしていた。一九三六年から一九三八年まで、バーネイは共産党に所属し、党の公式機関紙「ニュー・マッシズ」の広報マネジャーを務めた。キーノート・レコーディング社の事務所は五番街五二二番地にあった。四四丁目と五番街の交差点で、ほんの数ブロック先にレコード店があり、通りの真向かいの五番街五二五番地には、ジェイコブ・アロノフの法律事務所があった。この地区にはほかにも、緊密な関係にある店や企業が集まっていた。表向きは輸出入業者ということになっているマイケル・バードは、キーノート・レコーディング社からほんの一ブロックのところに事務所を構えていた。サム・ノヴィクの経営するエレクトリック・コーポレーション・オヴ・アメリカ社は、ブロードウェイのミュージック・ルームのわずか一ブロック先だ。そこから二ブロック離れたところでは、アダムズやジェイコブ・ゴロスと密に連繫して活動していたヴィクトリア・ストーンが宝石店を経営していた。

こうしてアダムズとヒスキーは、九月のある午後、ミュージック・ルームの前の小さなスペースで落ち合った。ヒスキーはふさふさとした赤毛の長身の青年、アダムズは中年で、さほど背が高くなく、髪は薄く、眼鏡をかけ、わずかに足を引きずって歩いていた。ふたりは別々に店に入り、商品を見てまわった。

のちに、ある文書で明らかにされているように、彼らはすぐに「労働問題とスペインの問題」について話しはじめた。スペイン内戦のことも話題に出た。やがて、三カ月前の九月二二日に、ヒトラーが独ソ不可侵条約を破ってソ連を侵攻したことへと話が進んだ。ドイツはバルバロッサ作戦を決行し、兵三〇〇万、戦車三〇〇〇両をふくむ一五〇個師団をもってソ連を攻撃した。共産主義を支持する考え方や言葉は、多様な政治信条が共存していた当時のアメリカでは、ごくあたりまえのように受け入れられていて、容易に会話の流れに乗せることができた。とくに、共産主義を解決策として長らく信奉してきたふたりの男たちにとっては自然のことだった。のちにヒスキーが友人に語ったところによると、アダムズははじめて会ったそのときに、彼をソ連のスパイとして採用したのだという。ヒスキーには、ラムジーというコードネームが与えられた。

計画的にせよ偶然にせよ、一九四一年九月のアメリカでは、このような出会いが防諜当局者の関心を惹くことはなかった。彼らはソ連ではなく、日本、イタリア、ドイツのスパイの動きを注視していたからだ。アダムズもヒスキーも尾行されていなかった。のちにふたりは、スポットライトの下に引きずり出されて、厳しい捜査の対象になるのだが、最初に接点を持ったこの日には、誰もふたりの存在に気づいていなかった。マンハッタンのレコード店の商品陳列台のそばではじまったおしゃべりは、はた目には、ごくありふれたなんでもない会話に見えたことだろう。

しかしアダムズ、ラッセン、コヴァルが加わっていたスパイ網にとっては、ヒスキーとのコネクションには計り知れない価値があった。ヒスキーはほどなく、コロンビア大学を退職し、コロンビアが新たに設立した代用合金研究所（SAM）できわめて専門性の高い研究に取り組むことになった。SAMのたゆみない探究には、U238からU235を分離する手段としてのガス拡散法開発もふくまれていた可能性がある。だとすれば、ヒスキーは研究の進捗状況をアダムズに伝えることができただろう。しかも、もうひとつ重要な事実があった。それは、一九四二年に米国陸軍がコロンビア大学化学部長のハロルド・ユーリーに情報報告書を送り、ヒスキーに警戒するよう警告していたにもかかわらず、ユーリーが彼を採用したことだ。

陸軍はこの優秀な若い化学者を共産主義活動家としてリストアップし、危険人物と見なしていた。一九三四年のノーベル化学賞受賞者として尊敬を集めていたユーリーは、この警告を受け、ヒスキーに守秘義務の遵守を厳重に申し渡してから彼を研究所に入れた。原子爆弾の開発という喫緊の課題を前にした権威ある化学者やマンハッタン計画の責任者にしてみれば、政治的な判断より優秀な科学者を獲得するほうがはるかに重要であり必要だったのだ。

コヴァルは一九四二年の春学期の講座は申し込まなかった。いくつかの証拠が示すように、おそらく比較的近いうちにソ連へ戻るものと思っていたからだろう。アメリカが一九四一年一二月に参戦してソ連が正式に同盟国になったことで、モスクワでは至急コヴァルのアメリカ「出張」を――とりわけ一九四二年二月一二日に兵役適格者として登録されてからは――見直す必要が出てきたはずだ。GRUは彼を呼び戻したがるのではないだろうか……。

ラッセンがレイヴン電気商会の社長として最初にコヴァルの徴兵猶予を願い出たのは、一九四二年四月のことだ。[22]「戦争努力に不可欠な業務を担う」従業員を適用対象外とするという条項を利用した。レイヴン電気商会は米国陸軍工兵司令部や米国戦争省などから、戦争に関わる多くの請負契約を獲得していた。コヴァルは少し前に管理職に昇格し、取締役会のメンバーにも抜擢されていた。[23]つまり、ラッセンはコヴァルが戦争努力を支援する愛国的企業の取締役であるかのように書いたのだ。ラッセンの申請が認められたことは驚くにはあたらなかった。

その承認がおりたころに、ミラは夫から、もうすぐ帰国するとほのめかした手紙を受け取った。当時のミラはモスクワから一五〇〇キロ以上も東の――しかしウラル山脈の西に位置する――大きな工業都市ウファで暮らしていた。一九四一年六月のヒトラーによるソ連侵攻後、ミラにとっても彼女の母親にとっても、望まざる変化の力は増すばかりだった。その年の一〇月には、GRUにおけるコヴァルの任務のおかげだろう、モスクワからウファへ避難したイワノワ母娘は、「特別待遇」と言える扱いを受けていた。ふたりはあるアパートの住戸内に部屋をひとつ与えられ、ミラは、石油の精製過程で出た残渣から爆薬を製造する化学工場へ働きにいくよう命じられた。就労環境は絵に描いたように有害かつ劣悪だった。苛酷な労働と一九四一年の冬の寒さが祟り、ミラは呼吸器疾患のために入院した。生涯、完全な快復は果たせなかったようだ。また、工場で有害物質に曝露したことから、神経系に長期にわたるダメージを負い、子を授かれない体にもなってしまった。

一九四二年一月にコヴァルに宛てた日付のない手紙のなかで、ミラは最近に起きた戦時下のできごとへの恐怖を語り、冬を迎えてからの状況と自分の病気についてもいくらか報告している。コヴァルがこの手紙を受け取ったのは、二月の終わりか三月のはじめごろだったと考えられる。こうした書簡類はニューヨークとモスクワとウファのあいだを行ったり来たりして、しばしば届くのに二カ月以上かかった。コヴァルからの返事が送られてきたのは、四月末ごろだったらしく、ミラは、夫からのその一ページきりの手紙の上部に鉛筆で「四月二七日」と記していた。それは急いで書かれたらしい文書だった。

　愛する妻へ。ぼくには手紙を書く時間がきっかり五分しかない。短い時間だが、いちばんだいじなことはすぐに伝えられる。ほかのことは気にしなくていい。ぼくはいつもきみのことや、きみが経験していることについて考えている。ミラ、ぼくはきみのそばにいたい。だがきみもわかっているように、いまのこの時期には誰もがいるべきところにいるしかない。残念だけど、ぼくたちの望むように事を決めるわけにはいかないのだ。ぼくたちは不平を口にしてはならない。腹を立ててもいけない。きみの手紙にはショックを受けた。きみはきっと疲れていることだろう。そして懸命に働いていることだろう。どうか体をたいせつにしてくれ。自分のためにそうできないのなら、ぼくのために頼む。時間がない。ぼくは健康で元気いっぱいでとても忙しい。故郷が恋しいが、再会したときに何もかも語り合おう。とりあえずいまはさようなら。近いうちに再会する日までのキスを送る。もうすぐ会えるんだ。ジョージより。TV[ミラの母親のイニシャル]に手紙のお礼を伝えてほしい。ぼくの両親にもよろしく言ってくれ。ジョージ。▼24

徴兵通知書が届いたことには触れていないが、妻に心配をかけたくなかったのかもしれない。あるいは、ソ連への帰国が実現するより前に通知書が来ることを予測していたのかもしれない。だから「近いうちに」「もうすぐ」と書いたとも考えられる。コヴァルがヨーロッパでアメリカのために戦うとすれば、赤軍情報総局にとってそれはどのような役に立つのだろう。科学スパイの彼にこれだけの時間と金を注ぎ込んだあげくに、徴兵通知のことを知ったなら、危険が迫ったと判断して急きょ帰国させるのではないだろうか。ただしGRUが一九四二年か一九四三年のはじめに、そのような懸念がやわらぐような情報をつかんでいたとすれば話は別だ。

一九四二年七月二〇日、ラッセンは従業員のひとりウィリアム・A・ローズをブロンクス区にある選抜徴兵局第一二六地区委員会[徴兵対象者を選考する市民ボランティアによる委員会で、全国二〇〇〇カ所に設けられている]に行かせて、コヴァルの徴兵猶予期間の延長を願い出た。二度目の猶予も認められた。一一月三〇日、ローズはニューヨーク州の州都オールバニーに出向き、さらなる延長を申請したが、ラッセンらがこのようにしてコヴァルの引き留めをはかったのは、それが最後になった。おそらくこれ以上の徴兵猶予が認められる可能性は薄かったからだろう。実際、それからまもない一九四三年の春には、いわゆる職業上の理由が、猶予の要件から外された。しかしコヴァルが米国陸軍にいながらソ連の役に立てるのかどうか、もはやラッセンが悩む必要がなくなったとも考えられる。

レイヴン電気商会は一九四二年八月一八日から一九四三年四月末まで、ローズに二週間ごとにまとまった額の金を渡し、シカゴやワシントンDC、ボストンなど、米国内のさまざまな都市に行かせていた。一九四二年一二月五日には、テネシー州ノックスヴィルまで足を延ばしている。そして一九四三年一月二七日にもまたノックスヴィルを訪れていた。しかしレイヴン電気商会がノックスヴィル近辺の企業と契約を結んだ形跡はない。

事実を確認できる文書は残っていないが、ラッセンが何度もコヴァルの徴兵猶予を願い出たのは、コヴァルの「出張」計画の一部であった可能性もある。おそらくウィリアム・ローズはその年、行く先々――とくにノックスヴィル――で、米国の化学兵器開発の実態をさぐるというコヴァルのミッションに関わる情報を収集していたものと思われる。[25]

一九四二年六月の半ば、ルーズヴェルト大統領は、大統領府科学研究開発局長のヴァネヴァー・ブッシュと、国防調査委員会のジェイムズ・B・コナントから、やがてマンハッタン計画と名付けられるプロジェクトの「影響、困難、期待できる成果」に関する調査結果について報告を受けた。これは核エネルギーを兵器に利用して原子爆弾を製造するという、軍主導の極秘計画だった。九月一日、陸軍工兵司令部のレズリー・グローヴズ将軍が計画の責任者に据えられた。九月二九日、彼はテネシー州東部の総面積約二二〇平方キロの土地を購入する政府命令を承認した。そこはノックスヴィルから西に三〇キロの地点で、アパラチア山脈の麓の丘陵地帯にあるクリントンという小さな町の近くだった。[26] 一九四二年の秋の終わりごろ、サイトXと名付けられたその土地で、のちにオークリッジと呼ばれるようになる核兵器研究開発拠点の建設がはじまった。[27] この都市のなかには原子爆弾の燃料を生産する広大な工場がいくつも建ち、七万五〇〇〇人の職員が働くことになっていた。土地が買収される前日には、ニューヨーク州のスタテン島にあった保管施設から、スチール製のドラム缶二〇〇七個に入ったウラン鉱石一二五〇トンが運び出され、テネシー州に送られた。[28]

一九四三年二月四日、コヴァルはブロンクス区の選抜徴兵委員会で陸軍に入隊し、所定の書類に、一九四一年にコロンビア大学で化学の講座を受講したことなどを書き込んだ。もし彼が科学的素養を軍にアピールしたかったのであれば、これは重要な情報になりえた。なぜなら、モスクワのメンデレーエフ化学工科大学で化学の学位を取得したと伝えるわけにはいかなかったからだ。

第7章　コネクション

ローズ・スティーヴンソンとマリアン・グリーンバーグは、一九四三年のはじめ、ニュージャージー州ニューアークの刑務所内の監房で知り合った。そして貧窮経験者ならではの剣呑な独創性を発揮して、マンハッタンで金を稼ぐ方法を思いついた。アイディア自体は決して斬新なものではなかったが、それでもふたりは何日もかけ、詳細にわたって計画を練った。

そのプランとは次のようなものだった。ふたりはいっしょに、通りでひとりの男に近づく。場所は西四四丁目のブロードウェイと七番街のあいだ。近くのバーで飲まないかと男を誘う。一杯目を飲んだあとで、マリアンがいとまを告げ、ローズと「デート相手」をふたりきりにして店を出る。マリアンは、その一夜のためだけに借りたアパートまで急いで歩いていき、通りの物陰から、ローズと男が建物に入るのを見届ける。ローズは部屋の扉に鍵をかけずにおいて、居間かキッチンで男を誘惑しにかかる。男が服を脱ぐと、彼女はロマンスの場を寝室へと移す。ローズがさらに男を誘惑しているあいだに、マリアンがなかに入り、彼の札入れと金と貴重品を盗む。それから廊下へ出て扉をノックし、家主だと名乗り、ローズ宛てに特別郵便が届いたので持ってきたと言う。ローズは素っ裸の男を寝室に残して飛び出していく。そしてマリアンとふたりで、狩人に追われるキツネのように、全速力で建物の外へ逃げていく。これを週に二度、盗っ人役と恋人役を交代しながら、ホテルを使わずに毎回ちがうアパートを使って繰り返す。エセックス郡刑務所を出所すると、ふたりはこの計略を実行に移した。彼女たちがどのくらいの頻度で犯行を繰り返していたのかはわからない。なぜなら、ふたりが捕まったときの記録しか残っていないからだ。

それは一九四三年三月のある夜、午後一一時から午前零時のあいだに起きた。その夜のマンハッタンは雨で、かなりのどしゃぶりだった。歩道のところどころに水がたまり、人々はアパートや小売店の出入り口で雨宿りをしていた。中背で体重は九〇キロくらいあろうかと思える男が、西四四丁目のウィーラン・ドラッグストアの店先に立っていた。頭はほぼ禿げあがっていて、白いものがまじる髪がこめかみのあたりに残るのみ。口髭をたくわえ、茶色の背広を着て、袖口が少しすり切れた灰色のオックスフォード・コートを羽織っていた。若い彼女たちの目には、その男が目立って見えた。なぜなら、ダイヤモンドのネクタイピンを着けていたからだ。店の明かりを受けてきらりと放たれるその輝きをふたりが見逃すはずはなかった。それに彼は傘を持っていなかった。これはいいきっかけになりそうだった。

ふたりは彼を近くのバーに連れていき、三人で酒を飲み、世間話をした。やがてマリアンが帰ると言い出した。彼女は雨のなかをすばやく歩いたか、タクシーを拾ったかして、西六五丁目のアパートへ行った。天候がよくなかったので、そのまま借りてあった部屋に入り、クローゼットのなかに隠れた。やがてローズと彼女のカモがタクシーでやってきた。男はズボンをキッチンの椅子に掛けた。ローズは二重の難題に直面した。どうやって彼を楽しませつつ、ネクタイからダイヤモンドのピンを外せばいいのだろう。この難局に取り組んでいるさなか、突然マリアンがクローゼットのなかから出てきた。そして男のズボンの一方の尻ポケットから札入れを抜き取り、もう一方のポケットから、ティッシュペーパーにくるまれた小さな袋を奪い取った。計画通り、いったん廊下へ出てから扉をノックし、ローズを呼んだ。ローズは失礼と

行って寝室を出て、マリアンといっしょに建物の外へ飛び出した。[▼1]

数ブロック先の建物の奥まった出入り口に身を潜めて被害者の財布の中身を調べると、一一ドルあったので、ふたりでそれを分けあった。ローズはダイヤモンドのタイピンを盗みそこねてがっかりしていた。それから、いつものように一刻も早く浮かれ気分に終止符を打たなくてはと思い、とりあえずマリアンが財布と包みをあずかって、二、三日後にまた会うことにした。だがその約束は果たされなかった。マリアンがティッシュペーパーに包まれた袋のなかにとんでもないものを見つけたからだ。

マリアンがのちに警察で供述したところによると、彼女が七番街の自宅アパートに戻ってから、ティッシュペーパーを一枚一枚はがして小さな袋を取り出すと、そのなかには、ていねいに折りたたまれた一〇〇ドル紙幣が一〇〇枚入っていた。そこで色あせた財布をひっつかみ、中身を全部床にぶちまけて、できるだけ急いで、中身を細かく調べていった。彼女が目にしたのは、小さく切ったティッシュペーパー二〇枚に、「英語のアルファベットが変な順番に」タイプライターで打ち込まれたもの。それを開くと、なかから社会保障（ソーシャル・セキュリティ）カードが一枚と、レイヴン電気商会の社名が入った名刺が出てきた。そこには「ベンジャミン・ラッセン」という名が書かれていた。

それからほどなく、マリアンはボーイフレンドとふたりでおよそ四〇〇〇ドルを使った。彼氏はキャデラックのコンバーチブル・クーペを一五〇〇ドルで買い、マリアンは服や宝石に同じくらいの金額を費やした。あとの一〇〇〇ドルは、袋の中身をあけるところを見られてしまったふたりのルームメートに口止め料として半分ずつ渡した。[▼2]

残った五〇〇〇ドルのうち、一〇〇〇ドルのみが書類に記録されることになる。なぜなら、マリアンが二人組連続強盗事件の捜査にあたっていた覆面警察官を買収しようとして使ったからだ。

そのあとには、多くのことが続いた。警察はラッセンの居所を突き止めて事情聴取をし、ラッセンは一万ドルを強奪されたことなど一度もないと断言した。「一九四三年三月一日ごろには、ニューヨークのスチュワーツ・レストランで財布を盗まれたが、せいぜい一〇ドルくらいしか入っていないことはわかっていたのでとくに誰にも言わなかった。それに、そんなことに関わっている時間はなかったのだ」と話した。ほんとうは、ラッセンはソ連のボスに課された任務を数時間怠っていた。そのあいだに、おそらくスパイたちに配るはずだった軍資金を盗まれてしまったのだと思われる。

ある新聞記事によれば、マリアンは尋問中に、英語と異なる順に文字が書かれていた細長いティッシュについて、「なんだかスパイの暗号みたいで変だった」と供述したという。しかしそれに関連した捜査はおこなわれなかった。一九四三年のこの時期、アメリカ人は、チュニジアで米軍の戦車部隊がドイツ軍を撃退した話や、イギリス空軍がドイツのルール地方を空爆した話、アメリカで靴の配給がはじまった話でもちきりだった。売春婦が西四四丁目でソ連のスパイが暗躍しているかもしれないと疑っていることなど、どうでもよかったのだ。

ラッセンが「酔っ払って金を盗られた」ころには、レイヴン電気商会は、西二三丁目の五階建てのビルに移転して順調に営業していた。業務用・住宅用の照明器具、部品、各種サービスを幅広く取り扱う電気店は一階にあり、在庫のほとんどは地下室に保管されていた。二階は、ラッセンの甥のひとりが経営する写真スタジオとして使われ、ラッセンは出資はするが経営には関与しないサイレント・パートナーだった。三階は、ラッセンとも彼の取引先の誰とも関わりのなさそうなシルクスクリーンのデザイナーに賃貸ししていた。だが五階は、ラッセンのビジネス・パートナー、マイケル・バードが部分的に保有する会社に貸していた。[3]

四階は謎だった。メインの部屋の扉はいつも施錠されていて、電気店の店員たちは、フロア全部を倉庫として使っていると聞かされていたが、シルクスクリーンのデザイナーはのちに、あそこでは会合が開かれていたようだと述べている。たまに彼が夜遅くまで仕事をしていると、スタジオの上階で複数の人が歩きまわっているような音が聞こえたことがあったという。だがそのことについてラッセンに尋ねてみたのは一度だけだった。そのときには、「いくらか厳しい口調で」気のせいだろうと言われ、そんなに遅くまで働くべきではないと意見されたという。[4]

ラッセンはつねづね、レイヴン電気商会はGE社のフランチャイズ加盟店だと言っていた。しかし創業時の在庫はきわめて少なく、金額にして一万ドル相当のものだった。当時GE社のフランチャイズをはじめるには、最低でも三万五〇〇〇ドルぶんの在庫を準備することが求められていた。従業員のなかには、ラッセンがGEに強力なコネを持っていて、要件を緩和してもらうことができたのだと考える者もいた。確かにラッセンはGE社製のランプを委託販売で扱っていたが、店の在庫が二万ドルを超えることはめったになかった。[5]興味深いことに、元従業員がのちに振り返っているように「[ラッセンは]しばしば平気で仕入れ値か、利益の出ない値段で商品を売っていた」。長年、ラッセンの会計士を務めた男性は、「彼[ラッセン]は収益を求めるアメリカ流のビジネスをしておらず、仕入れ価格より安い値段で商品を売っていました」と述べている。[6]また、六番街と二三丁目の角、レイヴン電気商会から一ブロックのところにあるレストランで、何年にもわたりラッセンとカードゲームを楽しんでいた男性によると、ラッセンは「ごくふつうの商店主」のようにふるまおうとしていたという。「ただの電気店の主人のようにね。だが彼は自分の財産とか商売のやりかたとか、たいていのことは秘密にしていていっさいしゃべらなかった。しょっちゅう店をあけて出かけていって何かしていた。なぜあんなに金があるのかわからなかったね。儲けを考えずに商売しているのに、いつもたんまり金を持っていた。おれは知ってるんだ」[7]

ある日、レイヴン電気商会の店員が、西二五丁目一一番地にあったラッセンのオフィスを訪ねると、デスクパッドの下に「ニューヨーク・ヘラルド・トリビューン」紙がはさんであるのに気がついた。待っているあいだに読ませてもらおうと、店員が新聞を引っぱり出すと、内側に共産党の機関紙「デイリー・ワーカー」が丸めて押し込まれていた。また別の日には、鍵を戻しに来て、少し早めにオフィスに着くと、ラッセンがその同じ新聞を読んでいた。ラッセンは真顔になり、いま目にしたことを決して誰にも言うなと命じた。店員はのちにこう語っている。「社長がどういう人間だろうが、わたしには他言する理由がありませんでした。社長は自分はロシア出身だと言っていたし、店の常連客のうちふたりとロシア語で話すのを聞いたこともあります。だからそこのところはほんとうだったんです。わたしにはわかっています」[8]

そのほかの真実については、ラッセンの従業員やエージェントは何も知らなかったようだ。ラッセンは質問を避け、ときには聞こえないふりをした。しかし四階で深夜の会合を開いていたことや、しょっちゅう店をあけていたこと、一九四二年一二月から一九四三年二月までのあいだに少なくとも二回、従業員をテネシー州ノックスヴィルへ出張させていたことについて何が言えただろうか。

コヴァルが米国陸軍で軍務に就きはじめて数カ月のあいだに、ラッセンは多くの情報提供者を通じて、極秘裏に原子力利用に関わるプロジェクトが計画されていることを知ったのかもしれない。少なくとも、コヴァルのような専門知識を持った人材が、プロジェクトの研究・製造に関わる施設にもぐり込める可能性について十分な情報をつかんだと思われる。モスクワでは、アメリカの科学者が核兵器の製造に注力しつつあることを知っていた。ソ連の物理学者たちもある程度その事実に気づいていた。一九四〇年四月号の「フィジカル・レビュー」誌でコロンビア大学がおこなった実験の成果についての記事を読んでいたからだ。一九四〇年六月、同誌はソ連の核物理学者イーゴリ・クルチャトフの共同研究者二名が「ウランのなかできわめて稀な自発核分裂を確認した」と発表したと報じる記事を掲載した。これに対してアメリカからなんの反応もなかったことから、「ソ連当局は、アメリカで大規模な極秘プロジェクトが進行中であることを確信した」とされている。[9]

一九四〇年の終わりごろ、ソ連のＮＫＶＤ長官ラヴレンチー・ベリヤは、アメリカ、イギリス、ドイツの支局長に、「原子爆弾製造に向けた取り組みが進んでいる可能性を示す証拠」を集めよとの指示を送った。[10] 一九四一年八月にはすでに、イギリスの物理学者クラウス・フックスから、イギリスの計画に関する報告書がモスクワの諜報当局に送られていた。一九四二年の春、ベリヤはスターリンにこれらの調査結果に関するメモを送り、「数多くの資本主義国で……ウランの核エネルギーを軍事利用するための研究がはじまっています……爆弾の設計では、コアがふたつの半球から成り、そのふたつが合わさると臨界質量を超えるということです」と報告した。[11]

スターリンはこれを受けて、ヴャチェスラフ・モロトフ外相に、この流れに追いつくために何をすべきか分析するよう指示した。モロトフは一九四二年一〇月、「戦前におこなわれていた放射性元素に関わる研究の再開」を命じた。[12] 一一月二七日には科学者のクルチャトフがモロトフに報告書を提出し、ソ連における原子爆弾開発計画は西側諸国に比べ「かなり後れをとっている」との結論を伝えた。一二月、モロトフは海外の原子力研究に詳しい諜報専門家、レオニード・ヴァスニコフをニューヨーク市に派遣することを決め、「原子爆弾開発に関する手がかりをひとつ残らず追跡調査」するよう命じて送り出した。[13] アメリカの開発計画に関わる諜報活動には、「エノルモズ作戦」〔enormoz は、英語の enormous（巨大な）にあたる〕というコードネームがつけられた。

戦時下の運航状況の混乱により、ヴァスニコフは予定より遅く三カ月後に現地に到着し、マンハッタンにあったソ連領事館の四階に事務所を構えた。ここはニューヨークで暗躍するスパイの拠点でもあった。つまり、ソ連の副領事兼ＧＲＵニューヨーク支部長のパーヴェル・ミハイロフ――本名メルキシェフ、コードネームは「モリエール」――のオフィスも設けられていたのだ。アダムズとラッセンの両方とつながりのあったミハイロフは、ラッセンを使って、アメリカの核兵器製造計画の詳細を調べるための資金を届ける役目を担わせていたのかもしれない。また、ヴァスニコフが渡米する前には、MITを卒業したソ連の最も有能な科学技術スパイのひとり、セミョーン・セメノフが、一九四二年一二月二日にシカゴ大学でエンリコ・フェルミが〔世界初の原子炉を使って〕史上はじめて原子核分裂の連鎖反応の制御に成功したことを知った。一九四三年一月下旬には、彼の報告書がモスクワの諜報当局に届き、アメリカが原子爆弾製造に向けて記念すべき一歩を踏み出したことが伝えられた。

ある研究者が指摘したように、一九四三年一月の末にはまちがいなく、「スターリン政権がアメリカの武器貸与管理局に、金属ウラン一〇キログラム、酸化ウランと硝酸ウラン一〇〇キログラムをモスクワに送る」ようおおっぴらに要請していた。[14] グローヴズ将軍は動揺を隠し、無関心にさえ見えるような態度で、酸化ウランと硝酸ウランの提供を承認した。要求された分量では兵器製造に役立たないことがわかっていたし、どちらも用途がきわめてかぎられていたからだ。しかし金属ウランは核燃料の製造に使うことができる。だから将軍はその供与を認めなかった。

一九四三年二月、モロトフ外相は、クルチャトフをソ連ウラン計画の責任者に指名した。三月、クルチャトフはモロトフに、最近ガイク・オヴァキミアンが送ってきた文書について報告する手紙を書いた。オヴァキミアンから受け取った原子力に関する情報には「わが国とソ連の科学にとって計り知れない価値」があった。[15]「それらの文書には、われわれの研究に不可欠な指標がふくまれております。これにより、われわれは多大な労力を集中すべき段階を飛ばして、新たな科学技術的手段で問題を解決する道を発見することができるでしょう」。後年、アメリカの歴史家でジャーナリストのジョセフ・オルブライトとマーシャ・カンステルは、一九四三年の夏を迎えるまでに「ソ連がマンハッタン計画の概要を垣間見たことはまちがいない」と書いている。[16]

マンハッタン計画をめぐる新情報は、モスクワのコネクションを通じてラッセンにも伝わった可能性があるが、彼はワシントンの政府情報筋ともつながりを持っていた。そのひとつは、一九四二年一月に設立された軍需生産委員会（WPB）だ。ソ連のスパイ網では「デポー」というコードネームで呼ばれていた。WPBは、国の軍需物資の生産を管理し、機関銃や戦車やパラシュートなどを製造するすべての工場に、必要な原材料を確実に供給することを任務とした。WPB内のいくつかの部署は、「その他鉱物」取扱課が管理するウランなど、マンハッタン計画に物資を配分する業務に密接に関わっていた。核開発プロジェクトと戦線に軍需品を供給するプログラムとのバランスをとることもまた、WPBの任務のひとつだった。[17]

WPBのメンバーには、GE社の社長、陸軍長官、海軍長官、農務長官、経済戦争委員会（BEW）議長のヘンリー・A・ウォレス副大統領など、政財界の名だたるリーダーが顔を揃えていた。一九四二年にBEWに加わっていた経済学者のネイサン・グレゴリー・シルヴァマスター――コードネーム「パル」――が、主としてラッセンとつながりのあったジェイコブ・ゴロスを通じ、一九四〇年からソ連へ情報を流しはじめた。アメリカとモスクワでやりとりされた電報六一本がのちに解読され、シルヴァマスターがソ連のスパイ団を使って「軍需生産委員会の兵器に関する膨大な量のデータ」を送っていたことが明らかになった。[18]さらに、BEW議長の助手、フランク・コウ――コードネーム「ピーク」――がシルヴァマスターと通じていたこともわかった。[19]

ラッセンは一九四二年には、ほかにも貴重な情報源を持っていた。その年の感謝祭の前の日曜日にオークリッジのサイトXの建設がはじまった。この大規模工事の大部分は、ボストンを本拠地とするストーン＆ウェブスター社という建設会社が請け負っていた。当時はまだラソフと名乗っていたラッセンは、何年も前にそのニューヨーク支社に勤務していたことがあり、それ以来長きにわたってMITの科学者たちと交流を続けてきた。そのなかには、戦争に関わりのある研究に携わる者もいた。あのアーサー・アダムズと核化学者クラレンス・ヒスキーとのつながりも、ラッセンにとっては重要であったにちがいない。

アダムズとヒスキーがはじめて会ってから一年後の一九四二年、ヒスキーはコロンビア大学の代用合金研究所（SAM）で原子力の研究をはじめた。そして一九四三年九月、シカゴ大学の冶金研究所に転任した。わずか九カ月前、フェルミはここで世界初の原子炉の建設に成功したばかりだった。のちに明らかになったことだが、ヒスキーはシカゴに移った直後から、アダムズに五、六度会い、冶金研究所の原子力に関わる研究資料や、オークリッジのサイトXに関わる文書を手渡していた。[20]

ラッセンにサイトXのことを教えた人物が誰だったのかは、永遠にわからないかもしれない。しかし彼の人脈が幅広く、アダムズがプロジェクトの研究の中心にいる人々と強力なコネクションを持っていたことには疑問の余地がない。ラッセンは遅くとも一九四三年にはオークリッジのことを知っていたと思われる。一九四四年には、利用価値のある手駒としてのアダムズを失ったことも知らされたにちがいない。なぜならその年の四月、ニューヨークのピーター・クーパー・ホテルに投宿していたアダムズの部屋を連邦捜査官が強制捜査し、「精巧なカメラ装置、マイクロドット〔文書を小さな点ほどのサイズに縮小したマイクロ写真〕製作のための資材、テネシー州オークリッジの原子爆弾研究施設でおこなわれている実験に関するメモ」[21]を発見したからだ。四月二七日には、ヒスキーが徴兵されてアラスカ北部へ送られた。七月には、FBIのフーヴァー長官がアーサー・アダムズを常時監視対象とすることを指示した。

最初にFBIをアダムズにさし向けたのは、マンハッタン計画の保安責任者ジョン・ランズデール・ジュニア中佐だった。彼は「アダムズは本プロジェクトに携わるさまざまな科学者、それもとりわけシカゴ大学冶金研究所とつながりを持っていることが知られている」と報告した。[22]しかしこうした事実が明らかになったことに対し、ランズデールは次のような見解を述べた。「アダムズがDSM〔マンハッタン計画〕に関わる情報を入手できたことはまちがいない。彼がそれを携えてアメリカを離れ、ソ連に帰国することを許すのは最も望ましくない」。つまりランズデールは、軍は「現時点では〔マンハッタン計画に関わる〕スパイ行為を理由にアダムズを起訴したくない」と考えていることを明言したわけだ。「そのようなことをすれば、マンハッタン計画の存在が明るみに出てしまう」だろう。

アダムズは、自分が非公式に起訴を猶予されていたことを知らなかったようだ。なぜなら、政府がヒスキーをシカゴから遠ざけてからは、毎日――そして毎晩――尾行されていることに気づいていたと思われるからだ。アダムズは、ＦＢＩを相手に鬼ごっこの日々を余儀なくされて、思うように活動できなくなった。しかしそうした日常がはじまる前に、ヒスキーからアダムズにもたらされた情報はすべてラッセンに届けられていたはずだ。直接手渡したかもしれないが、マンハッタンのソ連領事館のミハイロフという共通の連絡員の手を借りたかもしれない。おそらくその情報がもとになり、一九四四年八月一一日、ソ連の諜報員ジョージ・コヴァルが、オークリッジの米国陸軍特別工兵分遣隊で新たな任務に就くことになったのだろう。それは偶然ではなかったのだ。

第8章　ジープの男

ジョージ・コヴァルは、事実といくらかほんとうのことと、真っ赤な嘘をたくみに織り交ぜたストーリーを作ることに長けていた。とくに自分の経歴についてはこの隠れた能力を存分に駆使した。オークリッジに保管されていた彼の機密ファイルはそれを裏付ける証拠にあふれている。[1] これを読んだコヴァルの上官たちは、彼の両親がそれぞれ「一八八八年ごろ」と「一八八五年ごろ」にピンスクの近くで生まれたことを知った。どちらもユダヤ人で、父は大工、母は主婦。ふたりともすでに故人であり、父は一九三三年、母は一九三四年に、コヴァルの出生地であるアイオワ州スーシティで死去したとされていた。だが実際はふたりともまだ生きていた。彼の上官たちはまた、コヴァルが高校時代に全米優等生協会の会員であったこと、アイオワ大学に進学したことなど、いくつかの事実も知らされた。しかしそのあとには、大きな嘘が並んでいる。たとえば、一九三三年から一九三六年まで、おじのハリー・ガーシュテルがスーシティの四番通りで経営していたスクエア・ディール・クロージング社に勤務していたとか、一九三六年からニューヨーク市の七二丁目で暮らしはじめたというようなことだ。

このファイルによれば、コヴァルは一九三九年にレイヴン電気商会で働きはじめたことになっているが、ほんとうは彼はこの年にメンデレーエフ化学工科大学を卒業し、モスクワ郊外のどこかで軍の諜報員としての訓練を受けはじめたのだった。さらに、このファイルには彼の陸軍登録書類も保管されていて、そこには、「理学士号を取得するため」一九四一年にコロンビア大学化学部に入学したと書かれていた。おそらくそれは、彼が書いたいくらかほんとうのことのうち、最も有益な情報だっただろう。

しかしこのファイルに関していちばん重要なことは、完全な事実を書かなかったがために、米軍内での昇進にまったく支障がなかったことだろう。そこには非の打ちどころのないアメリカ人青年の姿があった。アイオワ州の高校を一五歳で卒業し、アイヴィーリーグの大学で化学を学び、政府と受注契約をしてアメリカの戦争努力を支援する会社で仕事に専念するため、選抜徴兵局に願い出て入隊を二年遅らせていた男。徴兵猶予申請書に書かれていたとおり、彼はレイヴン電気商会の「キーマン」だったのだ。[2]

一九四四年にはオークリッジでこうした書類を精査したり分析したりした者はいなかったにちがいない。しかし一九四三年の入隊以来、とりわけコヴァルが米国陸軍ですばらしい実績を積んできたことを思えば、そのようなことをする理由がなかったのだろう。

一九四三年七月二〇日、ニュージャージー州のフォート・ディックス基地で数カ月間訓練を受けたのち、コヴァルはサウスカロライナ州チャールストンにあるシタデル軍事大学に送られて三週間を過ごした。そこで彼は今後の任務を決定するための試験を受け、評価を受けた。陸軍一般分類検査は、新兵の専門技能や知的水準を評価し、新兵の素質と軍のニーズを適合させるためにおこなわれる。コヴァルは平均よりも二〇点高い一五二点を獲得した。[3] この成績により、彼は陸軍特別訓練課程(ASTP)の受講を命じられた。これは一九四二年一二月にはじまった戦時下の制度で、有能な徴集兵を全国の大学〔二〇〇校以上〕に送って高度な科学技術を学ばせ、原子爆弾の製造など、各種の戦時プロジェクトで需要が高まっていた科学、数学、工学分野の専門家を育てることを主眼としていた。兵士がこのプログラムへの参加を認めてもらうには、基礎的な軍事訓練を修了し、陸軍一般分類検査で一一五点以上の成績をおさめたのち、陸軍士官による一連の面接試験に合格しなければならなかった。[4]

こうして一九四三年八月二〇日、第一〇一工兵大隊A中隊のコヴァル伍長は、シタデルで机を並べた三九人の仲間とともに、一三七丁目とブロードウェイの角にあったニューヨーク市立大学シティカレッジ(CCNY)の陸軍特別訓練課程部隊に配属されることになった。[5][6] それから一二カ月、彼は電気工学のコースを受講し、のちにクラスメートから「模範生」と呼ばれる存在になった。そうした級友のひとりで物理学者となったアーノルド・クラミッシュは、後年「ジョージほど優秀な者はいなかった。彼はどんな仕事でも群を抜いていた」と振り返っている。[7]

当時のCCNYは、教授団も学生たちもきわめて革新的な考えを持っていることで知られていた。コヴァルはそこに共通点を見いだし、思いがけない居心地のよさを感じたのではないだろうか。彼はここでハーバート・J・〝ハービー〟・サンドバーグやアーノルド・クラミッシュのような友を何人か得て、[8]その後も長きにわたる親交を結ぶことになった。選択科目の電気工学でも、高度偽装技術など軍の必修科目[9]でも、サンドバーグとクラミッシュはいつもコヴァルといっしょだった。しかしほどなく、コヴァルはソ連のスパイにとっては敵の陣地と言える場所に身を置くことになる。エリート集団である第一臨時特別工兵分遣隊の一員に抜擢され、ほどなくオークリッジに配属されたのだ。「SED」と呼ばれたこの部隊の兵士(GI)は、工学や科学の訓練を受けた有能な機械修理工、工作機械工、電気工学者、化学者ばかりだった。彼らは核兵器製造に不可欠な職務を担うために選ばれ、ときにはマンハッタン計画に携わる上級科学者の補佐を命じられることもあった。[10]

SEDは一九四三年夏のはじめ、すでにマンハッタン計画に関わっていた科学者や技術者が、陸軍に入隊後も同じ場所で任務を続けられるようにするために設立された。翌年にはマンハッタン計画の規模が拡大して工場が増え、科学的技能を持つ軍人の確保が急務になった。科学者の採用をめざす動きは、まもなく大学やカレッジにも広がり、さらには、陸軍特別訓練課程の受講生も候補にあがるようになった。[11]

コヴァルはCCNYで、とくに電気工学部の主立った教官たちから高く評価されていた。のちにコヴァルは履歴書に、推薦者(リファレンス)として彼らのうちの何人かの名を書くようになる。しかし教官たちは誰ひとりとして、自分たちの優等生が赤軍の訓練を受けたソ連のスパイだとは気づいていなかったようだ。コヴァルがSEDに配属された経緯が完璧に解明される機会は永久に訪れなかった。おそらくラッセン配下のスパイ団が巧妙にお膳立てをしたか、あるいはほんとうに、政府がコヴァルをマンハッタン計画に必要な人材と認識したか、どちらかだろう。

コヴァルとともにCCNYの陸軍特別訓練課程で学んだ級友のうち一一人がSEDの隊員に選ばれたが、[12]後年、なんらかの選考手続きを経たかどうか記憶している者はほとんどいなかった。彼らのひとりが指摘したように、そうした手続きがあったとしても、おそらく「極秘」に進められたにちがいない。[13]SEDに選ばれなかった別の級友は後年、CCNYの学生が原子爆弾製造プロジェクトに配属されたことにはまったく気づかなかったと述べたが、「まるでそういうプロジェクトの人材を育成するかのように、高度に専門的な訓練をしていたことを考えれば」当然の結果だと思うと語った。

ほかの級友たちは、この課程で「任務の解除」を担当していた副官のことをおぼろげに記憶していた。彼はコヴァルが運を引き当てた事情について何か知っていると思われていたが、のちに、このときの選考手続きについては何も知らないと述べた。しかも、「陸軍特別訓練課程の生徒がオークリッジに配属された話など、聞いたこともない」、もしそれが事実なら、「極秘中の極秘措置であり、ワシントンDCのどこかから下された特別な命令によるものにちがいない」と断言した。

さらに別の級友は、謎の多いこの手続きのすべてを知っているのは「〔陸軍特別訓練課程〕部隊の指揮官」

だと確信していた。それはレイモンド・P・クック大佐だったが、彼はそのようなことはいっさい関知しないと否定した。しかし「もしコヴァルがCCNYの教授団と結託していたとすれば」、あるいは彼が「軍上層部か戦争省の人間」とコネを持っていたとすれば、彼を選抜することは「あらかじめ計画されていたのかもしれない」と述べた[14]。大佐はさらに、一九四四年にもそれ以前にも、CCNYでは「かなり多くの」教授がマンハッタン計画に関わるなんらかの任務を果たしていたと指摘した。コヴァルの陸軍特別訓練課程受講、その後のSEDへの配属は、「[コヴァルの]持っている技能がオークリッジで歓迎されることを知っていた情報通の教授が働きかけた結果」だったかもしれないという。

皮肉にも、いかにしてコヴァルがオークリッジにもぐり込んだかという謎の解明に最も役立つ発言をしたのは、ある元SED隊員だった。彼は選考プロセスについてきかれると、ただあたりまえのようにこう答えた。「われわれは特別なGIだった。少数精鋭のね。ただ専門知識とIQの高さを買われただけさ[15]」

現実には、コヴァルの同志やハンドラーがいかにワシントンの権力者と通じていようが、ソ連のスパイ網の陰謀がいかに巧妙であろうが、また、ソ連が一九四四年の時点でサイトXについていかに多くを知っていようが関係なく、コヴァルはCCNYで訓練を受けたSED配属候補者のなかでは成績優秀だったのだ。クラスでトップだったのだから。もしほかの者が選ばれていれば、彼も選ばれていただろう。

コヴァルが履歴に書いた嘘が露見しないかぎり、不合格になる可能性はまずなかっただろう。一九四四年のアメリカで必要とされ、求められていた人材集団のなかでコヴァルはずば抜けていた。ソ連のスパイ網が権謀術数をめぐらさずとも、コヴァルは確実に適切な時期に適切な位置を占めることができた。GRUによって科学スパイとしてアメリカに送り込まれたときから、それははじまっていた。広範なコネを通じて、コヴァルの専門知識が歓迎される兵器開発計画の情報を入手していたハンドラーに託されたときから、こうなる運命にあったのだ。コヴァルは科学ドラマの登場人物を演じるには理想的な役者と言えた。

それは幸運なひと幕だった。マンハッタン計画が進められている現場にスパイが立ち入れることなどありえなかったのだから。

一九四四年八月一五日、コヴァルはオークリッジの「数学者」として指紋を採取され、国防指紋認証表に登録された。マンハッタン計画ではそのころにはすでに、爆弾を二個製造することが決まっていた。一個は「リトルボーイ」というコードネームの爆弾で、濃縮ウランを燃料とする。つまり、中性子をウランの原子核に衝突させることによって核分裂の連鎖反応を引き起こし、爆発的なエネルギーを生み出す。もう一個のほうは、プルトニウムを使う爆縮（インプロージョン）〔周囲から圧力をかけて押しつぶす〕方式の爆弾で、「ファットマン」というコードネームで呼ばれていた。この爆弾ではプルトニウムのコアを二五〇〇キログラムの通常火薬で囲んでおいて、火薬を圧縮、爆発させて、そのエネルギーで核分裂反応を引き起こす。プルトニウムは、ウラン鉱物のなかにごくわずかに生じる元素〔ウラン238と自発核分裂で生成した中性子との反応で生じた質量数239の同位体がわずかに存在する〕で、一九四一年に史上はじめて、カリフォルニア大学バークレー校のサイクロトロンで人工合成された▼16。

ふたつの爆弾を設計し、組み立て、燃料を供給するため、アメリカ、カナダ、イギリスの合計三〇カ所以上の場所で、研究や生産が進められた。ある科学者がのちに書いたところによると、「驚くほど多くの工場や研究所が関わっていた。当時のアメリカの自動車業界全体に匹敵するほどの規模だった」という▼17。中心となる場所は三カ所だった。「サイトY」と名付けられたニューメキシコ州のロスアラモスでは、爆弾の設計と組み立てがおこなわれた。「サイトX」と呼ばれたオークリッジは、クリントン工場（エンジニア・ワークス）とも呼ばれていた。ここでは、リトルボーイの製造に必要な純度と分量の濃縮ウランを製造していた。試験用の黒鉛減速炉〔核分裂反応を効率よく起こすため、中性子のスピードを緩める減速材に黒鉛を用いる原子炉〕を使って、ファットマンに必要なプルトニウムを製造、さらに、蒼鉛（ビスマス）に放射線を照射してポロニウムを生産していた。

ポロニウムは中性子を発生させて核分裂連鎖反応を引き起こす化学反応開始剤、つまりイニシエーター〔爆弾の引き金としての役目を果たす〕に不可欠な物質だった。ワシントン州のコロンビア川沿岸、ハンフォードにあった「サイトW」は、プルトニウムの生産に特化した施設で、ここで使われていた原子炉は、オークリッジのサイトX－10と呼ばれる施設の原子炉を原型として建設された〔より規模を大きくした〕ものだった。[18]ハンフォード核施設でもオークリッジと同様、ビスマスに放射線を照射してポロニウムを生成していた。濃縮ウランとプルトニウムはロスアラモス国立研究所に送られた。照射後のビスマスはオハイオ州デイトンの工場に送られて、そこでポロニウムの生成に利用された。このポロニウムは不純物を取りのぞいたのち、ロスアラモスに移送され、イニシエーターに使用された。

コヴァルがオークリッジに着任したときには、すでに三つの主要な工場が稼働していた。[19]西の端には、「K－25」というコードネームの工場があり、コロンビア大学の代用合金研究所で完成されたばかりのガス拡散法という最新技術を使って、ウランの濃縮がおこなわれていた。この工場は一九四三年秋に稼働を開始した。敷地面積はおよそ一八ヘクタール、そこで働く従業員の数は一万四〇〇〇人以上にものぼった。ひとつの屋根の下におさまる建物としては、世界一の大きさだった。

オークリッジの中心部からやや南東寄りの位置には、敷地面積三三〇ヘクタールのY－12工場があった。そこでは、二万四〇〇〇人の男女が働き、電磁分離法によるウランの濃縮が進められていた。このプロセスでは、ウラン〔のイオン〕を電磁場に通し、質量の軽いU235とより重いU238とを分離する〔磁場のなかでそれぞれのイオンが異なる大きさの円弧を描いてまわることを利用して、軽いイオンを捕集する〕。この方法では、ストーン&ウェブスター・エンジニアリング社が建造した「電磁レーストラック〔electro-magnetic racetracks〕」という〔一般にはカルトロンの名で知られる〕装置が使用された。

Y－12施設から一五キロほど離れたところに、シカゴ大学冶金研究所が運営するX－10施設があった。

ここでは、U238をプルトニウム239に変換する処理がおこなわれていた。オークリッジの工場のなかでは最も規模が小さく、科学者や技術者が一五〇〇人前後、SEDの隊員一〇〇名ほどが働いていた。しかしその重要性は計り知れなかった。なぜなら、ここの黒鉛減速炉は、ハンフォード・サイトの大規模なプルトニウム工場群で使用される原子炉の原型となったからだ。そしてビスマスに放射線を照射し、中性子を衝突させることによってポロニウムを生成していたのも、このX－10だったからだ。ビスマスは古代から知られていた砕けやすい金属で、外見は真鍮や鉛に似ているが、放射線を照射すると、ビスマス209という同位体がビスマス210に変化し、これが五日のうちに急速に崩壊してポロニウム210が生成される。

コヴァルは任務の性質上、オークリッジ内のどの施設にも出入りすることができたが、複数の証拠により、X－10施設で過ごした時間が最も長かったことがわかっている。彼はSEDのほかの隊員とともに、高い技術を持った科学者集団のひとりとして、〔オークリッジの研究所の〕保健物理部に所属していた。この部署は、一九四二年一二月、シカゴ大学が核連鎖反応の制御に成功したことを受けて設立された。コヴァルがオークリッジに配属されるころにはすでに、原子爆弾製造に携わる人員を健康被害から守る必要から、職員の放射線耐性の測定や被曝レベルの管理、各種モニタリング機器の開発、化学的検査の実施といった新しい職務が生まれていた。[20] 保健物理学の創始者、K・Z・モーガンがのちに書いたように、保健物理学の研究が進んだことにより「放射性物質の遠隔処理、〝ホット〟エリア立ち入りの管理、防護服の使用がはじまり、不慮の被曝が起きた際の除染方法が考案されていった[21]」。

オークリッジを研究拠点としていたモーガン博士は、後年、コヴァルの任務は「放射能の探知や機器の測定に関わる数学的問題」の処理にあたることだったと語り、業務の性質上、日常的に「ごく一部の者しか立ち入りが許されない区域や機密情報」へのアクセスが必要とされていたと付け加えている。コヴァルがオークリッジで勤務していた期間中、保健物理に関わる情報は、すべてとは言わないまでも、そのほとんどが機密に指定されていた。また博士は、コヴァルがX－10施設で放射線調査に多くの時間を費やしていたこと、また、数学的な問題に関わる任務に就いていたことから、「きわめて高度な機密情報にアクセスする権限を与えられていたと思う」とも述べている。[22]

保健物理技術者は、自分たちが監視する放射性物質のあらゆる基本的な化学的特性を学んでおく必要があった。工場の設備を修理する際には、必ず立ち会うことを求められた。また、保健物理部の承認なしには、いかなる物品もオークリッジ核施設の外へ送り出すことはできなかった。また、保健物理技術者は日常的にすべてのオフィスや研究室で点検業務をおこない、汚染の徴候が見られないか確認していた。オークリッジの保健物理部の新任者研修用の作業分解構成図には、「管轄区内のあらゆる場所において、どこに危険が存在するかを見きわめ、防護方法を決定し、異変があればただちに管理者に報告すること」などといった任務の一覧が記されている。研修用の教材には必ず、保健物理部の職員にとって重要な三つのステップが書かれていた。「担当エリアでおこなわれている業務のすべてを知ること。変化に敏感であること。隅々まで目を配ること」[23]

このような機密事業では、たいていの業務がきわめて厳密に細分化されているため、職員は自分が携わっている仕事がどのような大きな目標につながっているのかを見ることができない。その点、コヴァルの立場はユニークだった。彼は複数の建物に出入りする権限を付与されていたうえ、プロジェクトを手がける一流の科学者といっしょに働くことができた。しかも最高機密取扱許可を与えられていた。このプロジェクトの業務をすべて知っているのは、ごく少数の人間だけだったが、科学関係の人員――とくに保健物理技術者――は、各工場の目標達成状況について、つねに最新の情報を受け取っていた。コヴァルの同僚のひとりがのちに語ったところによると、「彼のような立場にある者は、多くの事実を知っていたはずです。たとえば、ウラン235がオークリッジで処理されていて、ほかの場所へ送られていたこととか、オークリッジの活動が原子爆弾の開発に関係していたこととか。われわれのグループのメンバーはみんな、そう知らされていたのです[24]」。

コヴァルは通常任務の一環として各工場をまわる必要があったので、陸軍は彼にジープを与えた。つまり一九四四年の秋には、テネシー州内の広大な敷地を占める米軍の極秘プロジェクトの重要拠点のなかを、赤軍のスパイが米国陸軍のジープを運転して走りまわっていたわけだ。一日の仕事が終わると、コヴァルはこのジープに乗って、SEDの兵士が寝泊まりする兵舎や宿舎の立ち並ぶエリアへ帰っていった。彼らはカムフラージュのため、憲兵隊員たちと同じ居住区画に住み、同じカフェテリアを利用していた。

スパイとしての技能は、ある意味、潜入を命じられた地域のスパイ対策のレベルによって測られるようだ。たとえばオークリッジでは、まだ工場が建設中だった一九四三年二月には早くも、偶然通りかかった旅行者や好奇心に駆られた侵入者からこの秘密基地を守るため、「保安部隊(セーフティ・フォーシズ)」と呼ばれる武装警備隊が常駐し、七つのゲートのすべてで警備にあたっていた。ゲートのうち四つは、管理事務所と職員の居住区に通じており、三つは、「立入禁止」の工場区域に通じていた。騎馬パトロール隊も組織されていて、付近を流れるクリンチ川の岸辺を駆け足で巡回しては、侵入者がいないか、監視を続けていた。さらに、施設を囲む戦略的要衝には、有刺鉄線がめぐらされていた[25]。

この警備隊の規模はその後の二年のあいだに拡大し、民間警備員四九〇〇名、憲兵七四〇名、警察官四〇〇名以上を擁するまでになった。そのころには、住人や外部からの訪問者の全員にコード番号が書かれたバッジをつけることを求め、必要に応じてセキュリティ識別子の確認を受けてもらうという手の込んだシステムも導入されていた[26]。コヴァルが一九四四年に着任したころには、情報保安部という「マンハッタン計画全体の機密保持を任務とする」新しい警備部門が設立されていた。

グローヴズ将軍は、プロジェクトの保安にＦＢＩが関与することは必要最低限しか認めず[27]、制服要員と文民要員から成る陸軍工兵司令部独自の部隊である情報保安部を創設し、その本部をオークリッジに置いた。情報保安部員はマンハッタン計画を極秘裏に進めるため、世界中のどこでも出動要請があれば出向かなくてはならなかった。たとえば、工場の元従業員が南米で皮膚炎を発症し、オークリッジで「奇妙な光線」を浴びたせいかもしれないと言ったとするると、その話は即座にアメリカ大使館に伝えられて、オークリッジの情報保安部員が現地に急行して状況を調査する。そして「奇妙な光線」にまつわる臆測が広まらないように手を打つのだ。そのような話はたくさんあった。オークリッジの近くのメアリヴィルという町の司祭でさえ、説教のなかで原子(アトム)〔「少量」という意味もある〕という言葉を口にしたがために、事情聴取を受けている[28]。

コヴァルが最も神経をとがらせていたのは、施設内に周到に配置されていた〝スパイ〟の目だったにちがいない。情報保安部に雇われた男女の要員がつねに軍民両方の職員を厳しく監視していたのだ。彼らは次のような手順で選ばれた。ある情報将校が、施設内に住み込んで働いている職員のひとりを執務室に呼び、オークリッジでの仕事がいかに戦争にとって重要であるかを説いて聞かせる。そして、なぜ厳重に機密を保持しなければならないか、なぜ疑わしい行動や不注意な発言を報告しなければならないかを説明する。職員が非公式のスパイとして働くことを受け入れると、発見した情報を「会話体」の手紙にしたためて、テネシー州ノックスヴィルのアクミ・クレジット社という架空の会社宛てに送るよう命じられた。

複数の証言により、一九四四年から一九四五年にかけて、オークリッジで働いていた相当数の男女が、マンハッタン計画のためにスパイとして活動していたことがわかっている。オークリッジの住民たちは、電話帳でさえ機密に指定されているので、市外へ持ち出してはならないと言われていた。双眼鏡、望遠鏡、銃、カメラは登録を義務づけられていた。日刊紙「オークリッジ・ジャーナル」は、一面の新聞紙名の下に、本紙の記事はすべて「域外持ち出し禁止」であるとの警告文を掲載していた。また厳格な機密保持に取り組んでいる雰囲気を醸成するため、「ここですること、聞くことは、出ていくときにはここに置いていこう」などと呼びかける看板や掲示板が掲げられていた。

マンハッタン計画の公式「セキュリティ・マニュアル」には、「経歴により外国政府と近い関係にあることがうかがえる人物」を見分ける手がかりが示されていた。たとえば「一、外国への訪問。二、親族が外国に暮らしているか、外国に忠誠を誓っている。三、外国の軍隊に服務したことがある」といった経歴が鍵になるという。[29] マニュアルは、「敵国の資金提供を受けるなどして米国政府の転覆や武力による打倒を企図したことのある組織に加わっている者、米国の利益の侵害を狙う外国勢力の利益を支持する者」を警戒せよと述べていた。[30]

ほかには、「部外秘文書」の処分方法についても書かれていた。こうした文書は「それらの要否を判断する権限を与えられた人員」によって細断、焼却、その他の方法により破棄されることになっていた。[31] ごみの処分に関わる記載もあった。「すべての作業計画書、図面、カーボン紙、速記メモ、失敗した複写や謄写版の原紙など、機密指定された廃棄物は、細断して保護措置をしたのち、正式な機密情報取扱資格を持つ信頼に足る人員の監視のもとで焼却処分にする」。[32] 警告や指示が無限に続くようだった。

ＳＥＤの同僚やほかの住人たちと同様、コヴァルは任務から離れることを許されているときには、できるだけ有効に時間を使った。ときには、保健物理技術者としての研究を進めて、上司や同僚たちに感銘を与えた。たとえば彼は研究結果を「大気中浮遊粒子の長寿命活動の測定〔Determination of Particulate Air-Borne Long-Lived Activity〕」と題した論文にまとめ、一九四五年六月二二日に、原稿の形でほかの科学者たちに発表している。その論文で、彼は保健物理学者たちに、汚染された大気の放射能濃度の測定手順を改めなくてはならないと警告している。従来の試験では、「大気中にラドンとトロンがふくまれているために、採集されたサンプルのなかに見られる、活動物質の存在」が考慮されてこなかったからだという。コヴァルが説明しているように、ラドンとトロンは、地殻内のウランから放出される無色無臭の気体性放射物質である。[33]

その論文は、多くの方程式とグラフに彩られ、脚注が付された専門性の高い短いもので、ただちに「機密」扱いに指定された。それはその年、彼が発表した二本目の研究論文だった。一月には、大気中の放射能濃度の分析に使用する塵（ダスト）の収集方法と収集に使用される機器における最新の改善点について、長所と短所を検討した論文を書いて注目を集めていた。コヴァルはオークリッジ研究所で、浮遊塵のサンプリング技術にまつわる多くの安全上の懸念——たとえば、「機器が探知することを想定している物質よりも」放射性ダストのほうが毒性が高いといった問題——を明らかにしたふたりの科学者のうちのひとりだった。

コヴァルの科学的専門知識と勤勉な性格は、オークリッジの上層部に好印象を与えたことだろう。しかし証拠によれば、彼は少なくとも一回の休暇を使ってソ連のボスにも好印象を与えていたようだ。あるGRUの歴史家によれば、コヴァルはオークリッジに配属されているあいだに、「ファラデー」に会いにいき、オークリッジ内の核施設の配置や、その「三つの主要セクター」——K-25、Y-12、X-10——とそこでウラン２３５とプルトニウム２３９を製造している目的、濃縮したウランを「軍用機でロスアラモスに輸送」する任務などについて詳細な情報を渡したという。コヴァルはまた、X-10で働くなかで観察したことも報告した。[34] そうした接触があったことを裏付けるのは、一九四五年の五月の末か六月のはじめに彼が一週間の休暇をとってオークリッジの同僚デュアン・M・ワイスとニューヨーク市に行ったという事実だ。ワイスはのちにこう振り返っている。彼はニュージャージー州の家族のもとを訪れたが、「ジョージは何も言わずにニューヨークで姿を消したんです。一週間をどう過ごしたのか、何も詳しいことを話してくれませんでした。しかしわれわれは秘密を持つこと、軽々しくしゃべらないことに慣れていました。オークリッジではそれがあたりまえだったのです[35]」。

コヴァルがワイスと旅行に出かける少し前か、ふたりがニューヨークから戻った直後に、コヴァルは転任が決まったことを聞かされた。異動先は、危険な希少元素ポロニウムの生産と純化作業がおこなわれているオハイオ州デイトンの施設だという。そこで保健物理技術者のチームとSEDの隊員たちとともに働くことになった。そのころのデイトンの研究所にはSED隊員三四人が配属されていた[36]。この研究所はモンサント・ケミカル社〔以下、モンサント社と記載する〕に運営されていて、モスクワでは「ファームK」というコードネームで呼ばれていた[37]。コヴァルは着任したあかつきには、極秘プロジェクトに配属された米国陸軍の軍人として、自分が目にした機密情報はすべて保護することを誓い、宣誓供述書に署名することになっていた。

第9章　プレイハウスの秘密

秘密を作る動機は昔も今も変わらない。何かを守るため、裏切るため、あるいは力を持つためだ。秘密が埋もれている時間が長ければ長いほど、その歴史上の役割が認識されない公算は大きくなる。これはオハイオ州デイトンで起きたことについても言えることだ。マンハッタン計画の館のなかの秘密の部屋に、何十年ものあいだ誰にも知られることのなかった秘密中の秘密が埋もれていた。現地で暗躍するソ連スパイのように。

デイトンは、ウィルバー・ライトとその弟オーヴィルの出身地として、また航空発祥の地として有名だが、人々の生活を変える発明を手がけた先駆者を数多く輩出してきたことはほとんど知られていない。一九〇〇年には、人口ひとりあたりの特許件数が米国のどの都市よりも多かった。二〇世紀前半のデイトンは、アメリカのスタートアップ企業の中心地だった。また、軍にとっては重要な航空基地でもあった。のちに〔一九四八年〕統合されることになるライト飛行場とパターソン飛行場では、第二次世界大戦開戦時には軍民合わせて二五〇〇人が働いていたが、一九四四年には五万人にまで膨れあがっていた。一九四一年から一九四四年までのあいだに、ライト飛行場の施設数は四〇から三〇〇に増え、航空用エンジンの改良や航空隊初のジェット機の製造など、戦争関連の主要プロジェクトが八〇〇件以上も進められていた。市の全域で少なくとも六〇以上の軍需工場が稼働していて、一一万五〇〇〇人の雇用を生み出していた。

画期的な発明の遺産（レガシー）があり、高度な軍事プロジェクトが進められていたわりには注目を集めることがなく、国際的にもあまり知られていなかったことから、デイトンは、リスクをともなう極秘の核兵器開発プロジェクトの拠点にはうってつけだったのだ。デイトンの施設では、ポロニウムの生産と精製がおこなわれることになった。コードネームは「ポスタム」[1]。それは気が遠くなるような挑戦だった。ポロニウムは、当時はまだ原子爆弾のイニシエーターに十分な燃料を供給できる分量はおろか、目に見える分量すら生産されたことがなかったからだ。このプロジェクトは、開始当初から、デイトンの化学者チャールズ・アレン・トーマス博士にまかされた。

トーマスは発明家で、一九四〇年代初頭までに一〇〇件近い特許をとっていた。科学者のあいだでは有名で、無限のエネルギーの持ち主として知られていた。彼の伝記では、「先見の明があり、科学の新しい方向性をいち早く予見する能力を持っていた」と評されている[2]。トーマスはMITで化学修士の学位を取得し、デイトンを拠点とする米国最大の化学研究調査会社の共同経営者として長年活躍した経験があった〔この会社は一九三六年にモンサント社に買収された〕。マンハッタン計画の責任者たちがトーマスに連絡をとったころには、彼はモンサント社の中央研究部長の任にあり、ルーズヴェルト大統領が設立した国防調査委員会第八部〔爆薬担当〕の副部長も務めていた。

一九四三年五月、当時国防調査委員会の委員長だったハーバード大学のジェイムズ・B・コナント学長とグローヴズ将軍がワシントンDCでトーマスに会い、世界初の原子爆弾を開発するプランが進行中であることを明かしたうえで、プロジェクトの可能性と目下の懸念事項について話をした。ふたりはトーマスに、物理学者のロバート・オッペンハイマーとともにロスアラモス研究所の運営に携わり、あらゆる拠点で進められている化学の研究を調整し、指揮する役割を引き受けてほしいと思っていた。トーマスの力がぜひとも必要だと、ふたりは訴えた。なぜなら「これまでプロジェクトにおける化学の重要性が過小評価されてきた」[3]からだ。しかしそのためには、トーマスにロスアラモスに移り住んでもらわなくてはならない。そこでグローヴズとコナントは彼を連れて現地に飛び、二日かけて研究所内を案内し、マンハッタン計画の統括にあたるカリフォルニア大学バークレー校の物理学教授、オッペンハイマー所長に引き合わせた。

トーマスは家族をデイトンから引き離したくなかったうえ、戦争に関わる契約のとりまとめなど、モンサント社での責任ある仕事を投げ出す気にもなれなかった。辞退したいと伝えると、コナントとグローヴズはふたたび話を持ちかけてきた。今度はデイトンを拠点にするという。マンハッタン計画のすべての化学プロジェクトを主導するかたわら、デイトンの工場でポロニウムの生産を手がけてほしいというのだ。一九四三年五月二四日、トーマスは申し出を受け入れ、マンハッタン計画に関わる研究調査とポロニウムの開発はモンサント社に委託されることになった。こうしてトーマスの指揮のもと、デイトン・プロジェクトが始動した。すべてを極秘裏に進めるため、オッペンハイマーは、トーマスの仕事が表向きにはマンハッタン計画に結びつかないよう配慮を求めた。

プロジェクトは最初から熱い闘いになった。懐疑派がおおぜいいて声高に不安をぶつけてきたからだ。戦況を左右するのに十分なポロニウムを短期間で製造することなどできるのか、と。しかしトーマスは楽観的だった。オッペンハイマーやグローヴズ、コナントなど、リスクをいとわず全力で計画に取り組んできた人々と同様、トーマスもまた、必ず不確実を確たる現実に変えてみせると決めていた。彼の仕事は七月にはじまった。

その一カ月前、オッペンハイマーはグローヴズに手紙を書き、中性子源としてのポロニウム[4]が原子爆弾の爆発にいかに決定的な役割を果たすかを説明した。[5] 爆弾の開発におけるデイトンのポロニウム研究所の重要性は、後年、トーマス配下の技術者のひとりによって「引き金なくして爆弾なし（ノー・トリガー、ノー・ボム）」と、簡潔な言葉でみごとに表現されている。[6] ポロニウムは爆弾の引き金として働くイニシエーター――コードネーム「アーチン」――の要となる部分だった。ある研究者はこれを「原子爆弾の最内部に組み込まれたきわめて小さなコンポーネント」と呼んだ。[7] ウランとプルトニウムのどちらを使うにしろ、爆弾には中性子を生み出すメカニズム――イニシエーター――を組み込み、ここぞというタイミングで中性子を放出させ、連鎖反応を起こさなくてはならない。タイミングが早すぎれば、狙いどおりの爆発威力が得られない。遅すぎればまったく爆発しない可能性もある。この課題達成には、ポロニウムとベリリウムの組み合わせが有望とみられていた。このふたつの元素をたがいに接触させると中性子が発生することがわかっていたからだ。プルトニウム爆弾では、爆縮によってポロニウムからアルファ粒子が飛び出し、ベリリウムに衝突して中性子が放出され、連鎖反応がはじまる。ウラン爆弾では、通常火薬を用いてポロニウムとベリリウムを接触させる。[8]

　ベリリウムは地殻内部や火山岩のなかから発見される鉄灰色の安定した金属で、緑柱石（ベリル）という鉱石や、エメラルド、アクアマリンといった宝石にふくまれる。ベリリウムは、中性子の減速材としても倍増材としても働く特性があり、それが原子爆弾を最適なタイミングで起爆させるうえで重要な役割を果たす。ポロニウムのほうは「アルファ活性」が高く、ベリリウムほどの安定性はない。[9]

　一八九八年にマリー・キュリーによって発見され、彼女の母国ポーランドにちなむ名のついたポロニウムは、いまのところ最も強い毒性を持つ物質と言われている。ポロニウムから放出されたアルファ粒子を吸い込んだり飲み込んだりすると、臓器の細胞が損傷される。やがてデイトンの科学者と技術者は、そのポロニウムをかつて製造されたこともないほど大量に扱うことになる。ポロニウムはクリームチーズのようにやわらかそうに見える銀色の金属で、生成することがきわめて困難だった（天然のものは地殻中にごく微量のみふくまれている）。実際、一九四三年の時点でも、計測可能な分量の純粋なポロニウムは分離されていなかった。グローヴズ将軍の副官、ケネス・ニコルズ少将がのちに述べたように、ポロニウムの生成は「きわめて困難な任務だった。現物を見たことがなかったうえ、ポロニウムには強力な放射能があったからだ」[10]。一個のイニシエーターに必要なポロニウムは五〇キュリーにも達した[11]。キュリーとは、放射性の強さを表す基本単位であり、一キュリーは三七〇億ベクレルに相当する。

ポロニウムの生成はまだ実験的段階だったので、二種類の技術が試されていた。当初はビスマスに放射線を照射する方法を使えば、比較的大量のポロニウムを生成できると考えられていた。しかし一九四三年にはビスマス法はオークリッジでもハンフォードでもまだ黎明期にあった。そこでデイトンでは、もうひとつの道を選び、天然のポロニウムをふくむ、精製残渣の二酸化鉛から抽出する方法でスタートを切ることになった。

カナダ、アフリカ産のウラン鉱石を使用していたカナダのオンタリオ州ポートホープのラジウム精製施設から、精製残渣の二酸化鉛がトラックで次々とデイトンに運ばれてきた。その量は、一九四三年一一月から一九四五年五月までのあいだに約三〇トンにおよんだ[12]。しかしこれで抽出できるポロニウムの量は、二酸化鉛六トンにつき〇・二〜〇・三ミリグラムにとどまった[13]。そこで一九四五年の春の終わりごろにはこの方法を断念し、ハンフォードとオークリッジから送られてくる放射線照射ずみのビスマスだけを使うことにした[14]。

一九四五年六月にコヴァルがデイトンに着任したころには、すでに数カ所の施設でポロニウムの生成が進められていた。どの施設も住宅街や商業地区に設けられていて、内情は秘されていたが建物自体は誰の目にも見えるところにあった。デイトンでは研究施設やスタッフの住まいのための用地を確保することが困難だったので、この時期には商業用不動産の多くを使うことになったのだ。ナショナル・キャッシュ・レジストリー社は、ふたつの工場の操業を中止して、政府の別の極秘計画のためにスペースを貸し出し、五〇〇〇人近い人員を手配してドイツの暗号の解読に取り組んだ。

新たな研究施設を建設する時間的な余裕もなかったので、レンタルスペースが必要とされた。一九四三年秋には、ポロニウム生成計画の人材採用と予備プラン作成作業を、ダウンタウンの南西にあったモンサント社の中央研究調査部でおこなうことが決まり、ここが「ユニット1」と名付けられた。「ユニット2」にはエ業地区のイースト・サード・ストリートに借りた倉庫が使われ、「ユニット3」には、空き家となっていた三階半の建物があてられた。割れたガラスが床に散らばり、二階と三階のあいだの階段はなくなっていた。かつてはここに神学校があり、少し前には地元の教育委員会が倉庫として使っていた。ユニット3は大幅に改装されて化学研究所に生まれ変わった。一階は保健物理学の実験施設として、また、作業員の衣服を洗浄する除染室として使用されることになった。ユニット3の「敷地（キャンパス）」はすぐに近隣の一〇軒前後の小さな建物へと広がっていった。[15]

しかしポロニウム生成の規模は急速に拡大し、デイトンの三つのユニットだけでは対応できなくなった。一年もたたないうちに、この事業のために、七つ以上の州から二〇〇人もの技術者、物理学者、化学者、研究助手が集められた。一九四四年のはじめごろには、新しいスペースが必要になっても、市内で十分な大きさのビルディングをすぐにさがし出すことがむずかしくなっていた。そこでその年の二月、トーマスは、「デイトンで唯一、すぐに利用開始できる理想的な建物」として、デイトン郊外のオークウッドにあったラニミード遊技館（プレイハウス）と呼ばれる美しいイタリア風建築の建物を借り受けることにした。それは、鬱蒼とした森に囲まれた最高級住宅街の、曲がりくねった道路のそばにぽつんと建つ邸宅だった。[16]

このプレイハウスを使えば、ふたつの課題が解決できる。ひとつは、ポロニウムの研究本部を設置するための広いスペースを見つけること、もうひとつは、増える一方の人員のため住まいを確保することだ。ここなら、スタッフは近隣の屋敷の部屋を借りられる。一六室もの部屋を備えた家もあったのだ。ラニミード・プレイハウスは、一九二七年にデイトンの名家、トールボット家の地所の一角に私営の娯楽施設として建設された。トーマスは一九二八年にその場所でマーガレット・トールボットと結婚式を挙げた。プレイハウスを政府に貸し出すことに同意したのは、このマーガレットだった。公式の文書によれば、「米国陸軍通信軍団のフィルム研究所」[17]として使われていることになっていたという。法律では、政府は借り受ける条件として、プロジェクト終了後に建物を元どおりにする義務があった。しかし放射能汚染の懸念から、この約束は守られなかった。

プレイハウスは宮殿のような二階建ての建物で、科学研究所としては異例の設備が整っていた。波形ガラスの天井を張った屋内テニスコート、イタリア大理石のシャワールームつきの更衣室、カードルーム、上下二段の暖炉を備えた広いラウンジ、建物の両端に一棟ずつ建てられた温室、屋外の水泳プール、さらには劇場もあり、多くの人(一二〇〇人)を収容できる観客席と、両側二列のバルコニー席も設けられていた。それまでの数年間、プレイハウスはおもに地域の劇場として、また募金活動や音楽会、さまざまな定例食事会の会場として使われてきた。しかし一九四四年三月以降、ここは「ユニット4」となり、高圧電線が引かれ、有刺鉄線を巻きつけたフェンスが周囲にめぐらされて、二四時間照明を浴びるようになった。武器を携行する警備員(全部で四三人)が常駐し、敷地内のパトロールや、二カ所に設置された詰め所からの監視業務にあたった。プレイハウスの元の設備のうち、残ったのはバルコニー席(密閉して放射線測定研究所として使われた)と波形ガラスの天井、温室(二棟のうちの一棟が荷物の積み降ろし場に転用された)くらいなものだった。

輸送する物資が多いときには、マークなしの商用トラックで、まずダウンタウンのユニット3に運んでから荷物を小分けにし、人目を惹かないようにするためだろう、小型の車でユニット4までシャトル輸送で届けた。近隣の住民が警備員に質問したり、フェンスごしにのぞき込んだりした場合には、ここは通信軍団の施設だと、ファイルに保管された文書に書いてあるとおりに説明することになっていた。

しかし最も恐れられていたのは、プロジェクトの存在が露見することではなく、放射能漏れのほうだった。ポロニウムはきわめて強い放射能を持つ。[18] シアン化水素ガスの二五万倍の毒性があり、化学兵器として使用されることでも知られている。その危険性をよく知っていたトーマスは、一九四四年の春、デイトン・プロジェクトの医療ユニット内に、各研究施設の放射能レベルを計測し、監視する部局を新たに設置した。当時は放射能が人や動物に与える影響についてほとんど知られていなかったので、プロジェクトそのものが進行するにつれて、体内放射能量を計測する方法が発見され、施設ごとの状況が明らかになっていった。ユニット3はほかの施設から専門知識の提供を受け、一九四五年に独自の臨床研究室を設立した。こうした知識のなかには、コヴァルがオークリッジのX－10施設で手がけた放射能調査から得たものもふくまれていた。

オークリッジからデイトンに異動してきたコヴァルは、新しい保健物理チームに入り、施設の検査官として、従業員の放射能検査を統括し、各施設の潜在的リスクを洗い出す任務にあたった。そのおかげで、彼はデイトン・プロジェクトのすべての施設にアクセスする権限を持つことになった。正式な所属先は「調査ユニット#3」だったが、コヴァルが毎月提出していた報告書によれば、彼は「定期的調査として、毎日す﹅べ﹅て﹅の﹅研究所で三〇カ所以上の地点を点検し、六つの空気試料を採取」していたようだ。[19] オークリッジでの一一カ月間を成功裏に勤めあげたこと、最近発表した研究結果、一九四五年六月二三日付の機密保持誓約書、忠実に骨身を惜しまず働いた実績により、コヴァルが信頼を勝ち得ていたことはまちがいない。

デイトンでのコヴァルが仕事漬けの日々を送っていたことは想像に難くない。週に六日の勤務体制だったが、ときには一日の勤務時間が一〇時間におよぶこともあった。ルームメートだったジョン・ブラッドリーは、コヴァルとはSED時代からの同僚で、やはり彼といっしょにオークリッジからデイトンに異動してきて、ユニット4の総括責任者をまかされていた。のちに彼は、ユニット3の周辺地域で発生している恐れのある汚染について、コヴァルと共同で特別報告書を作成した。ふたりは最初はメイン・ストリートにあった下宿屋の小さな居室で暮らしていたが、のちにデイトンの美術学校にほど近いグランド通りの屋敷に部屋を借りて引っ越した。今度は一九世紀に建てられた白い窓枠つきの家で、広々としたベランダがついていた。

オークリッジもハンフォードもロスアラモスも人里離れた場所にあったが、デイトンはちがっていた。ここでは最高機密の施設が大都市のさまざまな区画に分散して設けられていたので、そこで働く人々の生活はかなり厳しく制限されていた。軍服を着ることは許されておらず、施設の外に出れば仕事に関する会話はいっさいできなかった。技術者には軍のジープが支給されなかったが、コヴァルにとってはなんの問題もなかった。なぜなら、バスや路面電車が彼の職場と住まいのすぐ近くを走っていたので、車がなくても困らなかったからだ。それにデイトンでの社交生活は最低限にとどまっていた。のちにブラッドリーは、コヴァルには職場の外には友人がいなかったと述べている。

しかし、じつはガールフレンドがいたのだ。「出張」がはじまって以来、コヴァルはしばしばそういうことをした。スパイがアメリカ社会に最もうまく紛れ込む方法は、できるだけ完璧なアメリカ人らしく見せることだと教えられてきたにちがいない。美しい若い女性と親しくなることは、そのようなイメージ作りに有効だったのだろう。また、彼は、相手の観察眼やコネクションからどのような情報が得られるかを考えて人選をしていたふしもある。たとえばデイトンでつきあっていたのは、ジャネット・フィッシャーという二二歳の女性で、一九四五年の夏のあいだ、姉といっしょにユニット4――プレイハウス――で働いていた。

姉妹は、コヴァルとブラッドリーの下宿から五〇〇メートルほど離れたところの、古くからある地区で両親といっしょに暮らしていた。コヴァルは日曜ごとにフィッシャー家を訪れて早めの夕食をともにし、その後ブリッジをして過ごしていたことがわかっている。しかし彼の社交術では、ジャネットの両親をあざむくことはできなかった。何年ものち、ジャネットの母親はコヴァルが好きではなかったと打ち明けた。彼がいっさい自分の家族のことを話さなかったのが気がかりだったからだという。彼女は娘に、そういうのはふつうじゃないと言った。疑わしいとさえ思ったが、母親はなぜそのような直感が働いたのか、自分でもわからなかったそうだ。ただ彼といると、落ち着かない気分になったという。[20]

コヴァルとブラッドリーがデイトンにやってきた一九四五年六月には、ビスマス法を使ったほうがより簡単に大量のポロニウムが得られることがわかっていた。オークリッジとハンフォードから、放射線照射ずみのビスマスが定期的にデイトンに送られてきて、ポロニウムの抽出と精製がおこなわれた。その後、ポロニウムはトラックでロスアラモスに運ばれて、イニシエーターが作られた。

その一年半以上前から、初の原子爆弾の爆発実験の計画が楽観的に、しかし固い決意をもって進められていた。実験のコードネームは「トリニティ」。実験場には、ニューメキシコ州南西部、ホルナダ・デル・ムエルト砂漠の一地点が選ばれ、インプロージョン方式のプルトニウム爆弾――コードネーム「ガジェット」――が使用されることになっていた。コヴァルがこの計画を知っていたかどうかは不明だが、デイトンでは、実験に必要な量のポロニウムを予定日の七月四日に間に合うようロスアラモスに届けるため、全員が一丸となって必死に作業に取り組んでいたことだろう。保健物理技術者だった彼が、その緊迫した空気に気づかなかったはずがない。

デイトンのポロニウム研究所の重要性は明白だった。オッペンハイマーはこの年の三月一五日に、ベリリウム＝ポロニウムをイニシエーターに使うことを決断し、五月一日に、「最も有望な」設計を選んでいた。[21] ある歴史家が述べたように、「本格的な実験により連鎖反応を起こさせてみなければ、この設計の有効性は確かめられない」[22]のだった。オッペンハイマーは、当初はデイトンに精製ずみのポロニウムを毎月送るように指示していたが、ほどなく毎週送れと要請した。そうすると、運ばれるポロニウムのひと月あたりの総重量――コードネーム「ケイシズ〔cases〕」[23]が、一〇キュリーから五〇〇キュリーにまで増える。X－10で放射線照射したビスマスを冷却してデイトンへ運ぶには五日かかり、ハンフォードのビスマスを同様にして届けるには一〇日かかった。ポロニウムの抽出・精製には二五日を要するので、ロスアラモスに向けて送り出すまでに、全体で一カ月かかる見込みだった。[24]

六月には、デイトンとロスアラモスが毎日連絡を取り合い、「届ける分量と日が決まったかと思うと、また変更された」。トーマスの伝記作者が書いたように、「ポロニウムの重要性とデイトンの科学者にかかる重圧」がいかばかりであったかがうかがえる。のちにこのプロジェクトの概要を原子力委員会への報告書にまとめたモンサント・リサーチ社のキース・V・ギルバートは、「デッドラインぎりぎりになったときには、従業員をひとり、待っているトラック運転手のもとへ送っておしゃべりをさせる。しばらくそうして時間稼ぎをしておいて、最後の仕上げをしていた」と書いている。[25]

公式の連絡では「最後の旅」と言及されていたトリニティ実験は、主として爆縮レンズにまつわる問題のため、当初予定されていた七月四日から二週間近く先に延期されることになった。六月半ばにはオッペンハイマーが、新たな期日は「七月一三日より早い時期ではなく、七月二三日ごろになる見込みだ」と書いている。ガジェットの爆発実験は、七月一六日午前五時二九分、ニューメキシコ州のアラモゴード射爆場で実施された。オッペンハイマーやトーマスをふくめて四二五人前後が立ち会った。実験を見学した研究者たちは、爆弾の構造の詳細や建造の苦労については何も知らなかったが、それから何カ月ものちまで、自分たちが受けた衝撃について語ろうとした。オッペンハイマーはのちに〔一九六五年にNBCのプロデューサー、フレッド・フリードのインタビューに応じて〕こう述べている。「われわれは世界がこれまでとはちがってしまったことを知りました。声をあげて笑う人、泣く人もいましたが、ほとんどは黙り込んでいました。ヒンドゥー教の経典『バガヴァッド・ギーター』の一節を思い出しました。ヴィシュヌ神が、〔親族や友人のいる敵軍を討伐できずにためらっている〕王子に義務を果たすよう説得しようとして、多くの腕を持つ姿に変身してみせ、こう言うのです。『わたしはいま死となり、世界の破壊者となった』と。誰もがあの瞬間、そのようなことを思ったのではないでしょうか[26]」

　実験の翌日、トーマスは母親に手紙を書いた。「このデモンストレーションのことが世界じゅうに知れわたるのはまだ先のことでしょう。誰もが知ったあとでさえ、それがどういう意味を持つのか、完全にわかるまではさらに時間がかかることでしょう」。しかし秘密保持の観点から、トーマスの手紙は、日本に原爆が投下されてから数週間後の八月末まで投函されなかった。同じ理由から、実験場付近で驚くようなまぶしい光を見たり、得体の知れない音を聞いたりして不安や好奇心に駆られた住民たちには、彼らを安心させるために虚偽の説明をした。その日の早朝、近所のアラモゴルド航空基地で大量の「照明弾」が爆発したのだ、と。

　二週間後の一九四五年八月二日、日本本土から二五〇〇キロほど離れたところにある島で、ウラン爆弾リトルボーイが組み立てられ、広島への投下準備が整えられた。台風で遅れたが、原爆は八月六日に爆発し、推定一三万五〇〇〇人を殺害した。ハリー・S・トルーマン大統領はその日のうちに声明を出した。「研究施設の戦いは、わたしたちにとっても、陸海空の戦闘にとっても多大な危険を伴うものでした。しかしいまやわたしたちは研究施設の戦いでも、ほかの戦闘でも勝利をおさめたのです」。デイトンのある新聞は、「連合国軍が偉大な科学競争に勝利。米国、新型原子爆弾を日本に投下」とヘッドラインに書いて大々的に報道した。デイトンでおこなわれたことを封印し、戦時の秘密を守るための措置がその日からはじまった。デイトンのある新聞記事は「きょうの朝、ライト&パターソン飛行場の軍関係者は、原子爆弾は自分たちにとっても初耳だったと語った。調査で明らかになったように、ここで原子爆弾に関わる試験がおこなわれたことは一度もない。また、モンサント社のデイトン工場も、原子爆弾の開発についてはいっさい知らなかったと述べている」と報じた[27]。

プルトニウム爆弾のファットマンは八月九日に長崎に投下され、七万人を殺害した。その六日後、日本は降伏した。そして同じ日に、グローヴズ将軍は、モンサント社の社長に宛てて手紙を書き、原子爆弾による攻撃が成功し、日本の降伏という祝福すべき成果は得られたものの、デイトンの研究施設で何がおこなわれたかは、今後も秘密にしておかなければならないと伝えた。「機密保持の必要上、御社のご尽力の詳細については、まだ公にすることはできませんが」と彼は書いた。「これだけはお伝えしておきます。C・A・トーマス博士をはじめとする関係者のみなさんは、われわれの成功に多大な貢献をしてくださいました。トーマス博士はプロジェクトに関わる化学研究の重要な局面で直接指揮にあたり、要となる研究調査を完成させて、生産上の複雑きわまる問題も解決してくださいました。博士のお力なくしては、原子爆弾の完成はなかったでしょう[28]」

科学者たちは偉業を成し遂げ、連合国は戦争に勝利した。しかし長崎への原爆投下後まもなく、日本が降伏する前に、トルーマンは驚くような報告書の発表を許可した。それは長きにわたり、国家機密と国民の知る権利とをめぐる論争を引き起こすことになった。米国陸軍がまとめたこの報告書は、ほどなくプリンストン大学出版局から『原子爆弾の完成』という表題で出版された。以後、これはスマイス報告として知られることになる。

八月一一日土曜日、戦争省の広報局は各ラジオ局の番組コメンテーターに対し、この報告書のニュースは、その日の午後九時を過ぎるまでは放送してはならないと伝え、新聞各社には、一二日日曜日の朝の新聞で報道するようにと通告した。[29] レズリー・グローヴズ将軍の指示により、プリンストン大学物理学部長ヘンリー・デウルフ・スマイスによってまとめられたこの報告書は、グローヴズ将軍によれば、一般読者を対象とした「原子爆弾開発物語」だった。初歩的な化学知識しか持たない人でも、おおまかな内容は理解できるように書かれており、科学者ならどんな分野を専門としていても、楽に読みこなせるはずだという。[30]

しかしこの出版は、多くのアメリカ人にショックを与えた。とくに原子力科学者のなかには、愕然とした者が多かったと、「ブルティン・オヴ・アトミック・サイエンティスツ」誌は伝えている。[31] のちの原子力委員会初代委員長となったテネシー川流域開発公社のデイヴィッド・E・リリエンソール理事長は、ある上院委員会で、この報告書は「深刻な機密保持違反」だと抗議した。[32] これに対し、グローヴズ将軍は「サタデー・イヴニング・ポスト」誌に記事を書いて反論した。「全体主義国家ならば、この事業のすべてを秘密にしておく選択肢があっただろうが、報道の自由が基本的理念のひとつとされるアメリカ合衆国でそれはありえない。国民と議会を熟知しているからこそ、情報をいっさい明かさないという選択はできなかったのだ。政府高官は誰ひとりとして、二〇億ドルもの公的資金を使って何をしたのか、議会に説明を求められて拒むことはできない。そしてもちろん、全員とは言わないまでも多くの議員は、つねに――当然ながら――有権者への責任を果たすため、自分が知る必要のあることはすべて知る権利があるという原則に従ってきた」

言い換えればこういうことだ。スマイス報告に書かれた情報は放っておいても、やがて自然とアメリカの民衆に知られてしまうだろう、ならばいっそ公表する情報をコントロールしてはどうだろう。グローヴズはまた、この報告書は潜在的な敵にとって有益な秘密は明かしていないと保証した。ソ連に対し高まりつつある懸念に言及し、「わたしたちは、どのような工場にすべきか決定するための研究調査を進めていたころから、すでにほぼすべての工場の建設をはじめていた。われわれの任務は、女性用の小さな腕時計を製作する精巧さと繊細さをもって、世界最大の時計台を作ろうとするようなものだった。ソ連はそれを模倣できる技術を持ち合わせていない」[33]と述べた。

スマイスはまえがきにこう記している。「機密保持の必要から、詳細な内容には立ち入れず、ごくふつうの強調もままならず、多くの興味深い展開を割愛せざるをえなかった」[34]。グローヴズはその言葉を裏付けるように、この報告書の目的は「安全を守るに十分な秘密、健全な議論に十分な情報」を明かすことだったと簡潔に説明している[35]。

そういうわけで、スマイス報告では原爆の物理学だけが語られた。冶金学や化学には触れていない。ポロニウムについての記載もない。オークリッジ、ロスアラモス、ハンフォードの生産拠点の発展についは書いてあるが、デイトンについてはひとことも書かれていなかったのだ。

どのような意図あるいは動機で公表されたかはともかく、この報告書は、マンハッタン計画の進展とその主要プレーヤーたちについて書かれた権威ある年代記となった。発行部数は、ロシア語版もふくめて膨大なものになった。この当時いかに多くの読者を獲得したかがうかがえる記述が、アレクサンドル・ソルジェニーツィンの著作『収容所群島』のなかにある。グラーグからグラーグへとしじゅう移送されていた彼は、あるとき収監された中継監獄で、第七五監房科学技術協会と呼ばれるグループの会長を名乗る囚人から、何かひとつ学術報告をするよう求められる[36]。その男はロシアの著名な生物学者で、放射能が生物に与える影響を研究していた人だった。どんな報告をすればいいだろうか。

「そのときわたしは、最近、収容所でスマイス報告書をふた晩のあいだ手にしていたことを思い出した。外から持ち込まれたアメリカ国防省の公式報告書で、史上初の原子爆弾について書かれていた。その年の春に出版されたばかりの本だった……朝食後、一〇人ほどから成る第七五監房科学技術協会の面々が左の窓の前〔彼らの集合場所〕に集まった。わたしは報告を終え、入会を許された」[37]

デイトンでは、終戦を迎えたのちもスマイス報告が出版されたのちも、ポロニウムの生成が続けられ、トーマスとそのスタッフの責任範囲が拡大していった。モンサント社が運営する、より規模の大きなポロニウム生成工場の建設計画が立てられ、ほどなく、同社が米国内のポロニウム生成の中核を担うことになった。イニシエーターの製造拠点もロスアラモスからデイトンに移され、その機密保持もまかされることになった。[38]

そういう経緯があったから、一九四五年六月末にコヴァルとブラッドリーをオークリッジから異動させたのだろう。ポロニウムの生産を増やせば、放射能汚染の危険性も増す。適切な手順の決定やプログラム作成に、彼らのような経験豊かな保健物理技術者の力が必要だったのだ。デイトン市内に散らばる施設も、四カ所から七カ所へと増加した。モンサント社が米国のポロニウムとイニシエーターの製造を一手に引き受ける会社となり、将来ポロニウムを軍事利用する方法や原子力の平和利用に関する研究調査の請負契約も交わすことになった。会社は成長を続け、とくに七つのユニットに代えてデイトン市の南西およそ二〇キロの地点に敷地面積七二万平方メートルにおよぶ施設が建設されてからは、めざましい躍進を遂げた。この施設には、生物化学戦争にも耐えうる地下室も設けられていた。[39]その後、以前のユニットは、設備や内装をすべて剝ぎ取り、改装したうえで、元の持ち主に返還された。ただしラニミード・プレイハウスだけはちがった。

ポロニウム生成の中枢だったユニット4は、完全に解体することになった。ドライブウェイの敷石もすべて剝がし、建物の下の地面を深さ二メートルまで掘り下げて土を全部すくい出す。剝ぎ取られた木材片や厚板状のイタリア大理石、波形ガラスの破片を詰めた数多くの箱がトラックに積み込まれた。そうして、ばらばらにされたラニミード・プレイハウスの一切合切が、石や土といっしょにオークリッジへ運ばれて地中に埋められた。

戦争中にユニット4で成し遂げられたことが明かされたのは、広島、長崎の原爆投下から一〇年以上が過ぎたころだった。といってもそれは、米国原子力委員会が発行した四〇〇ページ近い厚みのある報告書の形をとり、内容も科学者を対象にした高度に専門的なものだった。[40] モンサント社が一般読者を対象に、「デイトン・プロジェクト」と題した写真入りの二〇ページの小冊子を出版するのは、戦後二四年を経たころ〔一九六九年〕のことだった。トーマスの伝記作家によれば、彼は戦時中に手がけていた仕事については、友人にも同僚にも、家族にさえ話したことがなかったという。秘密が守られてきた二五年近い歳月のあいだには、何度かトップレベルの科学者と評価される機会はあったものの、デイトンで重要なポロニウム生成事業が進められていた事実はほとんど知られてこなかった。

何年ものあいだ厳重に機密が保持されてきたために、マンハッタン計画のなかでデイトンが果たした役割が認識される機会も長らく訪れなかったが、潜入スパイの存在もまた気づかれることがなかった。ユニット3と4の専門家たちの孤立した小さなコミュニティでは、コヴァルはその専門知識のみで知られていた。それでも一九四五年九月には、「尊敬を集める専門家」グループの一員として、広島と長崎への旅に招待されている。[41] これは陸軍、海軍、マンハッタン計画が派遣した視察団で、原子爆弾の影響を調査することを目的としていた。放射能の専門家も何人か加わっていた。当初、コヴァルはこの名誉を受け入れたが、あるソヴィエト人研究者によれば、彼は最後の最後になって辞退したという。

ちょうど同じころ、モンサント社のある人物――トーマスと思われる――が、コヴァルを当社に迎えたいと申し出ていた。コヴァルがこれを受ければ、陸軍の動員解除後も保健物理技術者として働くことができる。報酬も申し分なく、専門家としてさらに力をつけるチャンスにも恵まれるだろう。さらに、コヴァルにとっても、彼のハンドラーの目から見ても、原子力研究に関わる最新の情報源となる貴重な人脈を開拓できるかもしれない。しかし彼はことわった。これ以上のリスクは冒せないと判断したのだろう。

第10章　スパイ術

一九四六年二月一二日、米国陸軍はインディアナ州アタベリー基地においてジョージ・コヴァルの召集を解除し、善行章、第二次世界大戦戦勝記念章、アメリカ従軍記章の、三つの勲章を授与した。陸軍の軍歴証明書には、彼がコロンビア大学で一年間、有機化学を学び、レイヴン電気商会で四年間仕入れ担当社員として勤務したのち、戦時には「マンハッタン計画」で「工学助手」を務めたと記録されている。特別工兵分遣隊の司令官による除隊面談では、コヴァルはマンハッタン計画に配属されていたほかの下士官・兵と同様、「情報の保全」と題した文書の内容に同意した。

この文書には、次のような内容がふくまれていた。「マンハッタン工管区の任務解除後は、いかなる地位、職位、階級の者に対しても、許可なく本工管区に関わる機密情報を開示することを禁ずる。従わなかった場合は陸海軍条例および米国の法律により処罰される。いかなる違反も重大なものと見なされる」。さらに、「この爆弾の性質や、爆弾とその威力に対して用いうる防衛戦術の情報、研究方法、結果、計画に関する情報」といった高度な機密情報の取扱資格の一覧が記されていた。[1]

その翌日の一九四六年二月一三日、コヴァルが数カ月前に連絡員かハンドラーに渡した機密情報の一部がモスクワの情報機関内で共有されようとしていた。それは、コヴァルが二度目に提供した一連の情報で、一九四五年一二月のどこかの時点で国家保安人民委員部（NKGB）の「S課」に届けられていた。そこは海外から送られてくる原子爆弾関連の情報の調整・統括を担う部署だった。

「S課」は、パーヴェル・スドプラトフ中将の指揮のもと、海外からの情報収集の効率を高めてソ連の原爆開発計画を支援することを目的としていた。S課の何より重要な使命は、ソ連の科学者たちがあらゆる諜報報告書を英語ではなくロシア語で確実に受け取れるようにすることだった。[2] 海外で暗躍するNKGBと赤軍情報総局（GRU）のスパイは、一九四四年二月以降、原子爆弾に関する機密情報をこの部署に送ってくるようになった。つまり通常はライバル関係にあるふたつの機関のスパイが、アメリカではしばしば共通の連絡員を通じて仕事をしていたわけだ。

NKGBは、NKVDから分離した機関で、のちのKGBの母体となった。ソ連内で継承されてきた秘密警察兼内部情報機関のひとつだが、戦争中は組織や機能に変更が加えられて、通常はGRUの領分であった海外の諜報活動も管轄することになった。GRUは一九二〇年代、三〇年代には、内部情報機関から完全に独立した主要な海外諜報機関として、ソ連の指導層にアメリカの情報を提供してきた。現地に「レジデントゥラ」と呼ばれる拠点を設け、ソ連の大使館や領事館に勤務する「合法」スパイと、偽装店舗や政府機関で働く「非合法」スパイを使って活動していた。GRUでは長年、外交官という表向きのポストに就かずに現地で自活して暮らす「非合法」スパイを採用するプログラムを運用してきた。しかし一九四〇年代になると、しっかり地保を保ってはいたものの、アメリカではNKGBのほうが力を持つようになった。

NKGBもGRUも、アメリカの原子爆弾開発計画の進捗状況を把握するために職員を派遣していたが、それ以上のこともした。戦時中は、数十名の諜報員をソ連領事館に常駐させたり、身元を隠して働かせたりしていた。GRUを専門とするある研究者によれば、「戦時アメリカでは、赤軍情報総局が随所に潜伏（スリーパー）工作員（エージェント）をもぐり込ませ、軍事的な技術情報の収集にあたっていた」という。[3] ソ連はまた、軍事的・外交的ポストにあったアメリカ人を多数採用してスパイ網に引き入れ、連絡員や情報提供者として利用した。コヴァルとは異なり、彼らは「臨時要員（ウォークイン）」であり、「厳しい訓練を受けたわけではなく、政治思想に共鳴して衝動的に」スパイに転じた者だった。[4] 何人くらいのアメリカ人がソ連の諜報機関とこのような関係を持っていたのか、正確なところは永遠にわからないだろう。しかし後年、解読された戦時中の米ソ間の電報を分析した結果、三四九人の個人が特定された。[5]

　コヴァルが一九四三年二月に召集されてから三年後に除隊するまでの期間に、デルマーあるいは工作員Dからモスクワに何通の報告書が送られたのかも、わかっていない。しかし一九四四年六月、あるGRU職員がニューヨークのレジデントゥラに書き送った手紙の内容に、報告内容の範囲を示す手がかりがうかがえる。その職員は、「エノルモズ作戦」開始以来、有益情報の提供量が期待をはるかに下まわっていると非難した。そして、ニューヨークのネットワークの「指揮統制はいまだに満足に値する域に達しておらず、再三指摘してきたように、工作員Dをのぞいては、これといった成果をあげられていない」と不満を述べている。ロシア人のある研究者はのちにこの手紙を分析し、「モスクワの指導部は、核開発計画に直接携わる人材として、工作員Dを高く評価していた」と指摘した。[6]

　コヴァルは、オークリッジにいたころに「ファラデー」に報告書を渡している。この事実は、一九四五年の五月末か六月はじめに彼といっしょにニューヨークへ旅行をしたデュアン・M・ワイスの記憶と一致する。しかしコヴァルはオークリッジの施設にいたあいだに少なくとも一度、「クライド」という名の人物とも会っている。「クライド」はラッセンの別のコードネームだった可能性もあるが、たとえば彼の助手のウィリアム・ローズなど、ラッセンのもとで働いていた人物だったかもしれない。実際、ウィリアムの名前はオークリッジの一九四五年春の訪問者名簿に二度記載されている。また、コヴァルが一九四五年春の休暇を利用して、オークリッジの外でクライドに会ったかもしれないという証言も残されている。クライドが誰であれ、コヴァルはその男にオークリッジの施設に関する詳細な報告書を届けていたのだ。その情報には、X－10施設の月あたりのプルトニウム生産量もふくまれていた。▼7

その後コヴァルは、一九四五年一一月か一二月初旬に「ポロニウム研究の現場の最新情報」として、デイトン研究所で直接見聞きした事柄をファラデーに伝えた。この情報は、モスクワの「第一総局長」V・E・クロポフ少尉によってまとめられた一九四五年一二月二二日付の報告書に記載され、その後、「S課」のスドプラトフ中将に送られた。そこにはこう書いてあった。「ポロニウムはニューメキシコ州に運ばれ、そこで原子爆弾製造に使用される。ポロニウムはビスマスを原料として生成される。工場で生成されるポロニウムの量は、一九四五年一一月一日には一カ月あたり三〇〇キュリーであったが、いまでは五〇〇キュリーにまで増加した。ポロニウム生成方法を簡潔にまとめた報告も近々送付の予定」。一九四六年二月一三日にクロポフからスドプラトフに転送された報告書には、「信頼できる情報提供者による情報」として、ポロニウムの製造過程の概要が記載されていた。その「提供者」とはデルマーだった。▼8

コヴァルがラッセンに託した情報は、まず彼のコネクションを通じてニューヨークのソ連領事館付きのGRU支部長パーヴェル・ミハイロフに伝えられた。そこから最速の通信手段だった電信を使うか、あるいは郵便小包で一〇日以上をかけてモスクワに届けられたあと、情報機関が使用していた偽の住所に送られた。GRUに詳しい歴史家によれば、ワシントンDCのソ連大使館から発送される外交文書用郵袋が利用されることもあったという。一九四五年八月以前に米国を出ていった報告書類はすべて、武器貸与法（レンドリース）にもとづいて米国からソ連へ送られる戦争物資の一部として、外交文書用のスーツケースにおさめて運ばれた可能性があった。▼9 ルーズヴェルト大統領が提案した武器貸与プログラムは、一九四一年一一月に議会の承認を受けた。反ヒトラー同盟国に何十億ドルもの軍事援助がおこなわれ、これらの国々は航空機や各種兵器、戦車、鉄鋼、さらには戦闘用のブーツまで信用貸しで購入できた。ソ連にしてみれば、総額一一〇億ドル近くにのぼる装備品を一七〇〇万トン以上も供与されたうえ、モンタナ州のグレートフォールズ陸軍航空基地の巨大な空港でこのような物資を運ぶレンドリース輸送機に、アメリカで収集した情報まで積み込むことができたのだ。ソ連に向かう最後のレンドリース便は一九四五年八月に飛び立っている。

　一九四五年と一九四六年にコヴァルが送ったふたつの報告書の内容を見ると、彼がなぜデイトンのモンサント社からの誘いをことわってハンドラーたちをいらだたせたのかがいくらか理解できる。同社は彼のために、機密情報にアクセスできるポストを用意していたからだ。ＧＲＵとしては、それから数年のうちにコヴァルがモンサント社からどれほどの情報を入手できるかを想像して、胸が震える思いだったにちがいない。たとえば、一九四六年末までに、原子爆弾のイニシエーターの製造に必要な装置と設計書がすべてデイトンに移される予定で、その後は「ロスアラモスと装置製造元から送られてくる」製造方法に関わる「情報を、モンサント社の人員がすべて把握する」ことになっていた。[10]ＧＲＵの目には、願ってもないポストと思えたことだろう。コヴァルは流暢な英語を話す明敏な科学者として、モンサント社で尊敬を集めていたうえ、アメリカへの「出張」任務も六年目に入り、諜報活動も熟練の域に達していたからだ。

　しかし経験を積んだ者ならではの勘が働き、コヴァルは申し出をことわったほうが安全だと判断したようだ。モンサント社は新規に彼を雇用するにあたり、エリート揃いのＳＥＤに所属していた当時の経歴について、抜き打ち調査よりも念入りなセキュリティチェックをするだろう。とくにＣＣＮＹの陸軍特別訓練課程修了後、ＳＥＤに配属が決まるまでの経緯には関心を持つはずだ。突っ込んだ経歴調査がおこなわれれば、次々にほころびが明らかになるだろう。経歴に少しでも虚偽の記載があることがわかれば一巻の終わりだ。ＮＫＧＢであれＧＲＵであれ、戦争中にソ連が米国内に構築していたスパイ網との関係をうかがわせる事実がひとつでも出てくれば。あるいはソ連に暮らす家族ひとりとのつながりが露見すれば……。隠れたアイデンティティを掘り起こす手がかりをひとつでもつかまれたら、もうおしまいだったのだ。

アメリカ育ちのコヴァルには、いつなんどき浮上するかわからない隠れた人間関係や活動の歴史があった。スーシティやアイオワ大学時代の同級生――つまり、コヴァル一家が一九三二年にロシアへ渡ったことを知る人――とばったり顔を合わせる可能性もある。さらに、彼の名前は家族のパスポートには書かれていないが、たとえば一九三〇年八月中旬、シカゴで開催された青年共産主義連盟総会に関する公的な書類にはもちろん記されている。彼はアイオワ州支部代表としてこの会議に出席したからだ。総会の報告書はデモインのアイオワ共産党本部に保存されている。さらに気がかりだったのは、総会に関する詳細な報告書がシカゴのアメリカ監視情報同盟（ＡＶＩ）の本部にも保管されていたことだ。これは活発な反共産主義組織で、このようなイベントにスパイを送り込んでは情報を収集し、参加者リストを作成していた。彼らの報告書は、一九二〇年代にＦＢＩ長官フーヴァーが指定した手順に従って、まず地元のＦＢＩ支局に届けられ、さらにフーヴァー自身のもとに転送された。このＡＶＩ文書は一九三〇年一〇月に米国議会報告書の一部として公表されている。

ほかにもうひとつ、ばれては困る公式記録があった。それは、のちにＦＢＩに発見されることになる、スーシティのウッドベリー郡保安官事務所に残されている一九三一年九月の逮捕の記録だ。そこには、コヴァルが共産党の労働組合統一連盟によって設立された失業者評議会のメンバーとして、熱意のあまり行きすぎた行動におよんで逮捕されたことが書かれている。「スーシティ・ジャーナル」紙はこの事件を一面で報じ、コヴァルが郡の行政機関を「襲撃」するよう煽動したと伝えた。

さらには、彼が一九三五年にアメリカで暮らす親戚や友人に宛てて書いた長い手紙もあった。ソ連での生活や祖国への愛について綴った内容で、ロシア・ユダヤ人入植促進協会（ＩＫＯＲ（イコール））の公式機関誌「新生活（ナイレブン）」

に掲載されたものだ。「〝ボリシェヴィキ〟がいかにすぐれた人々であるかを伝えたいと思います」と、彼は書いた。一九三二年七月号にはコヴァル一家のパスポート写真が載ったほか、一九三六年にはニューヨークのジャーナリスト、ポール・ノヴィクがその年の夏にユダヤ人自治区を訪れて二カ月を過ごした体験記がおさめられている。そこには「アイオワ州スーシティからやってきたコヴァル一家」のことも詳細に書かれていた。

これらの記録は、たとえばオークリッジかデイトンに提出されたコヴァルの履歴書の裏取り調査をしていて、公文書に虚偽の記載がひとつ見つかった場合など、何か理由があって確認したいと思えば簡単に見つかるものばかりだった。第二次世界大戦後のアメリカでは風の向きが変わり、しかも強く吹くようになった。戦争中には、原子爆弾にまつわる諜報活動をしていると疑われたソ連のスパイは、つねに行動を監視され報告されはしただろうが、逮捕されたり起訴されたりすることはなかった。そのような措置をとれば、とくに容疑者が科学的な専門知識を持つスパイであった場合、原爆開発計画の存在自体が明るみに出る恐れがあったからだ。しかし一九四五年九月を迎え、もはやそのような問題がなくなると、コヴァルのようなスパイは選択肢を持つようになった。いつか突き落とされるのを覚悟で崖っぷちに立ち続け、万一の場合は安全に着地できることを願うか、あるいは好機を待って万全の態勢で逃げ出せるよう計画を練るか。

戦後、アメリカ国民の恐怖と不安の対象は、日本、ドイツからソ連へと移った。戦時の同盟が必要なくなると、共産主義国家ソ連はたちまち戦前の立ち位置に戻されて、アメリカの敵であるとの宣告を受けた。新たに憎悪の炎が燃え立ち、母なるロシアはもはや友人ではなくなった。

共産主義への反感を高める役目を果たしたのは、一九三八年に創設された下院非米活動委員会（HUAC）だ。かつてはテキサス州選出民主党下院議員のマーティン・ダイズ・ジュニアが委員長を務めていた。

彼は一九四〇年に「神はわれわれにアメリカを与えた。マルキストたちにこれを渡すわけにはいかない」と述べたことで知られている。彼らの主たる目的は下院の調査委員会として、アメリカの安全を脅かすファシストと共産主義者の組織を摘発することだった。そのような組織は学校や政府機関のみならず、ハリウッドにまで浸透していると言われていた。しかしやがて委員会の活動は、共産スパイを発見し根絶やしにすることをめざす容赦のない排斥運動へと発展していった。

ダイズは一九四四年に引退し、代わってミシシッピ州選出の民主党下院議員ジョン・ランキンが委員長に就任した。反ユダヤ主義で過激な人種差別主義者として知られていたランキンは、共産主義はユダヤ人の陰謀であるという説を広めようとした。ユダヤ人がアメリカのリベラル派とニューディール政策を陰で操っていると主張し、その実態を調査する手立てと称して赤狩りをはじめた。戦争終結後、ランキンの率いるＨＵＡＣは常任委員会となり、やがて燃えさかる炎のような絶頂期を迎えることになる。[11]

しかし米国議会による赤狩りやリスクをはらむ公的記録のほかにも、コヴァルが警戒を強めてデイトンの仕事をことわった理由があった。それは一九四五年末から一九四六年はじめにかけて相次いだソヴィエト人の背信とスパイ活動の発覚だ。おそらくコヴァルの身にもじわじわと危険が迫っていたのだろう。

第11章 裏切り

GRU諜報員のイーゴリ・グーゼンコは、カナダのオタワにあるソ連大使館で暗号係官として勤務していた。彼はその立場上、アメリカ、イギリスに駐在するカナダとソ連の公館のあいだでやりとりされるGRUやNKGBの極秘通信を読むことができ、大使館内の暗号解読室の金庫をあけることさえ許されていた。そのなかには、職員の身上調査書や暗号化された電報などが保管されていた。暗号係官はスパイが主役として活躍する諜報という舞台の陰のプレーヤーだ。しかし一九四五年九月のはじめ、グーゼンコは一躍注目の的となり、暗号解読という仕事がスポットライトを浴びることになった。彼はシャツを袋代わりに使い、ソ連の極秘電報一〇九本と、カナダ、イギリス、アメリカで諜報活動がおこなわれていることを示す証拠文書一〇〇通以上を詰め込んで大使館を出ていき、二度と戻らなかった。持ち出した情報のなかには、原爆関連のスパイ行為に関わるものもあった。後年、ある研究者が述べたように、それは「盗まれたGRU文書を大量に隠した宝の箱」だったのだ。[▼1]

それから数日のうちに、グーゼンコは盗品をはちきれんばかりに詰めた袋を王立カナダ騎馬警察（RCMP）に持ち込み、自分と妻と生後一五カ月の息子の庇護を求めた。九月一二日、RCMPはFBIのエドガー・フーヴァー長官に連絡したうえで、トルーマン大統領にこの亡命希望者と彼がもたらした情報の詳細を伝えた。そのなかには、スターリンが「原子爆弾に関わる完全な情報の取得をソ連諜報活動の最優先課題」としていたとする情報もあった。[2]

イギリスの諜報機関の責任者キム・フィルビーがソ連のスパイだったため、モスクワは時を置かずにグーゼンコの裏切りを知った。「ソ連にとって、スパイの離反は災難としか言いようがない。諜報活動の徹底的な見直しが必要になるからだ」と、ある研究者はのちに書いている。[3] それからまもなく、当時スターリン政権内で副首相の地位にあったラヴレンチー・ベリヤが海外のすべてのレジデントゥラに打電し、「Gが亡命し、わが国に多大な損害を与えた。何より憂慮すべきは、アメリカ大陸各国におけるわれわれの任務をきわめて複雑にしたことだ」と警告し、課報網の改善方法と保安強化のためのルールについて、追って指示を送ると書いた。「各局員および工作員が、自分の任務に直接関わらない事柄について何も知ることがないように、職務を編成する必要がある」[4]

パニックが起きたのも無理はない。カナダとアメリカにソ連のスパイ網がめぐらされていることがわかり、両国が必死の捜索を開始したからだ。コヴァルとつながりがあったスパイたちも影響を受けた。なかでもアーサー・アダムズは、かつてカナダ共産党の党首サム・カーを通じて偽造パスポートを手に入れたことがあった。カーは、グーゼンコに正体を明かされたスパイのひとりだった。グーゼンコはパスポートを密かに偽造していたことも告白し、その具体的な手口についても説明していた。

グーゼンコの告白により、ソ連諜報界のスターとも言える数多くのスパイが暗躍していたことも明らかになった。そのなかには、名前は伏せられたが、アメリカの国務次官補の補佐官のひとり――のちにアルジャー・ヒスであることが確認された――もふくまれていた。カナダ連邦議会のフレッド・ローズ議員の名もあがった。彼はモントリオールでGRUのスパイ団のリーダーとして、カナダ国内で最も重要な役割を果たしていたとみられていた。彼はマンハッタンのソ連領事館のパーヴェル・ミハイロフと通じており、そこからアーサー・アダムズやベンジャミン・ラッセン、さらにはコヴァルとも間接的につながっていた。一九四三年にローズがカナダ連邦議会の下院議員に選出されたときには、ミハイロフがモスクワに電報を送り、「レソヴィア［カナダのコードネーム］の同志フレッドがレソヴィア国会議員に当選した」と伝えている。

また、フレッド・ローズはアダムズやラッセンやジェイコブ・ゴロスと同様、かつてはニューヨークのアムトルグで働いていた。ゴロスもラッセンも自分たちが支援するスパイのために、ミハイロフかワールド・ツーリスト社経由でローズを使い、カナダの旅券を手に入れていた。「ソ連から米国とその先の国々への不法入国を企てる者のために必要な文書を偽造し」支援することがローズの任務のひとつだったのだ。コヴァルがラッセン以外の人物と面識があったかどうかはわかっていない。しかしその後数カ月のあいだに、カナダとアメリカ両国のスパイ網とフレッド・ローズとの組織的つながりが明らかになり、それを報じる記事がしばしば新聞の一面をにぎわすようになっていく。フーヴァー長官はFBIの各支局長に緊急メモを送付し、グーゼンコ事件を「最優先捜査プロジェクト」とし、利用できる資源をすべて使って「あらゆる角度から捜索を進める」ことを命じた。[5] コヴァルがデイトンのモンサント社に来ないかと誘いを受けたのは、じつはこの騒動のさなかだったのだ。

数カ月後、グーゼンコ事件の衝撃がまださめやらぬころ、またひとりのスパイが寝返った。今度はアメリカ人で、ジェイコブ・ゴロスの愛人であり右腕でもあったエリザベス・ベントリーという名の女だ。一九四三年にゴロスが死亡したあと、ベントリーはゴロスが運営していたふたつの共産主義情報提供者ネットワークを引き継いでいた。[6] どちらもリーダーは経済学者で、ひとりは軍需生産委員会の、もうひとりは経済戦争委員会のメンバーだった。どちらの男もラッセンの知っている人物とつながりを持っていた。べントリーはコヴァルを知らなかったようだが、ラッセンのことは知っていたにちがいない。ラッセンとゴロスは古くからのつきあいだったし、ゴロスはラッセンが活動拠点にしていたアパートに部屋を借りていた。ベントリーが明かした情報の詳細は、一九四八年の夏まで一般に広く知られることはなかったが、一九四五年一一月六日に彼女がFBIニューヨーク支局を訪ね、過去七年間に関わったスパイ数十人の名前と活動内容を暴露したときには、すでにぐらついていたソ連の諜報活動の土台がさらに強く揺さぶられた。彼女への尋問内容は、シングルスペースでタイプされた用紙一一五ページ分にもおよんだ。そこには、とくに戦時中、アメリカに膨大な規模で浸透したソ連のスパイ活動の実態が詳しく述べられていた。ベントリーの離反はすぐにモスクワの知るところとなった[7]。

コヴァルと間接的・直接的につながっていたスパイ網が次に打撃を受けたのは、ベントリーがFBIニューヨーク支局を訪れてからわずか数日後のことだった。ウィリアム・ランドルフ・ハーストが保有する保守色の濃い新聞、「ニューヨーク・ジャーナル＝アメリカン」紙がアメリカにおけるソ連の諜報活動を特集し、四部構成の記事を連載したのだ。執筆者のハワード・ラシュモアは、米国共産党の元党員で、党機関誌「デイリー・ワーカー」の元記者でもあった。彼は一九三九年に、映画『風と共に去りぬ』を酷評する記事を書けと――彼によれば共産党から――命じられてことわり、党からも機関誌編集部からも追放されていた。「ジャーナル＝アメリカン」紙での彼は、反共産主義的な記事を専門としていた。上司が元FBI捜査官だったので、連邦捜査局との仲介役を務めてくれ、ソ連のスパイたちの悪行を裏付けるさまざまな情報を存分に引き出してもらうことができた。この上司はフーヴァー長官ともつながりがあった。フーヴァーは報道機関を自分の思いどおりに使いこなす術に長けており、ラシュモアの連載記事でも、トルーマン大統領の面目をつぶして、より強い態度でソ連のスパイに対応するよう仕向けたいと思っていた。一九四五年一二月三日、連載第一回ではアーサー・アダムズに焦点をあてることになった。

ラシュモアの記事によれば、スパイ容疑でFBIの取り調べを受けていた男は、「アルフレッド・アダムソン」という偽名を使い、表向きはニューヨーク五番街にある音楽関係の会社に勤務していた。社長は、西四四丁目でも音楽関係の小さな店を営んでいて、「アダムソン」に週給七五ドルを支払っていた。この社長とは、エリック・バーネイにまちがいない。アダムズは何年も前に、バーネイが経営するミュージック・ルームという店で、クラレンス・ヒスキーとはじめて会った。ラシュモアによれば、「アダムソン」はかつてシカゴを研究拠点とする科学者から、原爆に関する機密情報を受け取り、文書を詰めた頑丈な箱をソ連領事館のナンバープレートつきのプリマスの黒いセダンで運んだことがあるという。車両登録番号は「パーヴェル・ミハイロフ」の名義で交付されていた。また、アダムソンはマンハッタンのアッパー・ウエストサイドで開業している医師の妻を通じて、モスクワで暮らす米国人の妻に電報を送っていたという。ラシュモアは、アダムソンが宿泊していたホテルの部屋でFBIが原子爆弾の詳細に関わる文書の小包みを発見してからすでに二年にもなることを強調し、国務省にもアダムソンのスパイ罪の証拠となる情報が山のように寄せられていたにもかかわらず、「逮捕に向けた行動がいっさいとられなかった」ことを問題にした。

記事の目的は、アダムソンことアダムズの所業に気づかなかったトルーマン政権に恥をかかせることだった。これはまた脅しの戦略でもあった。ラシュモアは読者に「われわれは「アダムソンの」本名と、彼が投宿していたホテルの名前を知っている」とほのめかしたからだ。これは、アダムズと彼の仲間たちに対する警告となった。われわれはこれだけの情報を持っていて、おまえたちを追っている、いまに尻尾をつかまえてやるぞ、と。[8]

ミハイロフには打撃だったようだ。[9] 一二月一三日、長身ですらりとした体軀、ブロンドの髪をリーゼントスタイルにしたこの副領事は、マンハッタンのソ連領事館を出て黒いセダンでニュージャージー州のジャージー・シティまで行き、そこでソ連のムルマンスクに向かう蒸気船スヴォロフ号に乗り込んだ。ラシュモアの記事がアダムズにどのような影響をおよぼしたのか、あるいは、彼がいつFBIに二四時間態勢で監視されていることに気づいたのか、明確な記録は残されていない。しかし、「ジャーナル＝アメリカン」紙の連載がはじまる前に、すでにベテラン・スパイとしての勘が危険を察知していたことはまちがいない。一九四四年、FBIが彼をマークしはじめてから数カ月後、フーヴァー長官が東三九丁目のピーター・クーパー・ホテル一一〇三号室の電話を盗聴するよう命じた。捜査官は彼を徹底的に尾行していて、映画館で真後ろの席に座るようなことさえしていた。

一九四五年の晩春、アダムズをホテルの部屋に訪ねてきた男性が、建物に入るとき、通りの向かい側のビルの窓から、カメラを持った男に写真を撮られたと報告した。さらにその後、ふたりの男があとをつけてきて、彼がネクタイを直すため立ち止まると、向こうも近くで足を止めて立っていたという。客はアダムズに、そのことを知っているかと尋ねた。アダムズは知っていると答え、キーノート・レコーディング社での仕事で「ちょっとしたトラブル」があったのだと説明した。そしてすぐに話題を変え、客がクラレンス・ヒスキーと働いていたシカゴの冶金研究所のことを話しはじめた。アダムズは多くの言葉を費やさずに、シカゴで原子爆弾の研究がおこなわれていることを自分は知っていて、さらに情報を求めていることを明確に伝えた。「あなたがたの研究成果は人類みんなのものだとは思いませんか」とアダムズはきいた。男は自分も同感したいところだが、「世界が十分に秩序立っていればね」という条件をつけた。するとアダムズは、原爆製造についてあれこれと質問をはじめ、礼儀正しく率直に、ぜひ知っていることを教えてほしいと伝えた。客は、これはなんらかの採用面接にちがいないと気づき、「いや、お答えするわけにはいきません。全般的な機密保全の方針があるかぎり、わたしはそれに従わなくてはなりませんから」。そのあとは、戦争が話題になり、ほどなく客は帰っていった。明らかに、アダムズは自制できなかったのだ。少なくともそう見えた。[10]
「ジャーナル＝アメリカン」紙の記事が世に出て、ミハイロフが突然帰国したことを受け、フーヴァーはFBIニューヨーク支局にメモを送り、アダムズを召喚して尋問するよう指示した。「その目的は、くだんの記事について当人の見解を聞き出すこと、とくに当人の移民としての資格、アメリカ市民としての資格について明確な説明を求めることである。領事館の連絡員であったミハイロフが出国したいま、アダムズは自分が米国内でどのような任務を帯びていたのか、具体的な詳細を打ち明ける気になっているかもしれない。尋問にあたる捜査官は細心の注意を払い、アダムズと彼の仲間についてこちらがどの程度の情報をつかんでいるか悟られないようにすること。アダムズは、当局がどこまで知っているのか見きわめようとするかもしれないからだ[11]」
その尋問はおこなわれずじまいになった。その代わり、一九四六年一月一二日の午後九時、東五三丁目とマディソン街の角にあるバス停で、アダムズとレオナード・ランゲン特別捜査官が落ち合った。そこでアダムズはまさにフーヴァー長官が恐れていたことをした。ひと芝居打って巧みに捜査官を誘導し、FBIが何をつかんでいるかを詳しく聞き出したのだ。ランゲンはアダムズがマディソン街行きの超満員のバスに乗ろうと走り出したのを見たとき、彼が突然人込みのなかに飛び込んで姿を消す癖があることを知っていたので、すぐに追いかけていっしょにバスに乗ろうとした――そして成功した。だが次の瞬間、アダムズはふいにバスから飛びおりてしまった。だが捜査官も同じようにし、バスはふたりを停留所に残したまま走り去った。それから一時間一五分のあいだ、ふたりは寒空の下で話をした。アダムズは「ジャーナル＝アメリカン」紙の記事について不服を並べ、自分はソ連のスパイなどではないと猛然と否定した。ソ連にも行ったことがないという。今後も生涯アメリカで暮らすつもりだと言い、必要な書類を揃え次第、市民権をとりたいと熱っぽく語った。

アダムズを監視していた捜査官が最後にアダムズの姿を見たのは、一九四六年一月二三日のことだった。その日の午後一時三〇分、彼は小さな黒いカバンと段ボール箱を携えて、マディソン街にあるヴィクトリア・ストーンの宝石店を訪れた。ストーンは、アダムズと、エリック・バーネイやパーヴェル・ミハイロフらとの中継役を務めていた。アダムズはそのあと、徒歩で東四二丁目と五番街の交差点にあるニューヨーク公共図書館に行き、そこで機械類に関する雑誌を読んだ。午後四時三五分、彼はキーノート・レコーディング社に戻った。その後、誰も彼の姿を見た者はいない。複数の捜査官がビルディングの監視を続けていたうえ、午後五時五分には、情報提供者から彼がまだオフィスにいるとの連絡も来ていたが、ニューヨーク支局は彼を発見することができなかった。[12] 二四日の午前一時には、さらに一〇人の捜査官が加わってマンハッタンじゅうを捜索した。ほかの支局にも通達され、アメリカのすべての出国地で、出入国管理担当者が高度な警戒態勢を敷いた。ピーター・クーパー・ホテルの部屋からは、アダムズの身の回り品の大半が持ち去られていた。彼が生存していることを示す唯一の証拠は、数日後ヴィクトリア・ストーンのもとへ送られてきたはがき一枚となった。ニューヨーク州ニューヨーク市、一月二六日午前七時三〇分の消印があり、「親愛なるヴィクトリアへ。何もかも順調であることを知らせておく。友人たちによろしく。きみに愛を捧ぐ。一九四六年一月二五日、Ａ・Ａ」とのみ書かれていた。[13]

二月一六日、「ジャーナル＝アメリカン」紙は一面にラシュモアの記事を掲載した。「赤軍スパイＦＢＩを出し抜く　カナダでは二二人を逮捕　オタワが極秘情報漏洩に対応」という見出しがついたその記事にはこう書かれていた。「昨年一二月三日付の本紙で、原子爆弾に関わる機密情報を盗んでいたことを暴露されたソ連の国際スパイ網のリーダーが、三週間前に宿泊先のミッドタウンのホテルから逃亡していたことがわかった。きょう明らかにされた。本紙記事にアルフレッド・アダムソンという名で登場したこの男は、ソ連に原爆の機密情報を漏らした容疑でカナダ当局の取り調べを受けている二二人と通じていた」。

記事はさらに、「アダムソン」とカナダのスパイ組織との関係や、郵送専用住所を使った文書の送付方法、また、「現在監視下におかれている」という電気会社の社長との関係についても詳しく報じていた。[14] ただ、この人物の正体には言及していなかった。

二週間後の三月五日、ニューヨークタイムズがはじめて、グーゼンコ事件を取り上げた。[15] 同紙は、「モスクワからの指示で駐オタワ・ソ連大使館の職員が組織し拡張したスパイ・ネットワーク」に関するカナダ当局の捜査報告書が発表されるのを待っていたのだ。最初の報告書では、ソ連のスパイたちが原子爆弾開発計画に関わる情報を最も重視していたことが明らかにされた。

次の捜査報告書は三月中旬、フレッド・ローズがカナダ議会の一九四六年第一回セッションを終えたあと、オタワの自宅で逮捕された日に発表された。ローズ議員は、欧米でソ連のスパイとして起訴された最初の公務員となった。「ジャーナル＝アメリカン」紙の一面に掲載されたローズの写真の下には、「アメリカには何人？」というキャプションが添えられた。[16]

第12章 クラブに入れ

一九四六年二月にコヴァルがニューヨークに戻ったころには、反共産主義が伝染病のように広がっていた。春のはじめ、スパイと盗まれた機密情報をめぐる報道合戦が続くなか、下院非米活動委員会（HUAC）はオークリッジで情報の流出が起きていなかったかを調査していた。そのきっかけのひとつは、三月中旬に「ジャーナル＝アメリカン」紙がトップ記事のなかで、オークリッジの職員のひとりが「原爆開発」に関わる情報をアーサー・アダムズ配下のスパイに流していた疑いがあると報じたことだ。三月二四日、FBIのフーヴァー長官はワシントンからニューヨーク支局に宛てて、新聞記事のコピーをつけて「至急」と指定したテレタイプのメモを送った。[1] ほぼ同じころ米国陸軍は、「『反体制』思想を持つ士官のすべてを信頼度が問われる地位から排除することを命じた」。

コヴァルはモンサント社からの誘いをことわって正解だったと思っていたことだろう。提示されたポストは、進行中の核爆弾の研究とも、軍そのものとも密接に関わっていたからだ。最近のスパイ発覚事件の影響を受ける心配もなさそうだった。グーゼンコが暴露した一連の名前とコヴァルを直接結びつけるものは何もなかった。また、騒動が起きたとき、彼は米国陸軍にいた。これは最強の隠れ蓑だった。とはいえ、

GRUのカナダ・ネットワークともアダムズとも間接的な関わりを持ったことはあったし、このときにはもはや機密情報取扱資格を持つ保健物理技術者という地位に守られてはいない。皮肉なことに、戦争中のほうが露見する恐れがなかったのだ。当面はとにかく目立たないように暮らしつつ、モスクワに帰国の許可を求めて、存在を気づかれないようにしながら指示を待つことにしたのだろう。歴史が与えた試練を最大限に活用することにしたらしく、コヴァルは米国の復員兵援護法による教育給付を申請した。CCNYに復学し、陸軍特別訓練課程に学んでいたころにはじめた電子工学の勉強を再開して学位をとるつもりだった。

コヴァルは数カ月のあいだ、ワシントン・ハイツ地区のアパートで暮らしていた。一九四〇年に渡米後しばらく住んでいた場所だったかもしれない。かつてラッセンが海外からやってくる新入りスパイに仮住まいとしてあてがっていたアパートだ。夏までにはコヴァルはまたブロンクス区に引っ越し、今度はショーレム・アレイヘム・ハウジズとは雰囲気の異なる区域のヴァレンタイン街に居を定めた。新しい住まいは、交通量が多くて歩道沿いにずらりと車がとめてある通りに面した四階建てのアパートだった。そこではおそらく家主の女性以外は、誰もほかの住人のことを知らず、ラッセンとの直接的なつながりも持っていなかった。共産主義の理想やスパイ網の存在をうかがわせるものは何もなかったが、徒歩でわずか四分のところにはラッセンの住むアパートがあった。世界各地で戦後の調整が続けられ、アメリカがますます声高にソ連の脅威を主張するなか、コヴァルはCCNYに通学しはじめた。しかし現実には、流砂に囲まれた孤島にいるようなものだった。

コヴァルが一九四六年にスパイ活動に従事していたことを示す確たる証拠はない。ある米国人研究者がのちに書いたように、「カナダの一件だけで、ニューヨークにおける［ソ連の］スパイ作戦を一九四六年中は凍結させることができた」[2]。コヴァルが以前に「S課」に提供した情報は、一九四五年末までにはモスクワに届けられていた。
しかし一九四六年には、コヴァルはすでにスパイとして熟練し、いっさい痕跡を残さない術を身につけていた。彼は忠実に基本ルールに従っていたようだ。自分の所属するセルのほかのメンバーとは決してつきあわないこと。[3] 連絡員やハンドラーの自宅に集まらないこと。共産党とは関わらないこと。ソ連を賞賛したり共産主義の理想を説いたりしてはならない。連絡員と会うときには、つねに公園や喫茶店など、公的な場を選ぶこと。それからもうひとつ、クラブに加入することだ。有益な人脈を築き、自分の担当分野の最新情報を得るためにスパイはクラブの活発なメンバーになることを奨励された。これはＭＩＴの科学スパイ方式や、コヴァルのスパイ訓練はもちろん、彼のハンドラー――クラブ愛好者のラソフ――の過去の経験からも学んだことだった。クラブに入れ。さらによいのは、会長になることだ。複数の記録によれば、コヴァルはまさにそれを実行していた。
一九四六年にコヴァルが復学したころ、ＨＫＮ（イータ・カッパ・ニュー）の略称で知られる米国電気工学優等学生協会が、ヘンリー・ハンスタイン教授の指導のもと、ＣＣＮＹに支部を開設した[4]（ＨＫＮはのちに米国電気電子工学会ＩＥＥＥと統合、二〇一〇年以降は国際的組織となった）。ほどなく、コヴァルはこの新しい会の活動に打ち込むようになり、翌年には運営にあたっていたようだ。「彼は研究会活動に非常に熱心に取り組んでいました。彼とはおおいに語り合ったものですよ」と、ハンスタインはのちに振り返っている。[5] このふたりの科学者が原子力への並々ならぬ関心を共有していたことを考えれば、それは驚くべきことではない。実際、元同僚のひとりが後年、ハンスタインは公式にはマンハッタン計画に加わっていなかったものの、「正確には、原爆の設計者のひとりだったのだ」と述べている。[6] ＣＣＮＹの学生新聞「キャンパス」一九四五年一〇月号にも、「原子爆弾開発計画を専門とする教授」のリストにハンスタインの名があがっている。[7]
電気工学の世界で広く尊敬を集めていたハンスタインは、核分裂反応に関する研究の黎明期に学生としてエンリコ・フェルミの指導を受けた。一九四二年にコロンビア大学のサイクロトロンをテーマに論文を書き、同大学で博士号を取得した。コヴァルが一九四一年にコロンビア大学の講座をとっていたころにハンスタインと出会っていた可能性は十分にある。また、コヴァルが陸軍特別訓練課程に学んでいた時期には、すでにハンスタインはCCNYで教鞭をとっていたので、このときに知り合っていた可能性もありそうだ。

米国電気工学優等学生協会のCCNY支部は、一九四六年二月一六日に正式に発足したばかりだった。プログラムの計画や講師の人選について、コヴァルとハンスタインは何度も話し合ったにちがいない。なにしろ、二〇項目におよぶ会則の第六項では、「学外から講師を呼び、米国工学者にとって意義のある時宜を得た刺激的なテーマをめぐる連続講座を企画・主催すること」が奨励されていたのだから。コヴァルはソ連で受けた諜報訓練を思い出したのではないだろうか。

コヴァルがこのころも引き続き、自分のハンドラーと連絡を取り合っていたことは確実だと思われる。ヴァレンタイン街のアパートの家主、G・ガードナーはのちに彼のもとに「よく訪ねてくる人がひとり」いたと明かしている。彼女はその男に会ったことがなく、名前も知らなかったが、コヴァルは「人づきあいのいいほうではなかった」ので無理もなかったという。しかしガードナーは、その客が薄毛の白髪頭で、ごま塩の短いあごひげを生やしていたこと、体格ががっしりしていたことを記憶していた。年齢は六十代と思われ、身長は一七〇センチくらい。いつも「こざっぱりした服装をしていてマナーのいい」紳士だったことから、フランス人のようだと思ったという。この特徴はラッセンにぴったりあてはまる。一九四〇年代後半には六〇歳を超えていたうえ、どんな言語よりもフランス語を流暢に話したからだ。▼8

スパイは政治活動を避けるべきとされていたが、コヴァルは一九四七年八月、ニューヨーク州ロングアイランド島のオールド・ウェストベリー市で開かれたそのような催しに参加している。その会は、当時オピニオン雑誌「ニュー・リパブリック」の発行人だったマイケル・ホイットニー・ストレイトの親族の屋敷で開かれ、一九四八年の大統領選に出馬を予定していたヘンリー・A・ウォレス元副大統領への支持を集めることを目的としていた。ウォレスはルーズヴェルト大統領の在任中、第一期と第二期で農務長官を、第三期で副大統領を務めた。そのポストに就いていたときに、ルーズヴェルトから核兵器開発について大統領に助言する最高政策集団〔Top Policy Group〕の一員に指名された。この集団は、やがて原子爆弾の製造に主眼を置くようになり、その後マンハッタン計画の策定へと進んでいった。ウォレスは一九四二年末ごろからこの任にあったので、少なくともさまざまな事業の計画や報告書、予算、施設の用地、建設に関する情報を、機密事項にいたるまで詳しく知っていたはずだ。彼はまた軍需生産委員会のメンバーでもあった。

ルーズヴェルト大統領が第四期目の就任を果たすと、ウォレスは商務長官に任命され、一九四五年四月に大統領が死去したのちも、トルーマンのもとで一年以上、同じポストで職務を続けた。しかし一九四六年九月、トルーマンはウォレスが親ソ的見解を示す演説をしたことを理由に、彼を解任した。ウォレスがトルーマン政権を去ったのち、マイケル・ストレイトは彼を「ニュー・リパブリック」誌の編集長に迎え入れた。その就任を発表するにあたり、同誌はウォレスによる巻頭言を掲載した。そこには、「『ニュー・リパブリック』誌の編集長として、わたしはアメリカ、イギリス、フランス、ソ連の読者だけではなく、世界じゅうの自由主義的な考えを持つ人々に、危険きわまる軍拡競争に歯止めをかける必要性を全力で訴えていく所存です」[9]と書かれていた。

コヴァルがその日ストレイトの屋敷を訪れた動機はわかっていない。彼はウォレスがアイオワ州出身であることは知っていたにちがいない。労働者階級については、ウォレスの考えに賛同していたと思われる。ウォレスが一九四二年五月にニューヨークのコモドア・ホテルで語ったように、「われわれが迎えようとしている新世紀――この戦争後に迎える一〇〇年――は、大衆の時代になりうるのであり、そのような時代にしなくてはならない[▼10]」と思っていたことだろう。

それに、ストレイト自身のこともあった。コヴァルと彼とは、諜報活動のノウハウと、おそらくはソ連のコネクションを共有していたとみられている。ストレイトは、イギリスのケンブリッジ大学の学生だった一九三〇年代に、のちに「ケンブリッジ・ファイヴ」として知られるようになるソ連のスパイ網に加わっていた。一九四〇年代の戦争中にはアメリカにいて、あるNKGB職員と親しくつきあっていた。この職員はアダムズともラッセンともつながりのあるふたつのネットワークを動かしていた。

コヴァルがロングアイランドのイベントに参加したころには、米国生活も七年目に入っていた。ふと、似たような考え方の人々と静かに交流したくなっただけだったのかもしれない。とくにこの一九四七年は、左寄りの政治的見解が激しい攻撃の的になっていた時期だ。あるいは、スパイ活動の指針に従い、公的な場で連絡員と接触する手はずだったのかもしれない。

何年ものち、この集まりの参加者のひとりがFBI捜査官の聞き取り調査に応じた。その男性によれば、イベントはロングアイランドの私邸で開かれた政治集会だったので、オークリッジの保健物理部時代の元同僚ジョージ・コヴァルにばったり会ったときにはたいそう驚いたという。男性は当時、原子力委員会の管理下にあったロングアイランドのブルックヘイヴン国立研究所に勤務していて、この日は妻といっしょに訪れていた。ブルックヘイヴン研究所は、原子力の平和利用の道をさぐるために創設され、戦後の米国で初の原子炉を建設していた。彼ら夫妻はその家が「とてつもない豪邸」だと聞き、「純粋な好奇心から屋敷見たさに」訪ねていったのだという。ヘンリー・ウォレスの政治集会がその日に予定されていることは知らなかった。だから会場には「ほんの短時間」だけしかいなかったと強調した。

しかし彼はこうも言った。コヴァルはおおぜいの人々のなかにぽつんとひとりで立ち、両手をズボンのポケットに突っ込んでひどく深刻な顔をしていた。ウォレスの演説が終わるのを待って、男性はコヴァルと話をしようとした。「あいさつだけでもしておきたかったので彼のところへ行きました」。彼らは少し言葉を交わした。コヴァルから聞いたのは、「ニューヨーク市で工学の勉強を続けている」ことだけだ。それ以外には何も聞いていない。男性はその日の記憶には自信があると言った。「オークリッジ時代の友人」とはその後一度も会っておらず、話もしたことがないときっぱり言い、同じ言葉をもう一度繰り返した。[11]

CCNYのコヴァルのクラスは、その年の九月の第一週にはじまった。グーゼンコの亡命からちょうど二年になろうとしていた。一九四五年に露見した情報により、一九四七年のそのころまでに一〇人のスパイが検挙され、有罪判決を受けて懲役刑に処せられた。そのほか一六人が無罪とされたか、控訴中だった。イギリスの物理学者アラン・ナン・メイが少量のウランのサンプルをモスクワに送ったかどで検挙され、ソ連の原爆スパイとして初の逮捕者となった。一九四六年五月、彼は一〇年間の重労働刑を申し渡され、ウエスト・ヨークシャー州のウェイクフィールド刑務所に送られた。メイがパンドラの箱をあけた形になり、原子爆弾に関わる機密がソ連に盗まれている事実が発覚、その後一〇年以上にわたって続く捜索がはじまった。メイは自分のおこないを後悔する発言はいっさいしなかった。法廷で彼の弁護士が述べたように、「すべての科学知識は全人類共通の財産とすべきだ」と考えていたからだ。

しかし一九四七年秋には、メイのこのような考え方は一顧だにされなかった。病的なまでの恐怖と集団ヒステリーが招いた誤解の渦にのみ込まれてしまったからだ。その数カ月前の五月には、HUACが攻撃の矛先をハリウッドに移し、映画業界に浸透しているとされる共産主義を排斥するため、公聴会を開いて注目を集めた。少し前に公開された人気映画さえ標的となって激しい非難にさらされた。一九四四年のヒット作『ロシアの歌〔*The Song of Russia*〕』も槍玉にあがった。ロバート・テイラー主演のこの作品では、小麦を栽培する集団農場で農民たちがダンスを踊る姿が描かれ、アメリカとソ連のことを、「人類のため、手を携えてドイツとの偉大な戦争を戦うふたつの偉大な国」と称えるせりふが出てくる。しかし一九四七年一〇月には、作家のアイン・ランド〔ロシア生まれのユダヤ人〕が、この映画は親ソ・プロパガンダ映画であり、わたしの祖国における「共産主義体制下の暮らしの悲惨な現実を故意に隠蔽した」作品であると証言した。▼12

ジーン・ケリーやハンフリー・ボガード、ローレン・バコールなどのスター俳優八〇人が、委員会による個人の政治信条やプライバシーへの攻撃に抗議し、中止を求めて嘆願書を提出したにもかかわらず、制作会社の幹部や俳優、脚本家、監督など四〇名以上が召喚状を受け取った。たちまちハリウッドは、いわゆる「協力的」な証人と「非協力的」な証人に二分されてしまった。前者は、どんな質問にも答える意向を持った人々で、そのなかには、ロナルド・レーガンやウォルト・ディズニー、ゲーリー・クーパー、ロバート・モンゴメリーといった著名人もふくまれていた。反対の立場をとったのは一九人だ。全員が男性で、脚本家が大半を占め、監督が数名、俳優もひとりまじっていた。彼らは、委員会の追及はプライバシーの侵害であり、アメリカにふさわしくない違憲行為であると主張していた。このなかから一一人が委員会から召喚を受けたが、そのうちのひとり、著名な劇作家のベルトルト・ブレヒトは〔態度を翻して〕審問に応じ、〔自分は共産党員であったことは一度もないと〕証言した。そして、その翌日アメリカを出国し、二度と戻らなかった〔実際は共産主義者で、ヨーロッパを転々としたあと東ドイツに帰国した〕。

ブレヒト以外の一〇人は、アメリカ合衆国憲法修正第一条〔宗教・表現・報道・集会の自由を妨げる法律と、請願権を妨げる法律の制定を禁止する条項〕を盾にとり、みずからの政治的・個人的信条に関する質問に答えることを拒否し、共産主義者を名指しする「ネイミング・ネイムズ」には加わらなかった。HUACは彼らの憲法上の権利を認めず、それから数週間のうちに一〇人全員が議会侮辱罪で起訴され、「ハリウッド・テン」と呼ばれるようになった。一〇月二七日、「タイム」誌がサム・ウッド監督の発言を掲載した。「彼らが共産主義者であるはずがないと思う気持ちが少しでもあったなら、わたしはまったくの愚か者だ。ハリウッドの共産主義者は外国のスパイだとわたしは確信している。彼らは自分は自由主義者だと胸をたたいて請け合っているが、ズボンを脱がせてみれば、尻には鎌と槌の絵〔共産党のシンボルマーク〕が描かれているこどだろう[13]」

しかしフーヴァー長官は誤った領域で大物をさがしていたのだ。一九四八年二月、専門的な訓練を積んだ赤軍情報総局員であると同時に、召集解除された元米国陸軍伍長でもあったジョージ・コヴァルは、CCNYを優等で卒業し、電気工学の学位を取得した。彼は工学クラスでは一八六人中四番、電気工学クラスでは六六人中二番の成績をおさめた。そして三月一五日、米国国務省はジョージ・コヴァル——アブラモヴィチというミドルネームは使われていない——にパスポートを発給した。番号は一七〇〇九二番。ニューヨークに本社を置くアトラス商会の販売代理人として海外出張のために使用することになっていた。四カ月から六カ月のあいだに、フランス、ベルギー、スイス、スウェーデン、ポーランドを訪れる予定だという。申請書の職業欄には電気工学者と書かれ、身元の照会先として「ハーバート・J・サンドバーグ」の名が記載されている。一九四三年九月にコヴァルがCCNYの特別訓練課程ではじめて顔を合わせた同級生だ。書類には、サンドバーグはコヴァルと知り合って「およそ五年」になると記されていた[14]。

申請書類のファイルには、国務省パスポート課に宛てた書状も保管されている。「アトラス商会」の社名と、「ニューヨーク、ニューヨーク四、バッテリー・プレイス一七」という住所が印刷された便箋に書かれていて、一九四八年三月八日の日付が入っている。そこには、「ジョージ・コヴァル」なる人物が、貿易会社であるアトラス商会の代理人としてヨーロッパに出張する、報酬は手数料ベースで支払われると説明されていた。末尾にはペドロ・R・リンコネスと署名してあり、「アトラス商会社長」との肩書きが添えられていた[15]。

しかしアトラス商会は南米だけでビジネスをしており、ヨーロッパで取引をしたことは一度もない。また、販売代理人に業務をまかせる方式もとっていなかった。ジョージ・コヴァルという名の人物を雇用した記録も残っていない。さらに、リンコネス社長に手紙を書くよう命じたのは、アトラス商会の社主フランシスコ・ペトリノヴィチだった。ペトリノヴィチはチリに帰化したユーゴスラヴィア人だった。いくつかの資料により、チリで硝酸の生産事業を手がけて成功をおさめたことがわかっている。戦争中はニューヨークに暮らし、ソ連の外交ルートと緊密な関係にあった。その証拠は、彼が一九四四年七月に「ヴィクトール」に送った電報だ。この名前はモスクワのパーヴェル・ミハイロヴィチ・フィーチン中将のコードネームだった。[16] ソ連の原爆スパイ作戦を「エノルモズ」と名付けたとされるフィーチンは、この当時はNKGBの海外諜報部長の任にあった。ペトリノヴィチの電報には「許可の申請を却下する。現時点では出国できる見込みなし[17]」と書かれていた。

コヴァルは逃亡に備えて米国のパスポートを無事に手に入れることができ、おおいに安堵していたことだろう。実際にそれを使うことになるときには、彼は気づいていなかったようだが、「出張」が八年目に入っているはずだった。三月の末には、コヴァルは同級生のチャーミングな妹、ジーン・フィンクルスタインと出会っていた。ソ連のスパイとしてはまさに絶妙なタイミングだった。彼は数カ月後には、反共産主義の嵐が巻き起こす疑惑と興奮の渦に取り囲まれてしまう。西側の国に潜伏するソ連のスパイにとっては気の休まらない日々が続いた。ジーンが彼のそばにいてやすらぎを与えてくれたのかもしれない。意見の食い違いが妥当な範囲におさまらなかったこの時期、真実を知る手がかりが恐怖によって見えなくなり、アメリカでは、日和見主義者がいつになく幅をきかせていた。

第13章 逃亡

家主のミセス・ガードナーによれば、ジョージ・コヴァルはまじめで、「孤高の人」という呼称がぴったりの学生だったようだ。彼女はコヴァルが一九四六年にヴァレンタイン街に引っ越してきて以来、毎日決まって早朝に出かけ、夕食後数時間たってから戻ってきて、階段を静かにあがって四階の自室に帰っていく姿を見ていた。帰宅後は優秀な学生がしそうなことをして夜を過ごしているものと思っていた。二年後にCCNYで学位をとったと聞いても驚かなかった。なぜなら勉強を中心にした生活を送っていたからだ。彼女の目から見ればそういうことになる。

ミセス・ガードナーの印象では、コヴァルは小心でよそよそしく、どこか悲しい過去を背負っているような男だった。幼いころに両親を亡くし、オハイオ州クリーヴランドの児童養護施設で育ったそうだから、おそらくそのせいだろうという。「おばさんがひとりいたらしいんだけど、ほとんどかまってもらえなかったみたいですよ」と、彼女はのちに語った。「それにジョージは経済的にも困っているようでした」▼1

しかしヴァレンタイン街から離れているときのコヴァルは、決して貧困すれすれの愁いに沈む内向的な男ではなかった。後年、CCNYの同級生のひとりが言ったように、「ジョージは学校では大の人気者で、みんなに好かれていました」。たいていのクラスメートよりも年上だったので、「どんな形の議論でも調整役を務めていた」という。[2] 彼はまた、ジーン・フィンクルスタインの兄のひとりがのちに指摘したように、「けっこう女にモテる」という評判も立っていた。「ジーンとつきあう前は、よくマンハッタンのエキゾチックで魅力的な難民タイプの女の子を連れてパーティーに来ていたものだ。いつも相手がちがっていたよ」[3]

成績はつねに上位で、授業にも積極的に取り組んでいたが、欠席することもめずらしくなく、たまに徹夜明けのように授業中に居眠りをすることさえあった。しかしそれもほかの多くのことと同様、大学生活の一コマとして見過ごされ、とくに目を惹くこともなかった。ある元クラスメートは、コヴァルの煙草の扱い方をはじめて見たときにもべつに気にしなかったという。彼は吸い口の際まで吸い、指をやけどするのではないかと思うほど強く、根元を唇に押し当てていた。「アメリカ人の吸い方とはちがうなと思いました。ヨーロッパかどこかよそのやり方だな、と」[4]

別の同級生は、コヴァルが「いくらか謎めいた人物」だったと回想している。けっこう社交的なほうなのに、「彼について多くを知っている者はひとりもおらず、経歴についてもほとんど知られていなかった」。コヴァルは自分のことをきかれるたび、はぐらかしていたが、政治的な立場についてはきちんと話していたという。「コヴァルは自分は政治的には完璧な保守派だとみんなに話していました。アメリカ民主主義青年団（AYD）が学生自治会で主導権を握ったときには、コヴァルが工学者グループを率いて立ち上がり、彼らの戦術や方針に反対しました」[5]。アメリカ民主主義青年団〔一九四三年から一九四六年までの呼称〕は、以前は青年共産主義連盟（YCL）として知られていた組織で〔先述したとおりコヴァル自身もかつて加盟していた〕、共産主義の拡大と労働者階級の闘争に熱心に関わっていた。フーヴァーFBI長官の要注意リストにも名があがっていた。[6]

しかしコヴァルに多少不可解なところがあっても、そのために友人たちが遠ざかってしまうことはなかった。友だちは多かったようだ。CCNYの級友、コロンビア大学の教官たち、米国電気工学優等学生協会の会員たち、デイトンとオークリッジでマンハッタン計画に携わったころの同僚、非常勤で働いていた電気商会の従業員たち。ジーンには時折「仕事で」出かけると話していたボストンには、ともにテニスを楽しむ仲間もいた。CCNYの物理学の教官ハービー・サンドバーグもそうした親しい友のひとりだった。コヴァルより一〇歳若く、実際のコヴァルと政治的信条が一致していたことを考えると、弟子のような存在だったのかもしれない。サンドバーグはアメリカ労働党〔一九三六年にニューヨークで結成された社会主義政党。二〇年後に解散〕と教職員組合の登録メンバーだった。どちらの組織も一九四八年にフーヴァーにより「共産主義者が主導している」との疑いをかけられた。

その一九四八年、サンドバーグは西九八丁目にあるブラウンストーンのアパートで暮らしていた。ブロードウェイから半ブロック西にあり、彼が住む一階の部屋には大きな張り出し窓があった。ジーンはしばしばコヴァルといっしょに、その部屋で開かれるパーティーに出かけ、CCNYとコロンビア大学の物理学部、化学部、電気工学部の大学院生や教官と顔を合わせていた。彼女はのちに彼らのことを「服装もふるまいもボヘミアンのような知識人」だったと語っている。物理学者、化学者、電気店従業員、旅行エージェント、テニスプレーヤー、大学関係者、ボウリング連盟のメンバー等々、コヴァルの交流範囲は、ミセス・ガードナーの想像よりも、あるいはコヴァルが見せかけていたよりもはるかに広かったのだ。

同じことは、コヴァルが――ジーンとのあいだでさえ――めったに話題にしなかった仕事についても言えた。彼はジーンには、マンハッタンの西二〇丁目にあるエース電気という電気商会で働いているとだけ話していた。ジーンは会社の所在地を訪れたこともコヴァルの同僚に会ったこともなく、また、彼の仕事の内容すら詳しいことは知らなかった。しかし旅をともなうことはわかっていた。コヴァルが仕事の関係で「海外出張をする可能性」が高くなっていると聞かされていたが、どんな国に行くのか、そこで何をするのか、いつ出かけるのかといったことはいっさい明かされていなかった。一九三〇年代にニューヨークのラジオ局で働いていたときの話だけはよくしてくれた。そのころには西七二丁目三一一番地に住んでいたのだそうだ。ジーンはそれが真っ赤な嘘だとは夢にも思わなかった。

ブルックリン区で生まれ、三人の兄とともにブロンクス区で育ったジーンは、都会で生き抜く術を身につけたしっかり者の娘だった。それでも、コヴァルの話を疑ったことはなかったという。しかも、彼が最もよく口にしていたのは野球の話題だった。彼の好きな季節、ニューヨークの春の訪れを告げるのは木々の開花ではなく、愛してやまない野球シーズンの開幕だったのだ。一九四八年のシーズンが四月半ばにはじまってから、コヴァルとジーンはヤンキースのホームゲームはほぼ欠かさず見てきた。とりわけ、九連勝中だったその年の八月には一試合も見逃すわけにはいかなかった。

交際期間は七カ月近くにおよんでいたが、ジーンは、両親と暮らしていたブロンクス区モリス街の家から三キロほどのところにあったコヴァルのアパートを訪れたことは一度もなかった。のちに彼女は、コヴァルが長期にわたって町を離れていたことが二度だけあったことを思い出した。一回目はふたりが出会ってまもないころの三月の下旬で、彼はワシントンDCへ行った。戦時中からの旧友に会い、「美術展を見にいく」と言っていた。「ドイツに駐留する米軍が発見した絵画の特別展が、ワシントンのどこかの美術館で開催されていたらしいんです」。彼は数日、ニューヨークを離れていた。[▼7]

その次は八月、「商用」のため中西部に出張してくると言って出かけた。ジーンは行き先についてははっきり覚えておらず、たぶんカンザスシティだったと思うと述べた。コヴァルはおよそ一〇日後に戻ってくると、ボストンバッグから高校時代のアルバムを引っぱり出してきた。スーシティに行ったのとジーンがきくと、彼は、いや、友だちが行ってきたんだと答えた。その話はそこで終わった。ジーンはまさか自分がソ連のスパイに恋をしているとは思ってもみなかった。もし気づいていれば、コヴァルが何ごとにつけ慎重で謎の部分が多い理由がわかったことだろう。とくに一九四八年夏、またもや下院非米活動委員会〔HUAC〕が原子爆弾をめぐり諜報活動を展開していたソ連のスパイをさがしはじめたときには。

一九四七年に「ハリウッド・テン」が起訴されたあとの数カ月は、HUACも捜索の手を緩めていた。メディアを騒がせたいだけの日和見主義的政治家集団だと批判する声が日に日に大きくなったからだ。ミシシッピ州選出のランキン民主党下院議員は相変わらず人種差別的、反カトリック的、反ユダヤ的な演説を続けていたが、彼に代わって〔一九四七年に〕委員長に就任した共和党のJ・パーネル・トーマス下院議員は、さらに注目を集めていた。トーマスがスタッフから払い戻しを受けている〔秘書の姪を雇用しているように装い、支払った給料を回収していた〕という噂があったのだ。内偵捜査がおこなわれ、その結果トーマスが起訴される見込みが高まり、HUACの権威は失墜した。次の選挙で民主党が下院で多数を占めれば、委員会の存続自体があやぶまれるだろう。そこで当面は耳目を集めるような聴聞会は避けようということになった。しかし一九四八年夏の終わりにはふたたび状況が一変した。

このときHUACは、突如として新たな顔ぶれから成る陰謀論を唱え、またもや後世に名を残す騒動を巻き起こした。共産主義に世界を乗っ取られるのではないかという恐怖、米国政府転覆をもくろむ赤い謀略が存在するという妄想はいまだに米国社会に根強く残っていた。彼らはそれを一気にスポットライトの下に引きずり出した。委員会のメンバーもまた、共産主義者か左派寄りのアメリカ人は例外なくモスクワのスパイだと信じていた。実際は、アメリカで活動するソ連のスパイはみな、共産党とはいっさい関わりを持っていなかったのに。

加えて、ロシア革命以来、そして一九一九年にユダヤ・アメリカ人を十把一絡げにボリシェヴィキと決めつけた最初の赤狩りがおこなわれて以来、つねに社会の片隅でくすぶっていた反ユダヤ主義がまたもや表舞台に躍り出ていた。そして、ホロコーストが世を震撼させたにもかかわらず、第二次世界大戦後にはＨＵＡＣの委員をはじめとする多くの人々が、ユダヤ人はアメリカ民主主義の壊滅をたくらんでいると言いがかりをつけはじめた。[8] 罪に問われたハリウッド・テンのうち六人、[9] それに最近ブラックリストに挙がった教師の九〇パーセントがユダヤ人だった。ユダヤ・アメリカ人が多く活躍するエンタテインメント業界と教育界が標的にされたのだ。一九〇六年に創立されたユダヤ人の権利擁護団体、アメリカ・ユダヤ人委員会が一九四八年に全国的な調査を実施したところ、アメリカ人の二一パーセントが「たいていのユダヤ人は共産主義者」だと考えており、五〇パーセント以上がユダヤ人を原爆スパイと結びつけていることが判明した。[10]

ＨＵＡＣの委員にこうした疑惑を立証するチャンスを与えれば、自分たちの存在理由を確たるものにする絶好の機会ととらえ、ニューディール政策を推進した政治家がみな共産主義者だったことを証明しようとしただろう。そのような機会は次第に重要性を増していき、一九四八年の夏の終わりごろには、議会常任委員会として生き残るために、自分たちがアメリカの自由にとって必要不可欠な機関であり一九四八年の大統領選挙の結果にいささかも影響を受けないことを証明しようとしていた。

そういうわけで、八月三日、ＨＵＡＣはふたたび政府内の共産主義者をさがし出す活動に着手した。きっかけは、元ソ連のスパイで一九三九年の独ソ不可侵条約締結の二日後に寝返ったウィタカー・チェンバーズの証言だ。彼は当時は「タイム」誌の記者として働いていた。その日チェンバーズは、ＨＵＡＣの幹部による非公開の聴聞審理で証言した。しかし彼が驚愕するような事実を明かすと、委員会は場所をより大きな尋問室に移し、公開審理に切り替えた。最後にはおおぜいの報道関係者も中に招き入れた。ほどなく、チェンバーズは長い陳述書を読みあげはじめた。そこには、カーネギー国際平和基金の現理事長の名も書かれていた。その人物は、国務省国務次官補の元補佐官アルジャー・ヒスだった。

ヒスがスパイであることは数年前にエリザベス・ベントリーが証言していたし、イーゴリ・グーゼンコも名は伏せたものの、職務からして彼にちがいない国務省高官の関与を暴露していたが、この日にチェンバーズが証言したことで、はじめて事実であることが裏付けられた。こうしてヒスとチェンバーズの有名な対決がはじまった。委員会はなんとかしてヒスがチェンバーズを知っていることを認めさせ、一九三〇年代にニューディール政策の推進に携わった彼がソ連のスパイとして果たした役割を白日のもとにさらそうとした。一九四八年八月にはほぼ連日、ソ連のスパイに関するニュースが新聞の一面を飾り、「暴露」された人々の名が報じられた。たとえば、「秘密機関」として知られたソ連の地下ネットワークを一九三〇年代後半までアメリカ国内で取り仕切っていたとされるJ・ピーターズもそのひとりだ。彼はフラットアイアン・ビルでときどきラッセンと会っていた。公開審理が開かれて事が公になってから一カ月が経ったころには、HUACの評価が高まり、ギャラップの世論調査でも、五人のアメリカ人のうち四人が「HUACによる最新のスパイ審問を高く評価し、継続すべきだと感じている」と回答した。[11]

しかし新聞で大きく取り上げられたのは、ワシントンDCで展開したHUACの聴聞審問のドラマだけではなかった。八月一二日にはニューヨークシティの東六一丁目、ソ連領事官邸にスポットライトがあたった。[12]ニューヨークに駐在する外交官の子供たちに化学を教えていたソヴィエト人教師、オクサナ・カセンキナがこのビルの三階の窓から飛びおりたのだ。途中で電線に引っかかって命は助かったものの、草深い中庭に落ちて両脚と骨盤を骨折した。

このドラマチックな事件を起こす前、カセンキナはソ連への帰国命令をきらってマンハッタンを逃げ出し、ニューヨーク州のナイアックという村の近くの農場に隠れていた。この農場の所有者は、ロシアの文豪レフ・トルストイの娘、アレクサンドラ・ルヴォヴナ・トルスタヤだった〔革命後アメリカに亡命、トルストイ財団を設立してソ連からの難民支援に尽くした〕。ソ連総領事はカセンキナを見つけて連れ戻し、メディアには、彼女は本人の意思に反してトルストイ財団に拉致され軟禁されていたと発表した。カセンキナの将来をめぐり、国際的な議論が沸き起こった。

ソ連当局は、カセンキナをアメリカ政府から守っているのだと説明し、アメリカ側は安全な場所への避難を望む彼女の手助けをさせろと要求した。この問題を解決するため、カセンキナは八月一二日にHUACで証言することになったが、ソ連側の高官たちは彼女が領事館を出ることを認めようとしなかった。そこで午後四時一九分、カセンキナは自分にできる唯一の方法で逃亡をはかったのだ。[13]

ソ連政府は、カセンキナの将来については総領事館が考えることであり、ルーズヴェルト病院に二四時間の警備体制を敷いて彼女を外に出さないニューヨーク市当局が関わるべき問題ではないと言い張った。カセンキナは意識を取り戻すと、わたしはアメリカの市民権を望みますと明言してソ連を非難し、「彼らはあの国を天国と呼びます。わたしは監獄と呼びます」とメディアに語った。[14]

こうした激しい言葉の応酬が何週間も続き、そのたびに広く報道された。ソ連大使は、この四二歳の教師をアメリカの言う保護措置とやらから解放するよう正式に求める一方、彼女が窓から飛びおりたのは、アメリカ政府当局によるいやがらせを原因とする自殺未遂だったと主張した。しかし国務省は要求を拒否した。すると八月二三日、東六一丁目の領事館の外に運転手付きの車が何台も列を成して駐車し、大量の書類と身の回り品を詰め込んだ布や革のボストンバッグ、厳重に封をした段ボール箱、黒いブリーフケースが次々に積みこまれた。車列はクィーンズ区のアイドルワイルド空港〔現在のジョン・F・ケネディ空港〕に向かい、領事館の職員たちはそのままニューヨークを発って祖国へ戻ってしまった。[15] これを受けてトルーマン大統領が総領事の職務執行認可状を取り消すと、八月二五日、スターリンはニューヨークとサンフランシスコのソヴィエト総領事館を閉鎖した。また、ソ連の太平洋岸の港湾都市ウラジオストクにあった米国総領事館の閉鎖も要求し、レニングラードにアメリカ領事館を開設する許可も取り消した。

八月二六日、ニューヨークのソ連副領事はニューヨークタイムズ紙に対し、ソ連の貿易代表部であるアムトルグは「業務を続けます。アムトルグの事務所はこれまでどおりに残ります――まちがいありません」と述べた。[16] それでも、今回の閉鎖により、総領事館が一九三四年の開設以来支援してきたスパイ活動に直接影響することはまちがいなかった。コヴァルやラッセンなど、当時もまだマンハッタンで活動していたソ連のスパイ全員の人生が複雑なものになることは確実だった。

アメリカ国内のソヴィエト領事館が次々と閉鎖されるなか、HUACはカセンキナ事件によりソ連の危険なイメージが確認されたことを追い風として調査を続け、早くも九月の前半には、原爆関連機密の窃取疑惑という新たな領域に足を踏み入れていた。この時期のニューヨークタイムズ紙のヘッドラインが調査の進展状況を明らかにしている。九月一日には「下院委員会、原爆科学者によるソ連のためのスパイ行為を調査」。九月八日には「原爆科学者をスパイ疑惑で証人喚問へ」。九月一〇日「グローヴズ、原爆機密漏洩を示唆」。九月一一日「ソ連、原爆のデータを入手」。二週目の終わりには、HUAC委員長のJ・パーネル・トーマスが新聞を通じて「われわれがはじめた調査が実を結んだ」との声明を出した。[17]

ニューヨークのグランド・セントラル・パレスで一カ月にわたって開催された「人類と原子力」展には、こうした報道によって原爆に関心を持ち、好奇心をかき立てられた人々がどっと押し寄せたのだろう。しかし九月一九日の夜にコヴァルがジーンとこの展覧会を訪れたのは、スパイ活動の原則に従って公の場で連絡員と会うためだった。五〇個のネズミ捕り器をコルクで次々に作動させて、連鎖反応のイメージを視覚化してみせる展示[18]や、オークリッジ研究施設の縮尺模型を見にいったわけではない。コヴァルの関心事はただひとつ、ジーンに「戦時中オークリッジでいっしょだった仲間」と説明した連絡員たちが現れるか否かという問題だけだった。

彼らは近くソ連に帰国するコヴァルに情報を託すことになっていたのかもしれない。おそらくコヴァルはその情報を受け取るために待っていたのだろう。そう考えれば、三月中旬にパスポートを取得してから何カ月もアメリカを離れずにいた理由に説明がつく。いまや情勢が緊迫してきて、コヴァルとしては一刻も早く出国する必要があったが、なんらかの事情で彼はまだ待っていた。

コヴァルの言う「戦時中の仲間」が姿を見せなかったという事実は、明らかに深く憂慮すべきメッセージを伝えていた。九月二六日付のニューヨークタイムズ紙は、HUACが近々、原爆スパイ活動に関する広範な調査結果の詳細を公表する予定だと報じた。その二日後に二万語から成る分厚い文書が公開されると、ニューヨークタイムズがその抜粋を掲載した。そこには、スパイの容疑者とされる数名の名前が書かれていた。報告書の核心は冒頭に引用されたレズリー・グローヴズ将軍の言葉に明かされている。「わたしはいささかのためらいもなく断言できる。アメリカ合衆国に対し、それもとくに原爆開発計画に対し、継続的かつ執拗なスパイ行為が組織的におこなわれていたことはまちがいない。その活動を展開したのは、わが国と交戦状態にはない外国勢力、それに心得違いから彼らに同調した国内の裏切り者である……」[19]。この抜粋部分の最後の一行には、「委員会〔HUAC〕は、スパイ行為に加担した者がこれ以上米国の安全を損なうことのないよう、すみやかに措置を講ずるべきと考える」[20]と書かれていた。

トルーマン大統領は起訴を求める委員会の要請を「選挙の年に名を売るための提案」と呼んだ。これに対し、共和党が率いる委員会は、トルーマン〔民主党〕が「いまもなお国内で暗躍する共産主義陰謀勢力と多数のソヴィエト・スパイ」の訴追を免除したも同然だとして非難した[21]。ソヴィエト・スパイはゴシップ欄でさえ話題になった。ある記事などは、次期大統領選候補のヘンリー・A・ウォレスと、スパイ疑惑の渦中にあるアルジャー・ヒスがワシントンDCの「名士録」から外されたと伝えている[22]。

一〇月四日付の「タイム」誌は「原爆スパイ狩り」と題した記事を掲載し、まるごと一ページを割いて、誰もが疑問に思っていること、つまりソ連は戦争中にアメリカの原爆にまつわる機密を入手したのか否かという問題を取り上げた。それから、この注目の的となっている疑問に対し、「おそらくそうだ」と応じる形になったHUACの談話を伝えた。報告書に書かれた詳細については、「アーサー・アレクサンドロヴィチ・アダムズ」と彼のソヴィエト・スパイ戦略、それもとくに原子爆弾の開発研究に携わったクラレンス・ヒスキーなどの科学者とのつながりについて書かれた部分を選んで抜粋した。記事によれば、委員会は、なかでもヒスキーとアダムズはスパイ活動をもくろんだ陰謀罪で起訴されるべきだとの見解を示したという。[23]そのころヒスキーはブルックリン工科大学で化学を教えていた。アダムズはすでにGRUを引退、ボストン生まれの妻ドロシー・キーンとモスクワで暮らし、ソ連国営のタス通信社で働いていた。

アダムズやヒスキーのような名が明るみに出て以降は、コヴァルのアパートの近辺でもソヴィエト原爆スパイのことが話題になっていたにちがいない。まもなくアダムズと彼のネットワークに加わっていた四人が原爆をめぐるスパイ行為で起訴された。ニューヨークタイムズ紙は、アダムズが「テネシー州オークリッジの原爆施設に関わる高度な機密を窃取」した罪に問われていると伝えた。[24]もしコヴァルがその記事を読んだとすれば――その可能性が高い――彼は急いで荷物をまとめたことだろう。

九月一九日のデートでいさかいをして以来、コヴァルと距離を置いていたジーン・フィンクルスタインは、もちろん、こうしたニュースと彼を結びつけはしなかっただろう。コヴァルの戦争時代の同僚たちがグランド・セントラル・パレスに現れず、彼が急に冷ややかな態度をとって以来、ジーンは彼に手紙も書かず、電話もしていなかったが、一〇月七日、ふと連絡をとる気になった。一九四八年度のワールドシリーズが開幕、インディアンズとブレーヴズの白熱した第一試合が終わった翌日のことだった。いいタイミングだと思えたにちがいない。しかしジーンは家主のミセス・ガードナーから、コヴァルがアパートを引き払ったことを知らされた。同じ日、ミセス・ガードナーによれば、しばらくしてから「軍隊のジープ」のような車に乗った見知らぬ男がアパートへやってきたという。男はまっすぐコヴァルの部屋まであがっていくと、解錠してなかに入り、大きなトランクを運び出してそのまま持ち去った。

ジーンが電話をしたころには、コヴァルは蒸気船の特別二等室に座り、大西洋上のどこかを航行していた。船の名はアメリカ号。どこもかしこもぴかぴかに磨かれたいかにもアメリカらしい大型定期船で、オレゴン産のマツ材の甲板、ロードアイランド名産の銀食器、ニューヨークにアトリエを構える芸術家の壁画やモザイク壁を備えていた。[25] 二週間近い旅の末、コヴァルはフランスのル・アーヴル港に到着し、そこでパリ行きの列車に乗る。それからほんの数日後にはオリエント急行でパリを離れ、何本もの鉄道を乗り継いで一一月上旬のうちにモスクワに帰り着く。

フランスを発つ前、コヴァルはアメリカに三枚のはがきを送っている。一枚はＣＣＮＹの電気工学教授、セイディ・シルヴァマスターだが、その詳細についてはわかっていない。もう一枚は、ハービー・サンドバーグ宛てのもので、「パリにいます。すべて順調。Ｇ」とだけ書かれ、返信用の住所や投函日は記されていなかった。[26] 残る一枚は、コヴァルのＣＣＮＹ時代の級友で陸軍特別訓練課程の同僚だったアーヴィング・ワイズマンのもとに送られた。このはがきには、一九四八年一〇月二一日の消印が捺され、パリの左岸地区の小さなホテル、オテル・リトレの住所が書かれていた。

ワイズマンもサンドバーグもシルヴァマスターも、その後は一度も旧友からの便りを受け取っていない——少なくとも彼らはのちにＦＢＩの聞き取り調査でそう語っている。三人が連邦捜査局からはじめて連絡を受けたのは、はがきが届いてから六年後のことだった。つまりコヴァルとの関連を見つけ出すまで、それだけ長くかかったわけだ。

コヴァルが一九四八年秋というタイミングで逃亡したのは賢明だった。ラッセンが見つかる前に、そして冷戦が次第にエスカレートして、このような米ソ間の旅が困難になる前にニューヨークを離れたからだ。しかも彼がモスクワに到着したのは、ソ連全土の科学者が総力をあげて初の原子爆弾の製造をめざしているさなかだった。この爆弾は一九四九年八月に爆発することになる。

だがコヴァルは、みごとに逃げおおせたものの、モスクワに着いたとたんに新たな不安と困難に直面することになった。コヴァルの好きな詩人、ロングフェローが書いたように、「かくしてわれわれの運命は、人生という燃えさかる炉のなかで鍛えられなければならない[27]」のだった。

1924年のアイオワ州スーシティ中心部。（スーシティ市立博物館提供）

1924年10月11日、アイオワ州スーシティでクー・クラックス・クランのパレードが催された。写真は参加メンバーとフロート車。コヴァル一家はロシアの反ユダヤ主義から逃れてこの地に移り住んだ。（Swaim, Ginalie, "Images of the Ku Klux Klan in Iowa," *The Palimpsest* 76 [1995]. ir.uiowa,edu/palimpsest/vol76/iss2/5 より）

1929年、スーシティのセントラル高校にて。ジョージ・コヴァルと学校対抗ディベート・チームの仲間たち。(スーシティ・セントラル高校の1929年度学校アルバム)

1932年に撮影されたコヴァル一家のパスポート写真。左から右に、アブラム、エテル、ジョージ、ガブリエル、イサヤ。この年、一家はソ連に新たに設けられたユダヤ人自治区に移住した。

1930年代のジョージ・コヴァル。
（コヴァル家所蔵資料）

ジョージ・コヴァルと妻リュドミラ・イワノワ。
1936年ごろ。（コヴァル家所蔵資料）

ブロンクス区にあるショーレム・アレイヘム・ハウジズ。ジョージ・コヴァルは1941年から43年までここで暮らしていた。この集合住宅は1920年代にイディッシュ文化保存の一助とするために建設された。(Matthew Kiernan/Alamky Stock Photo)

ベンジャミン・ラソフ。のちにベンジャミン・ウィリアム・ラッセンと改名、コヴァルのハンドラーとなった。(オハイオ・ノーザン大学1912年度学校アルバムより。ヘテリック記念図書館オハイオ・ノーザン大学資料室提供)

マンハッタンの西23丁目20番地。ベンジャミン・ラッセンが経営していたレイヴン電気商会。表向きは電気店だが、ソ連はここを重要拠点のひとつとして諜報活動を展開していた。

1944年、ニューヨーク市立大学シティカレッジ（CCNY）陸軍特別訓練課程部隊の仲間と。コヴァルは真ん中の列の右端。コヴァルの友人アーノルド・クラミッシュは最後列の右から3人目。（デュアン・M・ワイス氏［最後列右端］提供）

マンハッタン計画オークリッジX-10施設。ここで黒鉛減速炉を使ってプルトニウムを製造し、ビスマスに放射線を照射してポロニウムを生成していた。コヴァルは1944年8月から1945年6月までこの施設に配属されていた。(米国エネルギー省所蔵資料／ Ed Westcott撮影)

オハイオ州デイトン郊外オークウッドにあったラニミード・プレイハウス。ここで生産・精製されたポロニウムがロスアラモスに送られ、ベリリウムとともに原子爆弾の起爆装置に使用された。コヴァルは1945年6月にオークリッジからここへ転任した。(アトランタ国立公文書館原子力委員会記録資料)

1950年代終わりごろのジョージ・コヴァル。メンデレーエフ化学工科大学の化学教授だった。(Aleksandr Zhukov提供。コヴァル家所蔵資料)

ジョージ・コヴァル。 2003年、又姪のM・G(マヤ・ゲンナディエヴナ)・コヴァルと。(コヴァル家所蔵資料)

2003年、アーノルド・クラミッシュからジョージ・コヴァルのもとへ送られてきた1997年刊行の『爆弾〔*Bombshell*〕』。写真はクラミッシュ自筆の献辞。彼はコヴァルがスパイ活動をしていた事実を知ったあとでさえ、友人としての交流再開を望んだ。(マヤ・コヴァル提供)

2007年11月2日、ロシアのウラジーミル・プーチン大統領は、前年に死去したジョージ・コヴァルがソヴィエト初の原子爆弾製造に貢献したことを讃え、民間人に与えられる栄誉勲章としては最高の、ロシア連邦英雄勲章を授与した。写真は勲章をアナトーリー・セルジュコフ国防相に手渡しているところ。(ロシア大統領府報道・情報部。プレス用の写真)

第三部

追跡

たとえ鎖につながれていても、われわれは神が自分のために描いてくださった輪をみずから完成させなくてはならない。

――アレクサンドル・ソルジェニーツィン
ノーベル賞受賞記念レクチャーのなかで彼が引用した
ロシアの哲学者ウラジーミル・ソロヴィヨフの言葉

第14章　最高機密

ジョージ・アブラモヴィチ・コヴァルは自分の過去や家族や仕事について嘘をつき、八年ものあいだ、虚偽にまみれて生きてきた。そのような欺瞞によるストレスからようやく解放され、新しい出発を夢見ていたかもしれない。しかし一九四八年一一月にモスクワに帰った彼を待っていたのは、おもにユダヤ人とアメリカ人を標的にしたプロパガンダと偏見があふれ返る、ゆがんだ恐ろしい文化だけだった。当時ニューヨークタイムズ紙の海外特派員、C・L・サルツバーガーが書いたように、「ロシアに来る人はつねに心に留めておかなければならない。この革命の国が世界一反動的な強国になったというパラドックスを」[1]。

共産党中央委員会の新聞「プラウダ（〝真実〟という意味）」は毎日のように、有害な国アメリカの堕落の例を取り上げていた。アメリカのものはすべてが不埒で攻撃に値すると思われているようだった。たとえば、アメリカの百科事典には、社会主義の真実を糾弾することだけを目的として集められた偽情報が満載されているのだという。コニー・アイランド（ニューヨーク市ブルックリン区のリゾート地）や探偵映画、カクテルは、「資本主義者が労働者の不満をやわらげる」ため、そしてアメリカ人のライフスタイルを特徴づけるために使う「催眠剤」であり、そのようなものはほかにもたくさんある。コミックでさえ非難の的となった。西側諸国で大人気の『スーパーマン』と『バットマン』は、アメリカのいわゆる退廃が如実に表れた最悪の実例だ。あのような登場人物や物語を読んだ子供たちは、たがいに敵意を燃やしあい、力ずくで物事を解決する生き方を学ぶだろう。資本主義システムで生き残っていくには、そうした能力が必要なのだ。[2]

一九四八年当時のソ連の反米プロパガンダは、欧米で吹き荒れた反共の嵐と似たり寄ったりで、驚くようなものではない。しかしソ連でふたたび火がついた反ユダヤ主義は、このころには、はるかにたちの悪い動きになっていた。コヴァルがこの憎悪の網からのがれる術はないように思えた。第一次世界大戦後、偏見に満ちた不穏な時代が訪れたころのコヴァルは六歳だった。第二次世界大戦終結から三年を経たこのときのコヴァルは三五歳の誕生日を迎えようとしていた。彼はその後、反ユダヤ主義の波をかぶって傷つくことのないよう、身をかわしながら生きていくことになる。彼がモスクワに戻ったその週に、ソ連政府は戦時中に世界各地のユダヤ人から支持を集めるために創設したユダヤ人反ファシスト委員会なる組織のメンバーほぼ全員を逮捕し、事実上、委員会を閉鎖に追い込んだ。一月には、その委員長を務めていたモスクワ国立イディッシュ劇場の監督〔ソロモン・ミホエルス〕が殺害された。ソヴィエト政府内でも、とくに外交政策や安全保障、赤軍に関わるポストから、ユダヤ人を組織的に排除する動きが進行していた。

おそらくユダヤ人にとって最も大きな打撃となったのは、新聞記事などマスメディアを通じて、たとえば、ユダヤ人は二重帰属の状態にあり、「危機と見れば社会主義の祖国を裏切り、敵方に走りかねない」といった反ユダヤ的な言説が伝えられたことだろう。[3] メディアの助けを借りて、悪質な先入観が復活しようとしていた。たとえば、ユダヤ人はプロの詐欺師で、口がうまく、人を食い物にする才覚を持って生まれてくるのだとか。働くことをきらい、何かにつけて身内びいきをし、兵役逃れをしている者が多いとか。

古くから長きにわたってロシアでくすぶり続けていた反ユダヤ主義が、ナチスのプロパガンダ機関によって焚きつけられ、ソ連の外国人恐怖症、反知性主義の全体主義独裁政体、さらに戦後のソ連経済の低迷を責任転嫁するスケープゴートを求める大衆によって煽られて、ふたたび勢いを増してきた。ある研究者が書いたように、「当局はただ、人々の怒りをユダヤ人に振り向けさえすればよかったのだ」。

コヴァルが帰国したころには、「ユダヤ文化の粛清」とも言うべきものがはじまっていた。ユダヤ人の作家、文芸評論家、俳優、作曲家、芸術家といったユダヤ人知識層のリーダーたちが続々と逮捕された。出版社や文芸誌、各種文化団体の重要な地位にあったユダヤ人が、さまざまな記事のなかでこき下ろされ、反愛国的で「ソヴィエト文化に敵意を」持っていると非難され、当時のソ連で最悪の「世界主義者(コスモポリタン)」というレッテルを貼られた。コスモポリタン——西欧文化の礼賛者、とりわけユダヤ人——を標的にした排斥運動は最高潮に達し、ラジオ、新聞、映画、劇場、科学の講義でも展開されていた。ユダヤ人はスターリン政権の安定を脅かすコスモポリタンと見られたのだった。[4]

一九四八年には、コヴァルの両親や兄イサヤとその妻と四人の子供たち——息子ひとりと娘三人——が暮らすビロビジャンの住民たちもまた、スターリンの鞭の痛みを感じていた。かつては多くの観客でにぎわったイディッシュ劇場もユダヤ人の経営する出版社も、イディッシュ語とヘブライ語の本を所蔵する図書館、ユダヤ人学校、定期刊行物「ビロビジャン」誌もすべてが廃止された。戦後は他地域からの移住者が増えて、少なくとも一万人のユダヤ人が新規に入植した。その多くがエンジニアや医師、農学者、技術者、教育者だった。彼らはほどなく、ユダヤ人——それもとくに知識人——を標的にした全国的な排斥運動の犠牲になった。ユダヤ人自治区に移住してくる人々は、じつはたいていが流刑者だったのだが、プロパガンダは、活気にあふれたイメージを描いてみせて、あたかも地域全体が繁栄を享受しているかのように語り、「そこで暮らすユダヤ人の満ち足りた生活」[5]について、あることないことを書き立てた。

コヴァルがいつ両親や兄と再会したかは明らかではない。弟のガブリエルは一九四三年に赤軍兵士としてドイツと戦い、戦死していた。コヴァルは一九四三年末にニューヨークの総領事館を通じてひそかに届けられたミラの手紙でそのことを知らされていた。一一月に帰国したあと、彼が最初に対面した家族はまちがいなくミラだっただろう。戦時中、ウファの爆弾製造工場で働いた数年を無事に生き延びた彼女は、一九四五年の終わりごろに母親といっしょに、以前住んでいたモスクワのボリシャヤ・オルディンカ通り一四番地のアパートの一号室に戻ってきた。そこはかつてミラの祖父が保有していた屋敷だった。

一九四八年当時のソ連に激しい偏見が渦巻いていたことを考えると、ユダヤ人にルーツを持ち、アメリカで生まれたコヴァルは、GRU内で高い地位に就くことはおろか、ほんのわずかな評価を得ることさえ望めなかっただろう。むろん、戦争中にどんな仕事をしていたかは永遠の秘密だ。彼を利するものは何もないかに見えた。ただ、のちにコヴァル自身も知ったように、ソ連の原子爆弾開発事業だけは別だった。

モスクワに到着してまもなく、コヴァルはGRUから、オークリッジとデイトンでの職務経験をもとにアメリカの原子爆弾について報告書を書くよう命じられた。その文書は最終的には、ソ連の原爆開発計画の責任者であり秘密警察長官であったラヴレンチー・ベリヤのもとへ送られた。報告書には、オークリッジのK－25、Y－12、X－10などの施設の機能に関わる詳細など、一九四四年、一九四五年、一九四六年に、コヴァルのハンドラーを通じてすでにモスクワに届けられていた情報もふくまれた。GRUの歴史家がのちに書いたように、「オークリッジの各区画でおこなわれていたことは逐一、工作員デルマーによってソ連側に知らされていた」のだ。[▼6]

「S課」のパーヴェル・スドプラトフ中将が受け取ったデルマーからの報告は——少なくとも一九四五年末から一九四六年はじめまでに届いたものは——人名をことごとく削除したうえで、ソヴィエト連邦国家保安委員会第一総局科学技術評議会(ウラン問題特別委員会とも呼ばれていた)に転送されて、そこから原爆開発に携わる専門家に届けられた。このプロジェクトの科学主任、イーゴリ・クルチャトフも、情報源の名は知らないままに、これを読んだ。ロシアの歴史家が指摘したように、クルチャトフはコヴァルの報告書を参考にしてソ連の原爆開発計画の方向性を考えた。なかでも、インプロージョン式爆弾内のプルトニウムの核分裂を研究する方針を決めることができたのは大きかった。のちにコヴァルの功績は主としてプルトニウムに関する詳細を伝えたことだとされたが、オークリッジでのプルトニウム製造に関する報告では、ロスアラモス研究所の核物理学者クラウス・フックスがすでにモスクワに提供した情報、それもとくにアメリカがインプロージョン方式の爆弾で使う予定だったプルトニウムの量に関わる情報が正しかったことが確認された。こうして確証を得たことで、クルチャトフは、開発を妨害するため偽情報をつかまされたのではないかという疑いを払拭して、最良の戦略を立てて推し進めることができた。

コヴァルの一九四九年の報告書は一〇〇ページ以上におよび、GRUはそのうちの三九ページを選んでソヴィエト連邦閣僚会議内のある特別委員会に送付した。一九四九年三月一日、それはさらにベリヤに転送された。ベリヤはオークリッジのX－10施設の見取り図が添付された文書を受けとった。それは「オークリッジ原子力センター」と題した報告一八ページ、「デイトンにおけるポロニウム製造過程」四ページ、「オークリッジの各工場とデイトンのポロニウム生成工場における安全技術」八ページ、「オークリッジの各施設における労働環境と安全対策」九ページから構成されていた。[7]

三月四日金曜日、ベリヤはこの報告書を「最高機密」に指定し、クルチャトフら原爆開発事業を指揮するリーダーたちに送った。この文書の第一ページはカバーページになっていて、「この資料を精読し……利用方法を考えたうえ、各自、結論と具体的な提案事項を報告すること」と指示が書かれていた。[8] ソヴィエト連邦閣僚会議第一総局長B・L・ヴァンニコフは病床にあったが、ベリヤはヴァンニコフの代行を務めていたM・G・ペルヴーヒンに報告書を必ずヴァンニコフに送るようにと指示し、「病気だからといって、彼からこの一件に精通する機会を奪う口実にはならない」[9]と述べた。

ベリヤはまた、みずからの側近ニコライ・サジキン中将にも報告書の一部を見せた。サジキンは、一九四四年から一九四六年までスドプラトフが「S課」の課長だったころ――つまり、工作員デルマーからの報告書が順次届いていた時期――に課長代理を務めていた。ひょっとすると、一九四九年にベリヤから報告書の一部を見せられたときには、見覚えがあることに気づき、情報提供者のことも思い出したかもしれない。報告書は匿名にしたうえでクルチャトフに送られたが、最初に「S課」に届いた時点でサジキンがデルマーの名を目にしていた可能性もある。

一九四九年三月には、ソヴィエト連邦の原爆開発事業も六年目に入っていた。この計画がはじまったのは、一九四三年、クルチャトフが新規設立された研究所で熱意ある若い科学者のチームを作り、原子爆弾の開発に取り組むことを命じられたときだった。ほどなく、彼は五〇人の科学者を集めたが、マンハッタン計画に比べれば小規模な集団だった。ロスアラモス研究所では一九四三年だけでも五〇〇〇人が研究に取り組んでいた。一九四四年末には、クルチャトフの指揮下の科学者は二倍に増えた[10]が、劇的な進展があったのは、アメリカが広島と長崎に原爆を投下したあとのことだ。怒ったスターリンがベリヤにプロジェクト全体の総指揮をまかせ、クルチャトフを研究責任者に据え置いて、全力で研究を加速させるよう命じた。一九四六年一〇月、ソ連は初の原子炉を建設し、一九四八年六月には初の核連鎖反応を起こさせることに成功した。

一九四八年二月にはソヴィエト連邦閣僚会議が、最初の原爆実験に向けて、一九四九年三月一日までに必要量のプロトニウムを生産することを命じていた。つまり、コヴァルがGRUに提出する報告書を書いた時期には、原爆開発計画をめぐって政治的な緊張が高まっていたのだ。あるロシア人の著述家は「雷雨のにおいがするような」雰囲気だったと書いている[11]。そのなかでベリヤとクルチャトフは、なるべく自分が責任を問われないように言葉を選びつつ、指定の期限に間に合わないことをスターリンに説明しなければばならなかった。開発が遅れている原因は、諜報活動が不十分だったからか。それとも科学者の落ち度か。

ベリヤにとっては慎重を要する状況だった。原子爆弾が完成に近づいたいま、順調に開発を進めるためには、クルチャトフの存在が不可欠であることはよくわかっていた。そこで彼は、クルチャトフを中傷することなく、諜報責任者としての自分の価値に注意を惹く方法を工夫した。西側で原爆関連情報を集めてソ連の科学者に提供したことがいかに重要であったかを示すため、ベリヤはコヴァルの報告書を使うことにした。確かに、三月に書かれたこの報告書を読めば、ソ連の諜報活動により、時間の節約にもつながるきわめて重要な情報が得られたことがわかる。たとえば、ポロニウムの生成には、ごく微量しか生産できない二酸化鉛よりも、ビスマスを使ったほうが効率がよいといった情報だ。それをスターリンに説明すれば、三月一日のデッドラインを守れないのは、諜報活動のせいではないことが証明できるはずだ。

また、ベリヤにとってコヴァルの報告書は、クルチャトフに対し「一九四五年、一九四六年にコヴァルが送ってきた情報がいかにこの事業にとって重要であったか」を改めて強調する手段にもなった。ある研究者は、ベリヤが工場にコヴァルを入れて、クルチャトフの仕事ぶりを評価させようとした可能性があるとみていた。その工場ではオークリッジにひけをとらない原子炉を使ってプルトニウムを生産していることになっていた。そのようなたくらみを明かされたら、コヴァルとしてはことわれなかっただろう。クルチャトフもまた、コヴァルを採用せざるをえなかっただろうが、自分の研究チームの人員を増やす必要を感じたかどうかは疑問だ。それにソ連のスパイ活動に従事した記録があるとはいえ、アメリカ生まれの科学者がスターリンの信頼なり承認なりを得られたとは考えにくい。

それでもベリヤは会合を開くことにし、コヴァルと三月一日付の報告書を読んだ原爆責任者のうち六名に招集をかけた。目的は、コヴァルの素性を隠したままで、有益な情報を共有することだった。原爆プロジェクトの首脳陣とも言うべき六人のリーダーたちがひとつの部屋に集まり、コヴァルはひとりで別室に入った。壁を隔てて姿の見えない場所で、コヴァルは専門家たちからの質問が書かれた紙を渡され、そのひとつひとつに答えていった。[12]

このころのコヴァルは、プロとしてのリスクとロジックを天秤にかけてうまく生き延びる術を心得ていた。ベリヤの指示を受けて極秘の任務をこなす危険性は承知していたはずだ。また、科学者としてはクルチャトフを裏切りたくはなかっただろう。しかし結局、クルチャトフはコヴァルを採用したいとは言い出さず、ベリヤはコヴァルを解放した。

それからは、「ジョルジュ〔Zhorzh〕・アブラモヴィチ・コヴァル」がアメリカへの「出張」で成し遂げたことは、彼の晩年まで秘密にされていた。事実が少しでも漏洩すれば、アメリカの諜報機関が復讐に乗り出してくるかもしれない。さらに、コヴァルがアメリカ生まれであることがソ連で知られれば、彼も家族も裏切り者と非難される恐れがあった。反ユダヤ主義の高まりから、GRUでは彼を雇ってくれず、求職活動をしようにも、履歴書でも採用面接でも、GRUで立てた手柄にはいっさい触れるわけにはいかなかった。

一九四九年七月、コヴァルは未熟なライフル銃兵として赤軍から徴集を解除された。勲章もいっさい授与されなかった。赤軍に一〇年近く在籍しながら、まったく昇進せずに一兵卒のままで終わったのでは、戦後のモスクワで確固たる地歩を築くのはむずかしかった。コヴァルは文無しも同然だったが、見方を変えれば希望も持てた。両親は健在だったし、ミラも待っていてくれた。それに、生涯いだき続けた科学と勉学への情熱も失っていなかった。彼はできるだけ目立たないように暮らしながら、メンデレーエフに戻り、博士号取得をめざして化学を専攻することにした。

一九四九年の八月二九日、カザフ共和国〔現在のカザフスタン〕北東部の町セミパラチンスクの西に広がる草原で、ソ連は「第一の稲妻（ペルヴァヤ・モルニヤ）」と名付けた初の原子爆弾の爆発実験に成功した。アメリカではこの爆弾を、スターリンのファーストネーム〔Joseph〕にちなんで「ジョー・ワン〔Joe-One〕」と呼んだ。それは、四年前にアメリカがトリニティ実験で、ポロニウムとベリリウムを組み合わせたイニシエーターによって爆発させたプルトニウム爆弾とそっくりだった。

アメリカでは誰もが信じがたい思いでこのニュースを受けとめた。広島からたった四年で？ そんなはずはない。諜報・軍事分野の専門家が何度となく公の場で、ソ連がアメリカに追いつくには五年から一〇年はかかると明言してきたではないか。一九四五年八月から翌年の八月までのあいだに、こうした予測を伝える記事が何十本も書かれていた。一九四七年一一月には、ニューヨークタイムズの記者で名高い軍事ジャーナリスト、ハンソン・ボールドウィンが「ソ連は原子爆弾を保有しているか――その可能性は薄い」と題した記事を書いた。「開発には数年かかるとの見方がアメリカでは優勢」というサブタイトルもついていた。ボールドウィンの判断は「責任ある政府当局者[13]」の見解にもとづいていたという。

あれから二年も経っていない。アメリカのルイス・ジョンソン国防長官は、ソ連が突如として兵器開発競争に加わった事実を受け入れられず、情報提供者が核爆弾の音を聞いたというが、実際は原子炉が爆発した音だったにちがいないと主張した。こうした疑問の声を受け、原子力委員会は専門家を集めて何が起きたのか調査することにした。調査委員会のリーダーには、かつてルーズヴェルト大統領の科学顧問を務めたヴァネヴァー・ブッシュが選ばれた。のちにアメリカ国立科学財団を創設した人物だ。委員には、マンハッタン計画を主導したロバート・オッペンハイマーやイギリスの原爆開発計画の責任者も加わった[14]。彼らはすぐにソ連がほんとうに原子爆弾を爆発させたという結論に達した。しかしトルーマン大統領もジョンソン国防長官も信じず、一九四九年九月二三日までは国民に知らせなかった。

発表後もなお懐疑論は根強かった。ニューヨークタイムズによれば、元駐ソ・アメリカ大使のウォルター・ベデル・スミス将軍も、ソ連が原爆開発競争でアメリカの水準に到達するのは早くても一〇年以上先だろうと述べた。アメリカの専門技術や産業技術は「ソ連の最高峰でさえ遠くおよばない」レベルにあるからだという。[15] しかしこれに対し、著名なアメリカ人科学者の一団が同紙に意見書を寄せた。「下記に署名したわれわれは、原子爆弾の大規模生産にともなう諸問題を承知しています。残念ながら、ニューヨークタイムズに引用されたベデル・スミス将軍の上記の発言はまったく根拠がないと言わざるをえません」[16]

アメリカの科学者たちは、一九三〇年代にソ連の多くの物理学者が、核分裂反応に関する国際的な研究に重要な貢献をし、のちにノーベル賞を受賞したことを知っていた。イーゴリ・クルチャトフが一九三七年にソ連で――そしてヨーロッパで――初のサイクロトロンを完成させたことも承知していた。それはバークレーでアーネスト・O・ローレンスが原子炉を建設し、一九三二年に特許をとったあとのことだった。

しかしソ連の科学者たちは、核エネルギー開発に不可欠な理論的な知識には強かったものの、そうした知識を実地の原子爆弾製造に応用する力が不足していた。理論的な力と技術力のギャップを埋めたのは、イギリス、カナダ、アメリカで展開された諜報活動だった。戦争中、ソ連は原爆の機密を密かに手に入れた結果、無駄な実験を繰り返さずにすみ、大幅に時間を節約することができたのだ。クルチャトフは後年、「プロジェクト成功の五〇パーセント」はソ連の諜報活動によってもたらされたものだと述べた。[17] 予想より早く一九四九年に原爆実験に成功したのは、ソ連の並外れた科学力に、西側にめぐらされたスパイ網を通じて獲得した情報が加わったからにちがいない。

トルーマンが事実を公にし、アメリカのほかにも核保有国が現れたという心穏やかではいられない現実が明らかになると、その後の数カ月はお決まりの責任のなすりつけ合いが続いた。一九四五年のスマイス報告も槍玉にあがった。[18] グローヴズ将軍は軍関係者をふくむ読者に「しっかりと議論してもらえるよう、十分に機密の保護と〔スパイ行為への〕防護をはかり、十分な情報を」バランスよく提供したと言明していたが、批判派は、この報告書のせいで、ソ連側に原爆の製造を加速できるだけの情報を与えてしまったと非難した。[19]

だがFBIのエドガー・フーヴァー長官は、それは戦時中にアメリカ国内で展開されたソ連による原爆スパイのせいだと断定し、これを「世紀の犯罪」と呼んだ。[20] そして、その四年後、フーヴァーの犯罪者リストにジョージ・コヴァルの名が付け加えられることになった。

第15章　パリからのはがき

J・エドガー・フーヴァーは一九五二年八月号の「リーダーズ・ダイジェスト」誌に、「アメリカにおける赤いスパイ組織の元締め」と題した記事を書き、アメリカの人々に「現在FBIは、ソ連のスパイ活動の脅威から米国を守るという最も重要な職務に力を注いでいる」と伝えた。「この任務は多大な時間とマンパワーを要する。あらゆる会議を網羅し、新たなエージェントの身元を調べ出し、こちらへの情報提供者も確保しなくてはならない。ソ連のスパイは狡猾で粘り強く、細心の注意を払って任務にのぞむ。FBIはさらにその上をいかなくてはならない」▼1

その四カ月前、狡猾で粘り強く、細心の注意を払って任務にのぞんだ数多くのFBI捜査官たちは、「ファラデー」というスパイが、マンハッタンで電気店を営む電気技師ベンジャミン・ウィリアム・ラッセン――またの名をラソフ――であることを突き止めた。一九五二年三月二〇日に提出されたFBIニューヨーク支局の報告書によれば、当局はすでに「赤軍情報総局が数年前からニューヨーク市に拠点を設け、ファラデーという コードネームの男をリーダーとする違法なネットワークを活動させていた」事実をつかんでいた。このほど、筆跡鑑定、経歴に関わる資料や旅行のタイムライン、パスポート申請書類、船の積荷目録、銀行口座の出入金記録などの調査と聞き込み捜査の結果、ラッセンがファラデーであると断定するにいたったという。「それを否定するものはいっさい出てこない」[2]。この報告書には「最高機密」に類するメモが多くふくまれていた。そこには、たとえばラッセンの銀行口座の利用明細を調査したところ、ブロードウェイ貯蓄銀行から定期的に委託料が振り込まれていたことがわかったと書かれている。また、彼がほかにも多くの銀行にレイヴン電気商会名義で口座を開設していたこと、これらの口座を調べると、比較的小規模な商いをしている会社にしては、不自然なほど多額の金が預けられたり引き出されたりしていたことも判明したという。

一九五二年一月末、そうしたメモのひとつがワシントンからニューヨーク支局に送られた。「極秘」とスタンプが押されたその文書には、フーヴァーが一九五一年四月九日付の手紙に書いたとおり、FBIが「ラッセンの経歴とファラデーの主要な経歴情報のあいだに複数の一致点がある」との結論を下したことが書かれていた。[3] 膨大な量の情報を集め、明らかになった時間経過に沿ってデータをつなぎ合わせていくうちに、次第に証拠が積み上がっていった。彼らは目撃証人からも話を聞いた。ラッセンがジェイコブ・ゴロスのような有名なスパイと会っていたときのことを覚えていた証人は、彼がくぐもった声で戦前はソ連のスパイとしてポーランドとハンガリーで活動していたと話すのを耳にしていた。また、ラッセンが頻繁に銀行間を行き来していたこと、ロソフやロセフ、ラセフなど多くの別名を使っていたことも記憶していた。

レイヴン電気商会の元従業員のひとりは、ラッセンから、自分は株で儲けていると聞いていた。その男はラッセンが銀行から金を持ち帰る手伝いをしたときのことを覚えていた。「わたしたちは銀行の建物に入り、エレベーターで一六階にあがりました。そこでラッセンが通帳を見せ、必要な金を受け取りました。ラッセンは銀行にはいつでも必といっても、わたしを窓口まで連れていくようなことはしませんでした。

要なだけの金が預けてあるが、口座は遠いところに開設していると言っていました。わたしが従業員の給料や業務用の資金には地元の銀行を使ってはどうかと言うと、ラッセンはその日のうちに二八丁目とブロードウェイの角にある銀行に新しく口座を開きました。持っていた口座は少なくとも一〇を超えていたと思います」[4]

一九五二年一月のフーヴァーのメモには、「一九四三年にふたりの売春婦がラッセンの札入れに暗号文とみられる紙切れ」と現金一万ドルが入っているのを見つけたことが簡潔に書かれていた。「ラッセンは自分の金ではないときっぱり否定した」という。メモはニューヨーク支局に対し、ガートルード・ラッセンとベンジャミン・ラッセンのふたりに関する身上調査の内容を精査し、「ただちにふたりの所在を明らかにするため、捜索を開始せよ」と指示していた。[5] そして最後にはFBIの全支局に対し、メモを受け取ってから一四日以内に、この件についての報告書を提出し、その後も「本局から中止の指示があるまで」一四日ごとに報告を続けることを命じた。二カ月後、フーヴァーはまたもや新たなメモをニューヨーク支局に送り、「至急〔ラッセンの〕所在を確認せよ」と指示した。[6] しかしラッセンは見つからなかった。

一九五二年四月四日、CIAが正式に捜査に加わり、ドイツ、イギリス、フランスの連絡員の手を借り、捜索の範囲を海外に広げはじめた。この対応は当を得ていた。なぜならラッセンは一九五〇年一二月にフランスのル・アーヴルに行っていたからだ。そこから汽車でパリに移動し、左岸にあるデ・ロンドラ・ホテルに投宿して、少なくともそこに一カ月滞在したらしいことがわかっていた。

一九五一年のはじめ、ラッセンはスパイ仲間のしきたりに従ってパリから二枚のはがきをアメリカに送った。[7] 一通は五番街五二五番地の「パイン・ケンドル&ホリスター」社宛てで、個人名は書かれていなかった。そこはジェイコブ・アロノフの法律事務所があった場所だ。彼は一九三〇年代末にアーサー・アダムズをソ連からカナダ経由でアメリカに再入国させる方策を考え出した弁護士で、米国共産党の法律関係の仕事を引き受けていた。その事務所から通りをはさんで真向かいには、アーサー・アダムズが隠れ蓑として働いていたキーノート・レコーディング社の経営者エリック・バーネイの事務所があった。
もう一通のはがきはニュージャージー州に住む友人に送られた。注記によれば、ラッセンとは一九二八年にパリで知り合って以来のつきあいだったらしい。FBIはのちに、はがきの宛名には「クライダー〔Clyder〕」とのみ書かれていたことを明かした。末尾の「r」がじつは文字ではなく、単にペンが滑って加わった線にすぎないとすれば、はがきの受取人は「クライド」だったかもしれない。ニュージャージーのその住所に住んでいた男性の名は「カール・ハイダー〔Carl Hyder〕」だった。
ラッセンがパリに着いたころには、彼の息子シーモアがすでにその年の夏から現地で暮らしていた。シーモアは一九五〇年六月にマサチューセッツ工科大学（MIT）の電気工学科を卒業した。学生時代は、ユース・フォー・ウォレス〔Youth For Wallace　一九四八年の大統領選に出馬した容共派のヘンリー・ウォレス元副大統領を支持した青年組織〕と米国青年進歩党〔Young Progressives of America　ウォレスを支持した進歩党の青年組織〕のメンバーとして熱心に活動していた。のちにFBIが出した報告書には、シーモアが一九五〇年秋にパリ大学で科学のコースをとっていたと書かれている。父と再会してからおよそ三カ月後、母のガートルードも一九五一年四月六日にニューヨーク港を発ち、シェルブール経由でパリへやってきた。ガートルードは到着するとすぐ、マンハッタンのナッソー通りに偽装店舗を構えていた宝石商ベンジャミン・ロセフに宛てて、エッフェル塔の写真が印刷された絵はがきを送った。シーモア、ガートルード、ベンジャミンの署名が入っていた。▼8
ラッセンがアメリカにいる知人に最後に連絡をとったのは、一九五一年一二月のことだ。彼はパリからMIT時代の元同級生にクリスマスカードを送った。受取人のフィリップ・アルジャーは、のちにFBIに、「何年も昔、ラッセンがポーランドでGE社の代理店をはじめたがっていたときに、インターナショナルGE社の幹部に紹介してやったことがある」と語った。[9]

ガートルードは夫がパリへ旅立ったあと、数カ月ニューヨークにとどまって、レイヴン電気商会の財務処理にあたった。レイヴンの破産にともなう事務手続きが中心だったが、ラッセンの活動に関係していた多数の銀行口座を解約して資金を回収する役目も果たし、口座開設の履歴を可能なかぎり消し去ろうとした。そのほか、ラッセンが買い込んでいたアメリカ陸軍の放出品を売り払った。ほとんどは地図かナップサックだったが、少なくとも一台の車もふくまれていた。[10]

しかしそれから一年ほどのち、FBIがレイヴン電気商会の債権者の弁護士を通じて、会社の財務や従業員に関わる書類の調査に乗り出したころには、すでにガートルードはニューヨークを離れていた。調査対象になった書類には、一九四二年から一九五〇年末までのあいだに、レイヴン電気商会に勤務していた者、あるいは同社と取引をしていた者の名前のリストもふくまれていた。全数百ページにおよぶ帳簿と数冊の「電話連絡帳(テレフォン・ダイアリー)」もあった。

これを受け、一九五二年春の終わりごろフーヴァー長官から、なんとしてもラッセンをさがし出せという指示が飛び、FBIはラッセンもしくはファラデーの「関係者」とみられる人物のリストを新たに作成した。アーサー・アダムズもそのひとりだったが、ジョージ・コヴァルの名はあがっていなかった。やがてレイヴン電気商会の従業員名簿と、政府機関やマンハッタン計画関連施設に勤務した職員の名簿を照合する作業がおこなわれ、ここではじめてコヴァルの名が浮上した。いつ判明したのか正確な時期は明らかではないが、一九五四年七月一九日にFBIニューヨーク支局が報告書を提出し、「ジョージ・コヴァルの所在と現在の勤務先を突き止める」ため、全力で捜査にあたれとの指令が出されて、捜索がはじまった。[11]

コヴァルが出国してから六年近くが経っていた。

一九五四年の夏には、コヴァルが所属していたニューヨークの組織のスパイの追跡、逮捕、裁判、判決が終わっていた。ジェイコブ・ゴロスに採用され、クラウス・フックスなどロスアラモス研究所のスパイ数名の連絡員をしていたハリー・ゴールドは、懲役三〇年の判決を受け、そのころにはすでに四年目の刑期を務めていた。フックスはイギリスで捕まって懲役一四年に処せられ、やはり四年が経っていた。同じくソ連のスパイだったデイヴィッド・グリーングラス（ロスアラモスに勤務していた機械工）も、ゴールドが提供した証拠をもとに逮捕され、一五年の刑期のうち、すでに三年を獄中で過ごしていた。グリーングラスの自白をもとに、姉のエセルとその夫ジュリアス・ローゼンバーグが一九五一年に有罪判決を受けた。ふたりは控訴したが一九五二年に棄却され、一九五三年六月一九日に処刑されて悲劇的な最期を迎えた。アルジャー・ヒスは一九五〇年に偽証罪に問われて有罪が確定し、服役していたが、一九五四年の一一月には釈放されることになった。

そしていまや新たな容疑者、ジョージ・アブラモヴィチ・コヴァルに関心が集まった。彼はＦＢＩのニューヨーク支局では６５－１６７５６番、ワシントンＤＣの本部では６５－６２９１１番と呼ばれることになった。全国で展開された捜索には、ニューヨーク、ワシントンＤＣ、ニューアーク、ボストン、ボルチモア、フィラデルフィア、バッファロー、シンシナティ、シカゴ、セントルイス、カンザスシティ、オマハ、ニューオーリンズ、ヒューストン、マイアミ、フェニックス、サンフランシスコ、ロサンゼルスの各支局から、少なくとも三〇人以上の捜査官が参加した。やがて何年もわからなかった足跡を知る手がかりを求め、ＣＩＡを通じてフランスやロシアなど海外にも捜査の範囲を広げることになる。

捜査はまず、広範にわたる記録をあたるところからはじまった。復員軍人援護局（現在の退役軍人省）の書類や、原子力委員会に保管されていたマンハッタン計画の保安関係書類、国務省のパスポート関係の文書など、膨大な記録が調査された。ほどなくＦＢＩはコヴァルが公式文書や申請書などで身元の照会先にしていた人々の所在を突き止め、聞き取り調査をおこなうことにした。このリストには、ハービー・サンドバーグ、ティリー・シルヴァー、CCNYのハリー・ハンスタイン教授とハロルド・ウルフ教授、宝石商ベンジャミン・ロセフの姉妹のひとりサラ・ローズなどの名前があった。ローズはコヴァルなどという人は知らないと答え、なぜ面識のない人が自分の名を照会先に使ったのか見当がつかないと言った。

捜査開始から一年のあいだに、FBIはコヴァルの過去をさらに詳しく調べ、職歴を明らかにしていった。アトラス商会について徹底的に調査し、CCNYの同窓会やほかのクラブの加入状況を確認した。スーシティでの逮捕歴、オークリッジの同僚、家族についても調べあげた。スーシティとロサンゼルスに暮らすコヴァルのいとこやおじ、おばは、その後、連邦捜査官と多くの時間をともに過ごすことになり、しばしば何度も同じ質問をされ、最後には必ず「ジョージはいまどこにいるのですか」ときかれるはめになった。いつも無意味なことしか答えられなかった。「知りません」「もう何年も会っておらず、音信不通です」「一九三二年にここを出ていきました。それから一度も会っていません」「一九四六年にニューヨークの街角で見かけたことがあります。どこか宙をにらんでいました。姿を見たのはそれが最後です[12]」

CCNYの同級生やオークリッジの同僚たちからの聞き取りは、フーヴァーを悩ませていたと思われる疑問の答えをさがす捜査でもあった。赤軍で訓練を受けたスパイがいったいどうやってアメリカの完璧な機密情報取扱資格を取得し、国が極秘裏にオークリッジに設けた原子爆弾関連施設にもぐり込むことができたのか。FBIがどれほど多くの情報を集めても、この疑問には答えられなかったのだ。

しかしフーヴァーは、コヴァルの捜査がはじまる二年前の一九五二年、「リーダーズ・ダイジェスト」誌の記事のなかで、みずからの疑問に答えていたかもしれない。それは誰もが考えつくようなことだった。「アメリカに住むエージェントひとりがスパイ組織の活動全体の〝主役〟なのかもしれない……個性を消すのは標準的な手法だ[13]」

ソヴィエト・スパイ網の陰謀を詳しく分析するなかで、フーヴァーは読者にスパイ術の基本について簡単に説明している。「仮に彼らが火曜日の午後七時半に五番街と一五丁目の角で会う約束をしていたとする。これが果たせなければ、自動的に予定が一週間後に延期され、場所も六番街と一六丁目の角に変更される。それもできなければ、さらに一週間後、七番街と一七丁目の角で会うことになる。時刻も同じように、一時間ずつ遅らせるのだ」。そして予期せぬ緊急事態に陥って、居所のわからないソヴィエト人のボスに連絡をとる必要が生じたときにも「不測の事態にとるべき対策があらかじめ決められている。たとえばあるスパイが地元の新聞に次のような広告を出すよう指示されたとする。『生化学者、三三歳。企業か研究所への就職希望。主たる関心は職務内容にあり』。ソヴィエト人のボスは毎日その新聞に目を通すので、スパイが緊急に会いたがっていることを知る。時刻と場所もすでに決めてあるのだ」

しかしフーヴァーと「狡猾で粘り強く、細心の注意を払って任務にのぞむ」捜査官たちは、コヴァルを捕まえるための情報を十分に集められずにいた。尻尾をつかんだと思ったもののまちがっていたこともあった。たとえば一九五四年八月、捜査官らはブロンクス区の電話帳に名前が掲載されていた唯一の「ジョージ・コヴァル」を訪ねていった。FBIが正式に捜査をはじめて二週間ほどが過ぎたころだ。そのジョージ・コヴァルはブロンクス区に住んでいて、CCNYで学んだこともあったが、受講したコースは電気工学でも化学でもなく経済学で、しかも通ったのは一九三五年だった。そのコヴァル氏はレイヴン電気商会に勤務したことはなく、米国陸軍の退役軍人でもなかった。一九五四年にはじめて聞き取り調査に応じたときには、マンハッタンの東一一九丁目、二番街と三番街のあいだに拠点を置く第三五消防ポンプ車部隊の消防士として働いていた。彼は捜査官に、ここ数年——たぶん一九四九年ごろから——よく別人とまちがえられるようになったと話した。なぜなのかはわからない。とくに一九四九年には「たくさんの女性が電話をかけてきたので、その男がアメリカ国内のいろいろな町でそうした女たちと会っていたことがうかがえた」という。消防士の妻も電話を受け、何人かと話をしていた。このうちふたりは彼が

「海軍の軍服みたいな服を着ていた」と言ったらしい。妻とその女性たちは、きっと「もうひとりのジョージ・コヴァル」は一九四〇年代に商船の船員として働いていたのだろうと推測したという。[14]

あるとき、この消防士の妻が捜査官に、アルバカーキーで「ジョージ」に会ったという女性の話をした。夫が言葉を挟み、最初はこれが問題になったと言った。なぜなら彼はその女がコヴァルに会ったという時期にたまたま自分も町を離れていたからだ。彼はまた、一九四九年には購読を申し込んだ覚えのない電気工学会の機関誌や左派系週刊誌「ナショナル・ガーディアン」が送られてくるようになったことも話した。

数カ月後、捜査官がふたたび消防士夫妻に会いにいくと、ふたりは、最初の聞き取り調査のときに忘れていたことを話してくれた。それは一九五〇年か五一年か五二年の春、「ニューヨーク・ジャーナル＝アメリカン」紙に掲載された宝くじの当選者のひとりに「ジョージ・コヴァル」の名があったことだ。夫婦はくじを買っていなかったので賞金を要求しようとは思わなかった。捜査官はふたりには言わなかったようだが、これは元の同志が行方不明のスパイをさがすために掲載した暗号メッセージだった可能性がある。

一九五五年一月、フーヴァー長官はニューヨーク支局に宛てて、最近のコヴァルに関する捜査報告書中の文法の誤りや事実関係の間違いを指摘し叱責するメモを送った。彼は不注意を戒め、さらなる捜査の進展を望んだ。「この捜査はきわめて重要である。かなりの手がかりも得られていて、諸君の関心と独創性が問われている」[15]。二カ月後、捜査官たちは、アイオワ州ウッドベリー郡の保安官事務所で一九三一年にコヴァルが逮捕されたときの記録を見つけ、その原因となった貧困対策事務所への抗議活動を伝えた一九三一年九月の「スーシティ・ジャーナル」紙の記事を発見した。

その年の六月、フーヴァーは捜索範囲をフランスに広げ、パリのアメリカ大使館にコヴァルの捜査に関する報告書を添付したメモを送って、一九四八年に彼がル・アーヴルに到着したときのフランス側の記録と、彼がフランスから出国したことを裏付ける証拠をさがすよう求めた。彼はまた、コヴァルがフランスで接触した可能性のある人物とその所在も知りたいと伝えた。
その同じ年、FBIはレイヴン電気商会の銀行口座を詳しく調べた。フーヴァーはおそらくまた檄を飛ばすため、ニューヨーク支局にメモを送り、捜査に役立ちそうな新しい情報を提供した。「一九四五年五月二五日、ラッセンがレイヴン電気商会の社員でニュージャージー州ラザフォード市リッジ通り七一番地在住のW・A・ローズに宛てて『メキシコの双子の販売』に関する手紙を送っていた」ことがわかったというのだ。一週間後、「双子〔twins〕」ではなく「撚り糸〔twine〕」と読むべきだったとの修正が届いた。メモには「暗号だ」と書いてあった。[16]
しかし捜査が最も進展するのは一九五六年のことだ。何十本もの調査報告書が提出され、一〇〇人近い個人から、しばしば複数回の聞き取り調査がおこなわれた。それはCIAが捜査に加わった年だった。五月にフーヴァーがCIA長官アレン・ダレスに送った協力を要請するメモにはこう書かれていた。「すでにご承知のとおり、われわれはジョージ・コヴァルなる人物の所在確認に多大な関心を寄せております……」。[17]その年にはまた、FBIの膨大な指紋ファイルのコヴァルの項に「フラッシュメッセージ」をつけ、国内のどこかで一致する指紋が見つかった場合は「至急」本部に連絡するよう指示した。[18]
この年一月はじめにおこなわれた最初の聞き取り調査の対象となったのは、コヴァルが特別工兵分遣隊（SED）に配属されていたころの同僚、アーノルド・クラミッシュだった。彼は当時はワシントンDCに住み、ランド研究所に物理学上級研究員として勤務していた。クラミッシュはCCNYの陸軍特別訓練課程（ASTP）でもコヴァルの級友で、彼よりは短い期間だったが、オークリッジに配属されていたことがあった。クラミッシュは捜査官に、CCNYでもオークリッジでも、コヴァルと「とても親しくしていた」と語った。コヴァルはASTPのなかでは最年長の隊員で、「酒に強くて女好きで、どの隊員よりもニューヨークをよく知っていた」。[19]コヴァルが政治的な議論に加わっている姿を見たことはなく、彼のアメリカへの忠誠心に疑問を感じたこともなかった。最後に会ったのは一九四六年、ブロンクス区ヴァレンタイン街のアパートを訪ねたときだったという。

同じ年、これもオークリッジ時代の同僚だったシーモア・ブロックも聞き取り調査に応じた。彼は、保安問題に関するコヴァルの報告書がソ連に渡った可能性にはじめて言及した人物だ。一九五六年当時、ブロックはリヴァモアにあるカリフォルニア大学放射線研究所に勤務していた。オークリッジでは、保健物理部に配属されていた。ブロックとコヴァルは、保健物理部の通常業務として特定の機密情報に触れていた。たとえば、プルトニウムが生成される理由、生成方法、出荷先、ワシントン州ハンフォードの巨大な原子炉についてわかっていることなどだ。保健物理学的データは機密とされていて、部内で働く者はみな、オークリッジが原子爆弾製造プロジェクトに関係していることを知っていたという。

ブロックは最後に、コヴァルが放射線モニタリング技術や放射線耐性、放射線計測について知っていた事柄の有用性についても語った。保健物理学は、直接には原爆の開発に貢献しなかったが、プロジェクトの成功にとっては「きわめて重要」だったという。技術者や科学者を被曝によって失うことは、計画のどの段階でも致命的なリスクとなる。とくに爆発試験をする段階が近づくにつれ、十分な知識を持った代わりの専門家を見つけることがむずかしくなってくる。

アメリカの原子爆弾は「保健物理学上の問題点とその解決策が最初からわかっていればもっと早く完成していたと思います」とブロックは言った。「もしソ連がわれわれの保健物理学プログラムに関わる情報を入手していれば、原子爆弾の開発はかなり加速したことでしょう」。コヴァルは「放射線による大気汚染」に関するみごとな研究成果を論文にまとめて発表さえしていた。ブロックはあれが「たいそう役に立った」可能性があると述べた。[20]

しかしその年に数えきれないほど多くの情報を提供してくれたのは、ジーン・モルデツキー（旧姓フィンクルスタイン）だった。[21]捜査官らは、一九五六年四月、ハービー・サンドバーグに初のインタビューをおこなった際に、彼からジーンのことを聞かされた。ジーンは四年前に結婚し、夫のアレクサンダー・モルデツキーとともにカリフォルニア州ロサンゼルス市郊外のラ・ヴァーン市に住んでいた。二月と五月、一〇月に長いインタビューを合計五回以上おこない、捜査官らは数々の質問をしてジーンの記憶を呼び覚まし、おそらく彼女が忘れようとしていた男のプロフィールを浮き彫りにしていった。自分にはなんの罪もないことがわかってくると、ジーンは好奇心に駆られたらしく、できるだけ多くのことを思い出して捜査に協力した。

ジーンは、兄のレオナード・フィールド――フィンクルスタインから改姓していた――にコヴァルを紹介されたボウリング場のことや彼がウォルト・ホイットマンの熱烈なファンと知って驚いたことを話した。彼が野球をこよなく愛していたこと、ボストンにテニス仲間がいたこと、カンザスシティとワシントンDCに行ったこと、コロンビア大学動物学科に友人がいたことなど、次々に語った。ひとつの話をすると、ふいに別の記憶がよみがえり、さらにまた別のことを思い出す。ジーンはある捜査官に、コヴァルが米国電気工学優等学生協会の活動に打ち込んでいたことと、その会員たちが彼の居所を知ろうとして、会報で情報提供を呼びかけたことを話した。あれは確か一九四九年のことだったという。コヴァルがジーンの知らない女性といっしょに写っている写真も持っていたが、コヴァルからは一九四七年の夏に撮ったものだと聞いていた。ジーンはその写真を捜査官に提供した。そこには、晴れた日の公園でコヴァルと美しい若い娘が身を寄せ合って座り、微笑んでいる姿が写っていた。ハービー・サンドバーグはのちに彼女の正体を明かし、一九四七年にハービーのアパートで開かれたパーティーでふたりが出会ったことを証言した。FBIは後日その女性から話を聞き、コヴァルとデートをしたことのある女性をすべてさがしだそうとした。

ジーンが捜査官にコヴァルの現在の居所や、ＦＢＩがこのような捜索をはじめた理由を尋ねた証拠はない。しかし彼女は自分が答えたこと、答えられなかったことのひとつひとつについて、数多くの疑問をいだいていたにちがいない。ジーンはコヴァルのボストンのテニス仲間の名前を知らなかったし、ほんとうにボストンでテニスをしていたかどうかも知らなかった。野球が好きなことは知っていたが、テニスコートに立つコヴァルを見たことはない。あの年の三月、彼がワシントンＤＣで誰に会ったのか、あるいは最後のデートをしたあの夜、グランド・セントラル・パレスで誰と会う約束をしていたのかも、ジーンは知らなかった。まるで夢のように、いや、悪夢のように、彼女の記憶はところどころがぼやけていて、肝心なことが思い出せなかった。

しかしやがてＦＢＩはジーンから、新たな手がかりへと焦点を移した。ジョージの父アブラム・コヴァルが書いた手紙の英訳だ。それは一九五六年五月二〇日付で、アブラムの妹ゴールディ・ガーシュテルに宛てたものだった。ゴールディは当時、夫のハリーとともにカリフォルニア州ロサンゼルス市のシャーマン・オークス地区で暮らしていた。その手紙に書かれていた事実により、捜索方針が一変し、「コヴァルをさがせ」という指示は、「コヴァルをアメリカに連れ戻せ」と変更された。

第16章　一九五三年三月の手紙

アブラム・コヴァルが一九五六年五月二〇日に書いた手紙は、妹夫婦にソ連での家族の暮らしを詳しく伝えていた。「わたしは七五に手が届こうかという年になりましたが、すこぶる健康で元気にしています。最後にきみたちと会ってから二〇年が経ち、そのあいだにわが家にはいくつかの変化がありました」

アブラムの末息子ガブリエルが一九四三年八月三〇日に「ファシスト・ドイツとの戦争で」命を落とし、妻のエテル――ジョージの母親――も癌のため一九五二年八月二八日に亡くなったが、明るい話題もあった。長男が結婚し、四人の子に恵まれたこと。そのうち三人は女の子、ひとりが男の子で、それぞれ、ギータ、ソフィア、ガリーナ、ゲンナジという名であること。「みんないい子です」と、アブラムは書いた。しかし次のくだりはFBI本部に衝撃を与えた。「ジョージはモスクワに住んでいて、いまもメンデレーエフ化学工科大学に勤めています……あの子は妻のリュドミラといっしょに暮らしていますが（きみたちも前にモスクワでふたりに会いましたね?）、まだ子供はいません」[1]

この手紙がきっかけとなり、裏付けをとるためのインタビューが延々と続けられることになった。またガーシュテル夫妻に話を聞き、ジーンにも聞く。アーノルド・クラミッシュ、ハービー・サンドバーグ、一九四八年にコヴァルのはがきを受け取ったアーヴィング・ワイズマンにも、三回目、四回目、五回目の聞き取り調査が実施された。情報の数が増えればそれだけ、コヴァルが八年のあいだアメリカで何をしていたのか、具体的なことがより詳しくわかってくる。FBIはコヴァルがアメリカ人だと思っていたので、逃亡犯として身柄の引き渡しを求め、反逆罪で起訴することもできるはずだと考えていた。

ほどなくFBIの戦略は、逃亡犯の引き渡しという厄介な手続きひとつに絞られていった。フーヴァーはコヴァルを強制的に帰国させ、正規の取り調べをおこないたかった。そこでまず、ほかの政府機関や部署に応援を頼むことにした。彼はメモを書き、「一九四〇年から一九四八年までのあいだに〔コヴァルが〕アメリカ国内で手を染めたことが確認できた活動は、いずれもソ連のスパイ行為への関与を強く示唆しております。これに鑑みれば」、いかなる措置も「法的な根拠を持ちうると断言できるでしょう……〔コヴァルの〕市民権剝奪に有効な実務的処置をことごとく実行しなければなりません……必要な連携により、『何も失うものがない』状況にとどまらず『最大限の成果を引き出せる』環境を作り出すことが望ましいと考えます[2]」。

コヴァルがアメリカの市民権を放棄した証拠となる法的な文書は存在しない。しかし彼が一九三二年に両親とふたりの兄弟とともにアメリカを離れてユダヤ人自治区に移り住んだとき、当時のソ連の法律は、両親がソ連国籍を取得すれば、その子供たちにも、コヴァルの弟ガブリエルのように一四歳未満であれば、ソ連の国籍が与えられると定めていた。一四歳以上の場合も、両親を通じて子供たちが同意したと届け出さえすればよかった。おそらくコヴァルは一九三二年にソ連の国籍を取得したのだろう。フーヴァーは、それを確かめる唯一の方法は、モスクワのアメリカ大使館にコヴァルを出頭させ、本人からじかに話を聞くことだと考えた。そこで一九五九年のはじめ、アメリカ国務省保安部〔Office of Security 一九八三年に外交保安部と改称〕の責任者にメモを送り、「モスクワで〔コヴァルから〕事情聴取をする手はずを整える」よう要請した。「目的は、彼の現在の国籍状況を確認し、このままモスクワにとどまるかアメリカに戻るか、本人の意向を確かめることだ。ＦＢＩとしては、コヴァルが国外追放処分に値する行為をしたか否かを見極めたい[3]」

コヴァルがメンデレーエフ化学工科大学に勤務していることが確認されると、五月二一日、在モスクワ・アメリカ大使館のルイス・Ｗ・ボーデン領事がコヴァルに手紙を書き、アメリカ大使館に出頭するよう求めた。「大使館の記録によれば、あなたはソヴィエト連邦在住のアメリカ市民となっています。国籍状況確認のため、ご都合のよいときに大使館へお越しいただければ幸いです。大使館の所在地はチャイコフスキー通り一九／二一番地です。開館時間は、月、火、木、金は九時から一八時まで、水、土は九時から一三時までです[4]」

二カ月後、コヴァルは大使館に文書で「ソヴィエト連邦内でアメリカの領事と市民権の状況について話す」ことはおことわりしたいと伝えてきた。さらに手紙には「わたしは一九三二年からソヴィエト連邦の国民です」と書いてあった[5]。一一月、アメリカ国務省の海外審理局〔Foreign Adjudication Division〕の局長がフーヴァーに書簡を送り、「〔コヴァルの〕国籍剝奪を有効にする合理的措置がすべて完了」したことを伝えた[6]。一九五九年七月にコヴァルが書いた手紙は、「当人がモスクワのアメリカ大使館に出頭して必要な尋問を受けないかぎり、アメリカ市民権喪失の十分な根拠となりうる」という。つまり、逃亡犯引き渡しの要求はできないということだ。しかしフーヴァーは、今後もコヴァルがアメリカへの入国を企図する可能性があるとして、全国の税関職員に引き続き厳重な「警戒」を要請した。

そのあとには容易に予測できる事態が展開した。劇的に捜索が打ち切られたのではなく、徐々に忘れられていったのだ。コヴァルがスパイ活動におけるタイミングの肝要さを知っていたように、フーヴァーもまた自己アピールにあたって時宜を得ることのたいせつさをよく理解していた。一九五九年末ごろには、ラッセンと同様コヴァルも手の届かないところにいることが明らかになっていたにちがいない。どちらの標的もすでに何年も前に逃亡していて、どうみても戻ってくる気はなさそうだった。ソ連で訓練を受けた軍事スパイがアメリカの最高機密取扱資格を取得し、戦争中に極秘兵器プロジェクトの拠点で軍用ジープを乗りまわしていたという事実は、FBIにとっては困惑の種でしかなかった。この案件もさまざまな名前や手がかりもすべて歴史の亀裂のなかへ滑り落ちるにまかせるのがいちばんだ。もしいつか突然、有力な手がかりとなる事実や驚くべき詳細が明らかになれば、そのときに検討すればよい——ただし密やかに。

逃亡犯引き渡しに関わる最後のメモが出されたのち、「コヴァルの市民権問題」はいったん幕引きとなったが[7]、コヴァルに関わる捜査は続けられた。一九六一年から六六年までのあいだに、わずかながら報告書が提出されて、新たな手がかりや方向性が示された。たとえば一九六一年、FBIは「アメリカ国内に潜入したソヴィエト人不法入国者を発見するための合理的な手法」を見いだす手立てとして、コヴァルをふくむ数人の「不法入国者」の、わかっているかぎりの活動を分析した[8]。これには、ソ連側がどのようにしてブロンクスの選抜徴兵局第一二六地区委員会を利用したかということもふくまれていた。ここでコヴァルは徴兵カードを受け取り、ラッセンがコヴァルの徴兵猶予を申請し、やがてはコヴァルが米国陸軍への入隊手続きをとっていた。しかしFBIはレイヴン電気商会の別の従業員も同じ選抜徴兵局で徴兵カードを受領していたことを突き止めた。それをきっかけとして、レイヴン電気商会の実態がさらに詳しく調査され、元の従業員たちについて改めて捜査がおこなわれた。つまり、このときもまだコヴァルのスパイ活動の痕跡を追っていたのだ。

またこの年には、あるFBI捜査官のもとへ、コヴァルの支払担当者から聞いた話として、彼が在米中はソ連のためには何もせず、ただGRUの時間と金を無駄にしていただけだったという情報がもたらされた。この情報提供者は「あてになったりならなかったりする」人物と記録されている。だが、この情報がほんとうだとすれば、コヴァルはソ連でユダヤ人弾圧の嵐が吹き荒れているさなかに帰国し、とりわけ無能なスパイに非情な処分を下すことで知られる情報総局長のもとへ出頭したわけなので、殺害されたかグラーグに送られていたことだろう。しかし逆にGRUは彼を支援している。

コヴァルが無能だったという情報が保管されているFBIの捜査ファイル[9]には、そのような疑惑が誤りであることを実証する一九五三年三月のGRUの書簡はふくまれていない。コヴァルは一九四九年六月に赤軍を除隊したあと、化学のさらに高い学位の取得をめざしてメンデレーエフ化学工科大学で勉強をはじめた。一九五二年九月末には、博士論文の口頭試問に合格し、就職斡旋委員会を通じて教職に就く準備ができていた。しかし一九五三年春まで数カ月待ったが、彼が専門とする分野の科学者には、空きがほとんどないと何度も言われた。就職斡旋委員会に提示できる赤軍在籍中の記録は、貧弱で精彩に欠けていて、可もなく不可もなしといったところだった。戦争中にGRUのためにしていたことは決して明かしてはならないと命じられていたので、軍隊での業績について説明することができなかったのだ。しかしこのころ、ソ連の反ユダヤ主義はいっそう激しさを増していた。あるロシア人研究者はコヴァルの置かれた状況をこう語る。「一九五三年春のソ連は反ユダヤ主義一色に染まっていた。助かる道はただひとつ、組織のトップにコネをつけて擁護を願い出ることだった[10]」

そんななか、三月五日にスターリンが死去した。するとユダヤ人を粛清してシベリアへ送る計画があるという噂が一気に広まった。その翌日、スターリンの遺体をひと目見ようと人々がどっとクレムリンに押し寄せたころ、コヴァルははじめてGRU総局長にベリヤ内務大臣に連絡してほしいと願い出る手紙の下書きをした。内務大臣はわたしが原子爆弾開発計画に数々の貢献をしたことや「一九四九年に交わした言葉」を記憶しておられるはずです、と[11]。コヴァルは大学にポストを確保するにあたり、なんとしても支援がほしかった。未来への扉を閉ざしているこの沈黙から彼を解放できるのはGRUだけだったのだ。スターリンの葬儀がおこなわれた翌日の三月一〇日、彼は手紙を送った。

親愛なる同志へ

お力添えをお願いしたく、お手紙をさしあげました。わたしは現在きわめて厳しい状況にあります。一九五二年九月末に学位を取得し、いまごろはなんらかの職務に就いていてしかるべきなのですが、就職斡旋委員会は何もしてくれず、問題を放置しました。総局長のお手を煩わせたくはないのですが、わたしが赤軍のために働いた［一九三九年から四九年までの］一〇年間は、履歴書では空白になっております。なぜならわたしが軍で果たした任務の詳細をいっさい明かすわけにいかないからです。わたしがいかに重責をともなう困難な仕事を成し遂げたか、いかに誠実に目標を達成したかは、総局長のみがご存じなのです。[12]

この手紙は「隠れ蓑で、実質的には助命嘆願書」だったという説もある。[13] 最後は直接お目にかかりたいという申し入れで結ばれ、連絡先として妻の電話番号ＶＩ三四四〇が記されている。

スターリンの死後まもないころで、当然ながらすさまじい混乱のさなかにあっただろうに、ＧＲＵの反応は素早かった。三月一六日、赤軍参謀本部情報総局長からソヴィエト連邦高等教育大臣のもとへ、ジョージ・コヴァルを「有給の職」に就かせるよう要請する書簡が届いた。[14]「軍の守秘義務規定により、コヴァルは特殊な状況下で従事した任務の詳細を説明できません。もしそれが理由で、高等教育省が彼に適切な職を与えるわけにいかないと判断したのであれば、こちらから使者を送り、必要となる詳細な情報を提供いたします」。すぐにコヴァルはメンデレーエフの研究所に助手として雇用され、[15] ほどなく化学の教官となって、その後三五年近く勤務することになった。コヴァルがミッションに失敗したスパイだったなら、GRUは決してこのような対応はしなかっただろう。

コヴァルに関して、FBIが一九六〇年代につかんだ手がかりのひとつに、一九六六年にニューヨーク支局に持ち込まれた情報がある。それは、GRUが元スパイを活動に復帰させている、しかもそれは一九五六年からはじまっていたというものだった。これを受けて急遽、コヴァルが警戒対象とされ、国内の移民局と入国地当局に注意喚起がおこなわれた。しかし何も出てこず、誰も現れなかった。それから一二年のあいだ、65－16756番の捜査ファイルには、一通の報告書も付け加えられなかった。

だが一九七八年、アレクサンドル・ソルジェニーツィンの長編小説『第一圏〔*The First Circle* 邦訳は『煉獄のなかで』〕』の、検閲を経ていない完全版の初の英訳『第一圏にて〔*In the First Cirle* 未訳〕』が出版され、突如、コヴァルに関係した奇妙な事実が浮上した。ソルジェニーツィンは小説のなかで、収容所の囚人として過ごした八年のあいだに遭遇した実際の事件や実在の人々を描いていた。第一章では、彼が聞いたことのある「ゲオルギー・コヴァル」という名を使った。スパイのコードネームだと思っていたようだ。

この年には、すでにソルジェニーツィンはハーヴァード大学の春の学位授与式でスピーチを依頼されるほどのすぐれた作家として国際的に認められていた。彼は一九七〇年に、「ロシア文学のかけがえのない伝統を追求した倫理的な力」に対しノーベル文学賞を授与された。一九七三年にはソ連の強制労働収容所での生活を綴った名作ノンフィクション『収容所群島』をパリで出版した。だがまもなくソ連から西ドイツへと追放され、やがてアメリカに移住してそこで二〇年近くを過ごした[16]〔一九九〇年にゴルバチョフ大統領の命によりソヴィエト国籍を回復、帰国した〕。

『収容所群島』は二二五〇人以上の元囚人たちの証言と、一九四五年から八年にわたったソルジェニーツィン自身の流刑生活をもとに書かれている。彼はこのうち数年を収容所システム内のシャラーシカで過ごした。シャラーシカとは特殊研究所のことで、工学、数学など科学を専門的に学んだ囚人たちが研究要員としてここに送り込まれ、ソ連の軍事技術、諜報技術の開発に寄与することを命じられた。ソルジェニーツィンのシャラーシカは、モスクワ郊外の町マルフィノにあり、かつて「わが悲しみを鎮めたまえ」という意味の名で呼ばれた教会を改装した建物が使われていた。

ソルジェニーツィンはここで音声分析チームに配属された。シャラーシカに送られてきた録音テープを調べ、裏切り者を割り出すことが目的だった。テープは、一九四九年一二月に駐モスクワ・アメリカ大使館にかかってきた電話を盗聴録音したものと思われた。ソ連の外交官が必死にアメリカ大使館員に警告しようとしていた。ソ連のスパイがマンハッタンのラジオ店で連絡員と落ち合い、アメリカが開発した原子爆弾の機密を引き渡そうとしている、と。そのスパイの名は「ゲオルギー・コヴァル」だという。

ソルジェニーツィンはテープから聞き取った内容を『第一圏にて』の中心的なモチーフとして使った。小説の冒頭、モスクワの地下鉄駅の公衆電話ボックスで、ソ連の外交官がアメリカ大使館に電話をかける。すったもんだの末にようやく大使館員につながると、彼は言う。「受話器を置かないでください。これはあなたの国の存亡に関わる問題だ！　いや、あなたの国だけにとどまらない。聞いてください！　これから数日のうちに、ゲオルギー・コヴァルという名のソヴィエト人スパイがラジオの部品を売る店で何かの受け渡しをすることになっています！」

電話の相手がためらっていると、彼は絶望に駆られたように叫びだす。「聞いてください！　お願いだ！　これから数日のうちにコヴァルという名のソヴィエト人スパイが原子爆弾製造に関わる重要な技術情報をラジオ店で――」。カチッと音がして突然電話が切れ、外交官は秘密警察に盗聴されていたことを知る[▼17]。

このオリジナル版をソ連の検閲に通すため、ソルジェニーツィンは九章分を削除したうえ、原爆スパイのくだりをふくむいくつかの重要な場面に手を入れた。そうして調子をやわらげた修正版でさえ、国外で出版するためには、当局に隠れてひそかに原稿を持ち出さなければならなかった。アメリカでは一九六八年にこれが『第一圏』というタイトルでハーパー&ロウ社から刊行された。一〇年後、はじめてノーカットのオリジナル版が『第一圏にて』という新たな表題で出版された。物語はソヴィエト人工作員コヴァルの所業を密告して国を裏切った外交官の捜索を中心に展開する。一、二年のずれはあるだろうが、ストーリーの時代設定も、そこに描かれた行動も舞台装置も、すべてコヴァルのアメリカでの活動を強く示唆していた。CIA、FBIの内部に動揺が走った。

一九七八年二月、新たにFBI長官に就任したウィリアム・ウェブスターは、ニューヨーク市の支局とニューヨーク州オールバニーの支局にメモを送り、FBI本部に届いたばかりの本に関するCIAのメモに注意を促した。ウェブスターはコヴァルについて改めて情報を整理し、彼は「ソ連のGRUが送り込んだ不法入国者であり、一九三八年〔原文ママ〕から一九四八年ごろまでアメリカ国内で活動していた」スパイであると伝えた。[18]そして、ヴァーモント州で暮らすソルジェニーツィンの自宅を訪ねて聞き取りをおこなうことは、「歴史的理由、活動上の理由からきわめて妥当であろう」と述べた。それから、ニューヨーク支局に対し、「最も熟練した知識の豊富な特別捜査官」を彼のもとに派遣し、四月一九日に聞き取り調査をするよう指示した。

その日、正式な聞き取り調査がはじまる前に、ソルジェニーツィンはその目的は何かと尋ね、いっさいメモをとらないことを要求した。捜査官は、無修正版『第一圏にて』の冒頭に書かれた電話の内容、つまりコヴァルという名のスパイに関する、正体不明の人物とモスクワのアメリカ大使館とのあいだのやりとりについておうかがいしたいのだと答えた。ソルジェニーツィンは「この件について話すのは気が進まなかったらしく、なぜ一九七八年四月のいまごろになって、そのような詳細を説明しなければならないのかときいた」。捜査官は、KGBの報復を恐れていらっしゃるのですかと尋ねたが、彼は何も答えなかった。[19]

面談は一時間におよんだ。また近いうちにお目にかかれますかときくと、ソルジェニーツィンは、その必要はないと言い、本に書いた以上の詳細は思い出せないときっぱり述べた。電話が盗聴された時期については、一九四九年の一二月だったか一九五〇年だったかは定かではないという。書類のうえでは、コヴァルは一九四八年に出国して以降、アメリカに戻ったことが確認されていないので、年月日はFBIにとって重要な関心事だった。FBIは、一九四八年当時はまだレイヴン電気商会が営業していて、ファラデーが——一九五〇年一二月一六日まで——ニューヨークにいたことを知っていたからだ。もしコヴァルがモスクワに帰ったあともスパイとして活動していたなら、ソ連がテープに録音された情報を使って、コヴァルにアメリカに戻るのはやめろと警告した可能性もある。

別のシナリオもいくつか考えられた。たとえば、アメリカ大使館に電話をかけた人物は、大使館で耳にしたスパイの名前を使って急ごしらえの作り話をでっちあげ、亡命を図ろうとしたのだとか。あるいは、シャラーシカで音声識別技術の研究がどの程度進んでいるかを確かめるため、秘密警察が偽のテープを作成したとか。さらには、電話の盗聴録音がおこなわれたのは一九四七年か一九四八年で、シャラーシカには一九四九年まで送られていなかったとか。

一九七八年の面談から数年後、シャラーシカでソルジェニーツィンのチームメイトとして、音声識別装置の開発に取り組んでいたレフ・コペレフが、回顧録『わが悲しみを鎮めたまえ〔*utoli moya pechali*〕』を出版した。一九八一年にロシア語版、一九八三年に英語版〔*Ease My Sorrows: A Memoir*〕が刊行されたこの本では、「音声分析器、スパイの追跡」と題した章に、コヴァルというスパイの存在が明らかになった事件の思い出が綴られている。[20] その内容は、ソルジェニーツィンの『第一圏にて』とぴったり一致していた。

なぜ一九四九年という時期とコヴァルの出国記録が整合性を欠いているのか。その謎は永遠に解決されそうになかった。しかし、ソルジェニーツィンとコペレフの両方が録音テープを聴いて、ジョージ・コヴァルがアメリカで暗躍していた原爆スパイであると確認した事実が重要であることには変わりない。一九四九年一二月という時期は疑わしかったものの、コヴァルの名があがったことはまちがいなかったのだ。『第一圏にて』に関して、あるいはソルジェニーツィンの小説に書かれた詳細について、コヴァルが正式に事情聴取を受けることはなかった。しかしメンデレーエフに学んだ彼の優秀な教え子のひとり、ロシア人作家のユーリ・レベデフが、後年、あの本に書かれた人物について、コヴァルに尋ねてみたことがあったと明かした。長いあいだソルジェニーツィンの小説を話題にする機会をうかがっていたレベデフは、親しい友人たちの集まりで、ついにその疑問をぶつけてみた。するとコヴァルはただ微笑んでみせて「どこでそんな名前を聞いたんだろうな」と言ったという。▼21

コペレフの回顧録の英訳が出版されたころには、FBIはすでにニューヨーク支局と全国各支局で65－16759番の捜査を終了していた。静かに、なんの告知もなく。捜査の穴を埋める手がかりを求めて聞き取り調査をすることもなくなった。級友や恋人やマンハッタン計画の同僚が見落としていた手がかりを明らかにした報告書も書かれなくなった。周到に身元を偽っていた工作員デルマーの逮捕をめざす努力はおろか、彼の所在を確認する努力さえ払われなくなった。

しかし追跡は終わってはいなかったのだ。

第17章　開示

二〇〇〇年五月、モスクワに新たに完成したアメリカ大使館の開館式は、晴れやかであると同時にいささかばつの悪い催し物でもあった。次々とスピーチがおこなわれ、乾杯が繰り返されて、壁という壁が誇らしげに輝いて見えたにちがいない。というのも、この石とガラスを使ったポストモダン建築の建物は、建築技術の面でも政治面でもすぐれた業績の賜と言えたからだ。しかし落成までに三〇年以上もかかったこと、そのあいだにあまねく知れ渡った失態により、「欺かれて盗聴されて（バングルド・アンド・バグド）」[1]という新聞記事の見出しのイメージが定着したことをいやでも想起させた。[2]

一九六九年に新しい大使館建設に向けた合意が成立したあと、一九七九年の秋に、基礎工事にソ連の労働力と資材を使うよう指示が出て、ようやく工事がはじまった。ホスト国は建物の設計図を調べて「現地（ソ連）の建築法や建築基準に合致していることを確認する」権利も与えられていた。[3]しかし六年後、建物の骨組みとなるコンクリート柱のなかに盗聴装置が仕込まれていたことが発覚し、ソヴィエト人作業員が現場から追い出されて工事が中断する事態になった。米ソがこのような盗聴器の設置を防ぐ対策を協議し、合意にこぎ着けるには何年もの歳月を要した。その間、アメリカはずさんな監視体制という厄介な問題の解決に向けて議論を重ねなくてはならなかった。発見された当時、かつて国防長官とCIA長官を務めたジェイムズ・シュレシンジャーは〔レーガン政権の指示でモスクワに派遣されて実態調査をおこない〕、「真犯人はアメリカの慢心だ。ソヴィエト人の技術力はわれわれより劣っていると決めてかかり、彼らをうまく操れると思い込んでいたことだ」と述べた。この大失態の調査を終了したあと、彼は「いまだかつてこれほど巧みに盗聴装置が仕掛けられた建物が建設されたことはない」と〔議会上下院特別委員会で〕証言した[4]〔そして建て替えを提案した〕。

旧大使館でも一九五三年の開設以来、盗聴器を仕掛けようとするたくらみが何度もあった。ソ連から贈られたアメリカ合衆国国章の大きなレプリカには、小さな盗聴器が取り付けられていたが、大使館の書斎の壁に飾られてから二〇年近く誰もそのことに気づかなかった[5]。

一九六〇年代には、大使館のあちこちの壁から合計四〇個のマイクが見つかり[6]、一九八〇年代には、少なくとも一二台以上の電子タイプライターのなかから小型の盗聴器が見つかった[7]。タイプライターのうちの一台は、大使館内でナンバーツーの外交官の秘書が使っていたものだった。タイプされた文書の中身を読み取れるセンサーもあった。さらに「ハニートラップ」も仕掛けられた。そうしたスキャンダルのひとつは、新大使館の建設現場でのショッキングな発覚とほぼ同時期に明らかになった。アメリカ大使館で働くソヴィエト人女性と深い仲になった海兵隊の警護官〔アメリカでは海兵隊の保安警護部隊が大使館の警備にあたる〕が逮捕され、ほどなく、スパイ行為で有罪判決を受けた。女の背後にKGBのハンドラーがいたのだ[8]。

おそらく在モスクワ大使館の壁にはいつも耳がついているのだろうが、このような狡猾な手口で盗聴された内容が必ずしもメディアに取り上げられることはなかった。たとえば一九九九年には、メディアのサーチライトをかいくぐり、大使館を舞台にスパイが関わるいささか重要なできごとがあった。六月のはじめ、眼鏡をかけた猫背の痩せた男、八五歳のジョージ・コヴァルがなんの前触れもなくアメリカ大使館を訪れたのだ。かつてここへの出頭を要請されてから四〇年が経っていた。一九四九年秋からメンデレーエフで研究と学生の指導にあたり、化学工学科教授として尊敬を集めてきたコヴァルは、このときにはすでに引退していた。一九五二年に母が、一九六四年に父が亡くなった。ふたりとも一九三二年に帰国して以来、ずっとユダヤ人自治区の集団農場で暮らした。一九八七年には兄のイサヤがやはりユダヤ人自治区で死去した。そして一九九九年五月二六日、コヴァルがアメリカ大使館を訪ねる少し前に、六三年間連れ添った妻のミラもこの世を去っていた。

ミラの介護をしていたころ、コヴァルは、アメリカでは第二次世界大戦期に陸軍に服務していた軍人に特別な年金が給付されているという話を耳にした。彼がロシア軍から受け取っていた年金の支給額は、アメリカで価値ある任務を果たした赤軍諜報員としての功績ではなく、一兵卒という経歴のみにもとづいていた。わずかだったにちがいなく、しかも少し前にはルーブルの価値も下がっていた。思い切って大使館に足を踏み入れる気になったのは、金銭的な問題をかかえていたからだろう。彼は何より、アメリカの社会保障局に年金を請求する方法を知りたがったという。

彼がアメリカ大使館を訪ねたことをいつGRUが知ったのか、正確なところを文書資料で確かめるのはむずかしいが、ある歴史家の記述によれば、一九九九年の夏のはじめであったらしいことがうかがえる。ちょうどそのころ、GRUは専属の歴史家に、工作員デルマーの業績を調査するよう勧めていた。これは偶然ではないだろう。その年の八月、ロシアのある雑誌に、ソ連の「非合法」スパイが「地球を核の恐怖から救った」とする記事が掲載された。[9] こうしたスパイのひとりとしてデルマーの名もあがっていた。

記事の執筆者名は、ウラジーミル・ロタとされていたが、これはじつは元GRUの大佐でGRUの歴史家であったウラジーミル・イワノヴィチ・ボイコのペンネームだった。八月に予定されていた出版日の直前、ロタはアキレスことアーサー・アダムズを取り上げた章にデルマーに関する数段落を加筆した。彼はこう書いている。「アキレスとデルマーの活動を統轄していたのは、モリエールという名で知られる軍諜報活動の現地責任者、P・メルキシェフだ。彼はミハイロフという名を使い、ニューヨークで駐米副総領事として勤務していた」。さらに、「デルマーは存命で、現在八五歳の科学博士である。しかしいまはまだ彼の実名を明かす時機ではない」。

コヴァルの晩年のエピソードをまとめようとしたロシア人作家ユーリ・レベデフによれば、コヴァルはこの年の六月に大使館を訪ねたことで、GRU内に「不安をかき立てた」のだという。それ以後、ロシア軍の情報部は彼の行動を逐一監視するようになった。彼がいつ大使館に入り、いつ出てきたか、いつアメリカから送られた封書を受け取ったかも、ときには――つねにではないが――中身についても知っていた。コヴァルのほうは監視されていることに気づいていたらしい。しかし九月四日にアメリカの社会保障局から、請求に必要な書類の入った封筒が届くと、それまで情報部内でくすぶっていた懸念が一気に膨れ上がったようだ。

レベデフによれば、GRUはコヴァルが何を意図しているのか、明確にはつかめていなかったが、彼の行動は「GRUにとって不名誉」な類いのものだと認識していたという。「コヴァルが裏切った可能性があるとは誰も考えなかったが、元スパイがアメリカに金の無心をしたことが露見すれば、メディアがGRUにとって大打撃だと書き立てることだろう。GRUは、コヴァルが若き日の一〇年を捧げた諜報組織の信用が傷つくのではないかと恐れていた」。しかしコヴァルの処遇を決める部署では、彼をGRUの本部に呼び出すのは適切ではないと判断した。「それはためらわれた。よからぬ結果を招く恐れがあったからだ」。代わりに彼らは、コヴァルを味方につける――効果的に彼の心証をよくする――ため、気の利いた措置を決めた。年金を増額することにしたのだ。毎月、自宅に食料品を届ける手配もし、さらに彼を情報部退役軍人の諮問委員会のメンバーにも加えた。▼10

それから数カ月後の二〇〇〇年二月、GRUはアメリカからコヴァルのもとへまた郵便物が届いたことを知った。今度はメリーランド州ボルチモアにある社会保障局中央事業本部からだ。二月七日付のその手紙は、コヴァルの特別給付の請求に対する回答だった。そこには簡潔に「お問い合わせの件ですが、あなたには退役給付の受給資格がありません」とのみ書かれていた。[11] しかしある記録によれば、GRUは、コヴァルがまたアメリカ政府から手紙を受け取ったことしかつかんでおらず、中身については知らずじまいだった。そこで彼らは、通常はGRUの現役将校にのみ授与される表彰徽章を贈って栄誉を称えることを決めた。レベデフがのちに語ったように、これには、GRUが退役軍人に特別な配慮をしていることを知らしめるPR効果もあった。二〇〇〇年四月末に内輪での表彰式をおこなう予定が組まれた。

次に、GRUは、コヴァルのアメリカでのスパイ活動、「最高機密の原子爆弾開発事業に工作員を潜入させたGRUのみごとな作戦[12]」の物語を本に書く認可を与えた。タイトルは『GRUと原子爆弾〔*GRU i atomnaia bomba*〕』、執筆者はウラジーミル・ロタに決まった。ロタは二〇〇〇年四月の表彰徽章授与式ではじめてコヴァルに会った。[13] それから数日後、この五九歳の作家は、コヴァルと長年親交があったGRUの退役軍人に教えてもらった合い言葉を使い、[14] コヴァルの自宅を訪ねた。しかし面談は一時間もしないうちに終了した。コヴァルがスポットライトを浴びることを渋ったのだ。[15] しかし時が経つにつれてそれは変化した。ロタは六本の雑誌記事と二冊の本のなかで「ジョルジュ・アブラモヴィチ・コヴァル」の生涯とその業績を取り上げた。コヴァルが健在だったあいだは、記事のうちの半分でデルマーというコードネームと「ドミトリー」という仮名を使った。

コヴァルがGRUから表彰徽章を授与されてから数週間後、アメリカ時代の元同僚がふいに彼の人生に飛び込んでくる。オークリッジの特別工兵分遣隊（SED）の元隊員でCCNYの陸軍特別訓練課程（ASTP）でも級友だった物理学者にして歴史家の作家、アーノルド・クラミッシュだ。彼はのちにメディアの取材を受け、コヴァルがオークリッジで「ありとあらゆる機密の取扱資格を持っていて、専用のジープも与えられていた。われわれのなかにはジープを支給されている者はほとんどいなかったのに。じつに頭の切れる男だった。訓練を受けたGRUのスパイだったのだ」と明かし[16]、コヴァルは原爆スパイのなかでも「最大の大物」だと語った[17]。この分野の専門家であり、しかもロシア語に堪能でコヴァルをよく知っていた人物の言葉として、彼のコメントは重く受け止められたにちがいない。クラミッシュはさらに、ソ連の原爆開発におけるコヴァルの最大の功績は、「ポロニウムの製造と生成に光をあてた」ことだと述べている[18]。

クラミッシュは科学界で、また政府関係機関で数々のすぐれた業績を残した。その経歴をすべて書き連ねれば、一冊の本ほどの分厚い文書になるだろう。後年、ある作家が述べたように、クラミッシュは「多くのスパイや科学者と親交を持っていた[19]」。一九五〇年代はじめには著名な物理学者エドワード・テラーとともに水素爆弾の開発に取り組んだ。また、ジュリアス・ローゼンバーグの義弟デイヴィッド・グリーングラスの尋問に、唯一の科学者として加わった経験もあった。さらに、原子力委員会とCIAの連絡員も務めた。一九五六年にFBIからコヴァルに関する聞き取り調査を受けたときには、ワシントンDCのランド研究所に上級研究員として勤務していた。この研究所は一九四六年、アメリカの科学技術を――とくに原子力と兵器システムにおいて――つねに世界一の水準に保つために設立されたシンクタンクだ。『原子爆弾の誕生』の著者リチャード・ローズが〔彼の死後ニューヨークタイムズに〕語ったように、クラミッシュは「政府内で高度な機密任務に携わった科学者」だったのだ[20]。

クラミッシュは核関連機密情報の専門家として数多くの論文や本を執筆した。一九五九年に『ソ連の原子力〔*Atomic Energy in the Soviet Unions*〕』を出版、一九八六年には、第二次世界大戦中にドイツの原爆開発の実態を暴き出したイギリスのスパイ〔オーストリア人科学者〕を描いた『暗号名グリフィン――第二次大戦の最も偉大なスパイ』を上梓したことで知られている。七七歳のときには回顧録の執筆に着手し、二〇〇〇年四月末にはメンデレーエフ化学工科大学の学長、パーヴェル・D・サルキソフに宛てて書簡を送った。この手紙のなかでクラミッシュは、「〔回顧録では〕コヴァルとの友情が最も重要な部分を占めています」と書き、コヴァルを「わたしの旧友」と呼んだ。そして、コヴァルに連絡をとる手助けをしていただけないかと打診した。自分の身元の照会先として、「セルゲイ・カピッツァ博士」の名をあげ、博士はわたしのことをよく知っているので、必要なら「個人的・専門的情報」を提供してくれるはずですと付け加えた。[21] カピッツァはソ連時代の著名な科学者で、この手紙が書かれたときにはモスクワで科学の奇跡を取り上げた「明らかなのに信じがたい」というタイトルの人気テレビ番組の司会者を務めていた。

サルキソフはすみやかにコヴァルの居所を突き止め、連絡先の情報をクラミッシュに書き送ってくれた。クラミッシュはさっそくコヴァルに電話をかけた。名を名乗ると、コヴァルは「ああ、アーノルドか!」と言った。「きみかい、ジョージ?」と問いかけると、一瞬の沈黙があり、それからふたり同時に弾けるように笑いだした。[22] クラミッシュはのちに、「どちらも感極まってしまったのだ」と語っている。[23]

クラミッシュがなんとかしてコヴァルにもう一度連絡をとろうと思い立ったきっかけのひとつは、ある文献を読んで、アメリカの原爆開発計画をめぐってソ連がスパイ活動をしていたころに誰が何をしたかについて自分が誤った認識を持っていたことに気づかされたことだ。ソ連の諜報活動の歴史やアメリカの原子爆弾に関する知識を豊富に持っていたクラミッシュは、少し前に、原爆スパイだったセオドア・ホールの評伝を読んだのだった。ホールは優秀な若い物理学者で、ロスアラモス研究所に勤務していたころ、プルトニウム爆弾に関する詳細な機密情報をソ連に流していた。[24] 評伝を書いたジョセフ・オルブライトとマーシャ・カンステルの丹念な仕事ぶりに感銘を受けた一方、戦争中にオークリッジとロスアラモスの両方で勤務した経験のあるクラミッシュは、自分なら彼らが解明できなかった謎に答えが出せると考えた。

『爆弾〔*Bombshell*〕』というこの本には、「兵器開発競争に影響をおよぼした[25]」ある諜報報告書のことが書かれていた。「最高機密」と記されたその文書は「一九四九年三月一日にベリヤに転送された」という。著者たちがロシア原子力省の文書館から入手したその報告書には、「原子爆弾の起爆メカニズムの鍵となる物質、ポロニウム210を工業的に生産するプロセスが書かれていた……ベリヤに提出された報告書が明かしたように、アメリカは人工的にポロニウム210を製造していたのだ……」[26]。さらにこの文書には、ワシントン州ハンフォードの原子炉でビスマスに放射線を照射し、その照射ずみビスマスをオハイオ州デイトンの施設に運び、そこで「ガラスライニングが施された高さ一・五メートルの容器のなかで酸処理をしてポロニウム210を抽出」する手順が説明されていた。そして「ベリヤはアメリカのポロニウム生成プロセスに関する報告書を受け取ってからわずか四日後に、これをソ連原爆開発プロジェクトの主任科学者イーゴリ・クルチャトフと統轄責任者のボリス・ヴァンニコフに渡した」という[27]。

さらに本にはこう書かれている。「機密解除されたロシアの文書館でもほかの場所でも、セオドア・ホールと彼の友人たちがこれに関与したことを示す証拠はいっさい出てこない」。しかしホールがこの報告書と無関係だったとすれば「誰がやったのだ?」と、ふたりの著者は問いかけていた[28]。

クラミッシュは、自分ならその問いに答えられると確信していた。その報告書を書いたのは、自分の元同僚コヴァルだったにちがいない。ホールはオークリッジに配属されたことはないし、デイトンのモンサント社の業務に関わったこともない。また、「安全技術」や放射能汚染検査(報告書では二つの章がこれに割かれている)の専門家でもない。ホールは保健物理技術者ではなかった。だがコヴァルはそうだった。

二〇〇〇年に電話を通じて再会したあと、クラミッシュはコヴァルと文通をはじめた。最初は手紙をやりとりしていたが、やがてコヴァルの又姪マヤ・ゲンナディエヴナ・コヴァルの提案で、Eメールを交換するようになった。クラミッシュは、コヴァルの評伝を書きたいので、協力してほしいと言った。彼の仕事と生涯について思ったことを書き送ると、コヴァルは「おもしろいね」と返信してきた[29]。スパイ活動に加わっていたことは否定しなかったが、詳細についてはいっさい話さなかった。クラミッシュの質問に対しては、決して率直に答えることはなかった。まちがいなく、何を明かし、どこで口をつぐむかを明確に決めていたようだった。

二〇〇三年四月、クラミッシュはコヴァルに、ホールのことが書かれた本と、これとは別に二〇〇三年四月六日付の手紙を送った。その手紙のなかでクラミッシュは、この本を見つけたことと、それがコヴァルにとってどのような重要性を持っているか、思うところを綴った。「わたしのロスアラモス時代の同僚、セオドア・アルヴィン・ホールの評伝を送ります。ホールは三年前にケンブリッジで亡くなりましたが、その前にわたしは彼と奥さんに会いにいきました。わたしたちはあれこれとおもしろい話をしました。彼の動機についても聞かせてもらいました。本の著者たちは、綿密な調査をし、周到に言葉を選んでいます。しかしある報告書の作成者については、誤りを犯しているとわたしは思います。一九四～九五ページに、兵器開発競争に影響する機密情報をソ連側に提供したのはホールだと推測できる根拠がある、と書かれています。ホールがソ連の工作員に雪のニューヨークで落ち合った同じ冬に、アメリカの進捗状況を伝える諜報報告書がモスクワに届き、ソ連は原子爆弾の大量生産に取りかかる体制を整えることができました。わたしは本のあいだに、この報告書のうちのふたつのページのコピーをはさんでおきました。きみにとっては非常に興味深いものだろうと思います」[30]。その二枚の紙のうちの一枚は、報告書の四つの項目が書かれた目次のページ、もう一枚は、ベリヤが原子力省の高官に報告書を読むよう指示した三月四日付のメモが書かれたカバーページだった。

二〇〇三年に本と手紙を送ってからほどなく、クラミッシュはメールでふたたび、コヴァルの評伝を書きたいと思っていると伝えた。「きみの完璧な伝記を書くためには、きみが答えたくない、あるいは答えられない質問もしなくてはならないでしょう……わたしはなかでもとくに、デイトンのことをききたいと思っています」[31]。クラミッシュは何をきくべきかわかっていたが、コヴァルがスパイとして手がけた仕事については、ほぼ何も言うわけにいかないことは理解していた。ふたりは手紙やメールのやりとりは続けたが、二度と顔を合わせることはなかった。二〇〇六年一月末、コヴァルはモスクワの自宅で家族に見守られてこの世を去った。

　二月二日の正午ごろ、メンデレーエフ化学工科大学から、「ジョージ・コヴァルに最後のお別れをしたい人々」を乗せた一台のバスが出発し、第一グラドスカヤ病院の霊安室で執りおこなわれる通夜式に向かった。告知文ではコヴァルは「本学の一般化学工学科教授。大祖国戦争を戦った退役軍人であり、伝説的な運命を生きた人だった」と紹介された[32]。遺体は火葬に付され、墓碑には、ミラと彼女の母親の名のそばに「ジョルジュ・アブラモヴィチ・コヴァル」と刻まれた。死亡記事が掲載されることはなかった。

　コヴァルが死去したころには、彼の興味深い二重生活について知っていた人はほとんどいなかったことだろう。アメリカでは捕まるようなへまをせず、ソ連に帰国したときには偏見政策の荒波をまともにかぶってしまったので、米ソどちらの国でも彼の物語は誰にも気づかれなかったのだ。

　一九四八年にモスクワへ戻ったあとも、コヴァルはＧＲＵではなんの褒賞も受けず、それ相応のポストも与えられなかった。しかしそのような運命に見舞われたのは、彼が功績をあげなかったからではない。もし一九四〇年代の「出張」が失敗に終わっていれば、厳罰に処せられていただろう。一九五三年三月一〇日にコヴァルがＧＲＵ総局長に手紙を書いて、自分の工作員としての働きを公式に認めて雇用の保障につなげてほしいと要請したときにも、あれほどすみやかに対応してくれなかっただろう。コヴァルが手紙に書いたように、彼が「いかに重責をともなう困難な仕事を成し遂げたか、いかに誠実に目標を達成したかは、総局長のみが」知っていたのだ。総局長がソヴィエト連邦高等教育省に送った手紙は、コヴァルの隠れたすばらしい業績をきわめて雄弁に物語っていた。「軍の守秘義務規定により、［コヴァルは］特殊な状況下で従事した任務の詳細を説明できません。もしそれが理由で、高等教育省が彼に適切な職を与えるわけにいかないと判断したのであれば、こちらから使者を送り、必要となる詳細な情報を提供いたします」

これらの「詳細な情報」には、コヴァルがソ連の原爆開発計画に貢献した証拠となる事実がふくまれていたのだろう。彼が「S課」に送った報告書には、マンハッタン計画の各施設に関する情報——工場の構造、レイアウト、オークリッジで働く要員の人数、オークリッジとデイトンで生産される燃料の分量など——が書かれていた。プルトニウムの生産と、ポロニウム生成に使用するビスマスの放射線照射がおこなわれていたオークリッジのX－10施設の見取り図もあった。一九四四年八月から一九四五年六月にかけて、コヴァルはX－10施設で仕事をすることが多かったので、プルトニウム生産に関わる詳細をモスクワに伝えることができた。その結果、クルチャトフは、すでにアメリカから届けられていたプルトニウムに関する機密情報を信頼することができ、ソ連の初の核兵器として、プルトニウムを使ったインプロージョン方式の爆弾を選択することができたのだ。

一九四五年六月にコヴァルはデイトンへ異動になった。GRUの歴史家ロタがのちに指摘したように、そのことで「新たな情報を収集できる可能性がぐんと広がった」。とくにオークリッジとハンフォードからデイトンに送られてくる放射線照射ずみのビスマスからポロニウムを抽出・精製するプロセスに関する情報は重要だった。それが手に入ったことで、アメリカが核連鎖反応に必要な中性子源を見つけるために時間と費用をかけて繰り返した実験を、ソ連はある程度省略することができた。コヴァルが一九四九年三月にベリヤに送った報告書には、ポロニウムの工業的な生成方法が書かれていた。後年、ふたりの歴史家が述べたように、その記述内容が「兵器開発競争に影響をおよぼした」のである。

放射能の研究という新しい分野では保健物理技術者としても貢献した。物理学者のシーモア・ブロックが指摘したように、「もしソ連がアメリカの保健物理プログラムに関する情報を取得していたとすれば、原爆の開発はかなり加速していただろう」。じつは彼らは手に入れていたのだ——工作員デルマーを通じて。

コヴァルの諜報活動は、アメリカではまったく気づかれずじまいだった。彼は逃げおおせたのだ。コヴァルはルールを守り、自分のネットワークの誰とも交流を持たなかった。アメリカではどんな場にもすんなり溶け込み、防諜機関の目を惹くこともなかった。ある研究者がのちに書いたように、コヴァルは「危険な状況を予測して速やかに対応する」能力に秀でていた。[33] FBIがコヴァルの存在を知ったのは、彼が一九四八年にアメリカを離れてから六年近く経ってからのことだ。しかもアメリカに連れ戻すことはできずじまいだった。また、GRUのスパイの存在を明らかにしたアメリカ陸軍による暗号解読作戦、ヴェノナ計画でも、一九四〇年代にモスクワとアメリカ国内の諜報員が交わした暗号電文は、ほんの数パーセントしか解読できなかった。

理由はともあれ、コヴァルの二重生活は何十年ものあいだ埋もれていた。アレクサンドル・ソルジェニーツィンの小説『第一圏にて』とレフ・コペレフの回顧録『わが悲しみを鎮めたまえ』のなかに、はじめて「ジョージ・コヴァル」というスパイの名が出てきたが、そのコヴァルが工作員デルマーであったという事実をはじめて明かしたのは、ほかならぬ本人だった。それは二〇〇三年にモスクワでコヴァルの九〇歳の誕生日を祝うパーティーが開かれたときのことだ。メンデレーエフの元教え子のうちふたりがウラジーミル・ロタの最新著書『GRUと原爆』を差し出し、コヴァルにサインを求めた。この本では、デルマーというコードネームのスパイがいたことが書かれていたが、コヴァルに関する言及はいっさいなかった。しかし彼は教え子たちそれぞれの本に「ジョルジュ・アブラモヴィチ（デルマー）」とサインしたのだった。[34]

四年後、ロタはデルマーの正体を明かしてもよいという同意を得て、ある雑誌の二〇〇七年七月号に

「デルマーと呼ばれた男」と題した記事を書いた。読者の大半はロシア人だった。しかしその数カ月後、コヴァルはソ連の諜報活動史に残る一級のスター・プレーヤーとして国際的に名を知られることになる。[▼35]

エピローグ

二〇〇六年の晩秋のある昼下がりのこと、ロシアのウラジーミル・プーチン大統領がモスクワに新たに建設されたロシア連邦軍参謀本部情報総局（GRU）の本部庁舎を訪れた。冷戦期のスパイなど、軍の英雄たちの肖像写真を飾った展示会の開会式に出席するためだ。数多くのボディガードや閣僚、ジャーナリストを付き従え、プーチンはホールからホールへと進んでいく。[1]スケジュールが押していた。彼は自信に満ちた指導者らしい貫禄を見せて大股できびきびと歩を進めていたが、やがてふいに後ろを向いた。小さな動揺が広がり、マントが翻るように、側近たちも同じようにきびすを返す。プーチンはひとつ前の展示まで戻り、あるソヴィエト・スパイの写真の前で立ち止まると、「これは誰だ？（クトー・エタ）」ときいた。[2]

一年後の二〇〇七年一一月二日、モスクワ郊外にある大統領公邸ノヴォ＝オガリョヴォで、プーチンは肖像写真の男、ジョルジュ・アブラモヴィチ・コヴァルに、ソ連初の原子爆弾製造への貢献を称えて、民間人に贈られる最高の栄誉勲章、ロシア連邦英雄金星章を授与することにした。この日には、前年に死亡したコヴァルに代わってロシア国防相アナトーリー・セルジュコフが勲章を受領した。[3]プーチンはコヴァルが「ソ連の諜報員としてただひとり、原子爆弾製造に使われるプルトニウム、濃縮ウラン、ポロニウムを生産するアメリカの極秘核施設に潜入」して、モスクワに機密情報を送り、そのおかげで「ソ連の原子爆弾の完成が大幅に早まり、軍事戦略においてアメリカとつねに肩を並べていける存在になれた」のだと言明した。[4]

この叙勲のニュースは、世界じゅうの——それもとくにロシアとアメリカの——諜報関係者に衝撃を与えた。専門家たちが重々承知していたように、第二次世界大戦時のソ連によるスパイ活動の物語がまだ終わっていないことを思い知らされたからだ。これはとくにＧＲＵについて言えることだった。彼らが一九三〇年代から四〇年代にかけてアメリカで手がけた活動の記録は、いまだにロシアの文書館にしまい込まれたままになっている。ヴェノナ・プロジェクトによる暗号解読作業の成果が一九九五年に公開され、誰もが閲覧できるようになっていたが、ＧＲＵに関する情報は手つかずだった。冷戦史の専門家として尊敬を集めているアメリカの研究者ジョン・アール・ヘインズの言葉を借りれば、「われわれはコヴァルの名が浮上するまで、マンハッタン計画を標的としたＧＲＵのスパイ活動の範囲について、まったく何も知らなかった」のだ。[5]

次第にショックがおさまってくると、今度は疑問が頭をもたげてきた。その潜入スパイは誰だったのか。ソ連の赤軍情報総局が送り込んだ工作員とは？　どの程度のことをしたのか。なぜ長年アメリカにいて発見されなかったのか。ヘインズが二〇〇七年に述べたように、「コヴァルはアメリカの一市民ではなく、訓練を受けたスパイだった。彼のような者は稀だ。小説にはよく出てくるが現実の生活ではまずいない。潜伏工作員（スリーパー・エージェント）として巧妙に組織に入り込み、何食わぬ顔でその一員として活動していた。プロのスパイだったのだ」。[6] ニューヨーク州ロングアイランドにあるブルックヘヴン国立研究所の核物理学者で、戦争中に特別工兵分遣隊（ＳＥＤ）と陸軍特別訓練課程（ＡＳＴＰ）でコヴァルとともに学んだスチュアート・ブルームは、「コヴァルは野球が趣味で、しかもなかなかの腕前でした。ロシア語訛りなどはなく、英語を——

アメリカ英語を――流暢に話しました。経歴も完璧でした」と語っている。[7] コヴァルがソ連に帰国したあとでようやくアメリカ政府が彼の存在に気づいたときにも、誇らしげに公の場で発言したりはしなかった。なぜなら、歴史学者のロバート・R・ノリスが二〇〇七年のあるインタビューで述べたように、「アメリカ政府がそんな告白をするのはきわめて不面目だったからだ」[8]。

　同時に懐疑的な見解も出てきた。プーチンはコヴァルの勇敢さや功績をことさら誇張することで、GRUのイメージアップを図ったのではないかというのだ。手がかりを見落とした者はおそらく、コヴァルのスパイとしての業績をいくらか過小評価することで、非難を免れようとしたのだろう。また、コヴァルの知人のなかには、元同僚のクラミッシュほどには寛容ではない人もいた。たとえば特別訓練課程の級友だったジェイムズ・ショークは、もしコヴァルと再会したらどうするかときかれ、「そうですね……きっと聞くに堪えない言葉をぶつけると思います」と答えた。「感じのいい態度はとらないでしょう。ああ、感じよく接することはできませんね。あれはわたしには耐えがたいことだった。絶対に許せません」[9]

　クラミッシュは何度かインタビューを受けたが、コヴァルについてはつねに敬意を示し、多くを語らなかった。数年間にわたる文通の内容についても詳細を明かさなかった。しかしわずかながら彼との絆の深さがうかがえるコメントをひとつだけ残している。「コヴァルはまったく後悔していませんでした。彼はシステムの価値を信じていました」と。[10] クラミッシュはふたつのシステムを念頭に置いていた。ひとつは、探求と信念によって政治を超越する科学者のシステム、もうひとつはコヴァルが生まれたときから両親に教えられてきた集団主義理念のシステムだ。

　二〇一四年の夏、コヴァルの又姪マヤ・コヴァルがモスクワの自宅で書棚の整理をしていた。かつてコヴァルが所蔵していた本もあった。英語の書籍には、一九一一年に出版されたシェイクスピアのソネットと戯曲の全集、バルザックの詩集の訳書、化学関係の書籍などがあり、一九三〇年刊行のウォルト・ホイットマンの詩集『草の葉』には、「ジョージ・コヴァル、一九三一年」と署名されていた。[11]
ロシア語で書かれた紙が何枚かはさまった本も出てきた。「極秘」と記された紙のほか、二〇〇三年四月の日付が入った英語の手紙もあった。それはクラミッシュがコヴァルに送った本だったのだ。表紙をめくると、一九四九年三月一日付の報告書の第一ページがはさんであった。コヴァルがGRUのために書き、ベリヤに転送されたものだ。さらに、ベリヤが一九四九年三月四日にソヴィエト各省の高官に宛てて、この報告書を読むようにと命じたメモも添えられていた。「これはマンハッタン計画の最高機密取扱資格を取得した赤軍のスパイによる完璧な諜報報告書である」と説明されている。もしクラミッシュが後年、ジョルジュ・アブラモヴィチ・コヴァルの評伝を書いていれば、ソ連の原子爆弾誕生にコヴァルが重要な役割を演じたことを証明する資料としてこれを使っただろう。しかしクラミッシュは二〇一〇年にその生涯を閉じた。
その本のタイトルページには、クラミッシュが英語でこう書いていた。「ジョージ、われわれの友情は戦時に育まれ、〝冷戦〟時代には眠っていました。しかしこうして復活しました！　ある意味、未完成だった輪が完成したのです。思い出深いたいせつな輪が」[12]
クラミッシュはインタビューを受けたときには、二〇〇三年にコヴァルに送った本のことや、表紙の下にはさんだ文書の内容にはいっさい触れず、コヴァルの人柄やオークリッジでの任務のこと、ジープのこと、それから見落とした手がかりのことへと話題を振り向けた。たとえば、戦争中ＣＣＮＹではコヴァルがほかの級友たちより一〇歳年上であることに誰もが気づいていた。なぜだろうとは思っていたが、まさか極秘の行動計画を持ったスリーパー・エージェントだったとは夢にも思わなかったという。クラミッシュもよく知っていたように、警告とすべき手がかりはつねにあったのだ。

謝辞

本の執筆は、ひとつひとつ段階を踏んで進めていく包括的な作業である。短距離走ではなくマラソンのようなものだ。ゴールに到達できたとき、わたしは自分への褒美として謝辞を書く。執筆のどの段階で、誰にどんな手助けをしてもらったかを振り返って感謝を捧げていると、わたしはこのうえもなく誇らしい気持ちになる。『スリーパー・エージェント』では、さまざまなできごとやそれに関わった人々の物語を書くことができた。ここからはただ感謝の歌だけを歌っていく。

いつものように、まずはエージェントのアリス・マーテルに。彼女の知恵、交渉力、勤勉さは、作家たちにとっては何より貴重な贈り物だ。大きなモチベーションを与えてくれるアリスの肉声に、わたしはどれほど励まされたことだろう。彼女のアシスタント、ステファニー・フィンマンにも感謝している。

有能な編集者は、作家個人のスタイルや進路を尊重するが、このままでは道を踏み外しかねないと判断したときには時宜をとらえて助言する。繊細さと鋭い眼識を兼ね備えたボブ・ベンダーは、まさにそのような編集者だ。わたしはこの作品を通じてもつれた糸を解きほぐし、長らくヴェールに包まれてきたジョージ・コヴァルの生涯の謎を解明しようと決意していた。ボブは最初からそれを理解してくれていた。わたしが大発見をして有頂天になったときには黙って見守り、深掘りしようと無理をしすぎたときにはたしなめ、絶妙なタイミングでがまんすべきときを教えてくれた。ボブと彼のアシスタント、ジョハンナ・

りには言葉では言い表せないほどに感謝している。

執筆には長い歳月と忍耐を要したが、わたしは幸いにも、以下の人々に力を貸してもらうことができた。

マイアミ大学図書館スラヴ関連資料担当司書のマーシャ・ステパノワは、ロシア語の手紙や書籍、記事など、必要な資料をさがして翻訳し、本書にとって重要な情報を用意してくれた。そのみごとな仕事ぶりのおかげで、たとえばコヴァルが一九四〇年にアメリカに戻ったときの詳細や、彼のスパイ活動をソ連軍参謀部情報総局が高く評価したことを示す一九五三年の書簡の内容を盛り込むことができた。得がたい人材にめぐり会えたことを幸運に思う。

調査員のジョアン・ドリリングのすぐれた技能にも助けられた。ジョアンは決してあきらめない粘り強さで、有益な、そしてしばしば驚くような情報を見つけ出してくれた。とくにスパイのアーサー・アダムズについての詳細や、いくつかのソヴィエト・スパイ網の埋もれたつながりを明らかにできたことをうれしく思っている。ほんとうに、献身的なかけがえのない調査員だった。彼女が数千ページにおよぶＦＢＩの報告書に索引をつけ、数多くのタイムラインを作成してくれたおかげで、わたしは複数のできごとや、プレーヤーたちの住所や活動拠点のあいだに接点を見いだすことができた。

わたしがしばしば〝国の宝〟と呼んだ学術図書館司書（リサーチ・ライブラリアン）のアリソン・ギブソンは希少な文献をさがし出し、ベンジャミン・Ｗ・ラッセンにまつわる謎など、いくつかの難題の解決を助けてくれた。役立ちそうな資料を嗅ぎ出す鋭い嗅覚にどれだけ助けられたことか知れない。

週に一冊は本を読むジューン・ジッペリアンもまた、わたしにとってはたいせつな協力者だった。彼女に原稿を読んでもらったことで、読書の習慣がいかに有能な批評家を育むものかを実感した。ジューンが本書をふくめてわたしの四冊の著書すべての最初の読者だったことを誇りに思っている。

膨大な量にのぼるＦＢＩの報告書に目を通して関連事項の書かれたページを洗い出し、調査旅行に何度か同行してくれたマーレイ・B・プライスにも感謝している。延々と続くかに思える作家の孤独な時間も、配偶者が日々の仕事を理解してくれていれば充実したひとときに変わりうる。ありがとう、マーレイ。

ジョージ・コヴァルの陸軍時代の同僚で、ともにオークリッジに配属され、CCNYでも級友だったデュアン・M・ワイスには、さまざまなエピソードや思い出をたくさん聞かせてもらった。調査に着手したときには、ブリジット・M・ヴィスが本書に『潜伏〔Undetected〕』という仮タイトルをつけてくれた。さらに、執筆をはじめてまもないころには、サリ・エーヴィヒがこのテーマに高い関心を寄せ、船舶の乗客名簿や家系図の調査に関わる専門知識を提供してくれた。ジョージ・コヴァルの高校時代の学校アルバムの写真に添えられた「彼は力強い男だ」という言葉が、ヘンリー・ワーズワース・ロングフェローの詩「村の鍛冶屋」からの引用であることにいち早く気づいてくれたのも彼女だ。そのことにはとくに感謝している。また、やはりこの本の執筆に取りかかったばかりのころ、すぐれた能力を発揮してロシア語文献を翻訳してくれたヴィクトリア・ベアードにも感謝したい。さらに、次々と重要な締め切りが迫るなか、惜しみなく力を貸してくれたロビン・ギルバート、メロディ・コーケンスパーガー、ソーニャ・クロッパー、ロン・ラルストンにも感謝する。ジェイムズ・ラルストンが提供してくれた核物理学の知識、原稿編集者（コピー・エディター）のジョシュ・カープフと製作編集者（プロダクション・エディター）のリサ・ヒーリーのすばらしい仕事ぶりにも心から感謝している。

調査の過程では、多くの図書館司書や公文書館専門職員（アーキヴィスト）の手を借りた。未来の人々が過去について何を知ることができるかは彼ら次第なのだ。手紙や日記、報告書、政府文書、個人の記録、写真、新聞、雑誌、チラシなど、数え切れないほど多くの資料のなかに歴史的証拠が残されている。こうした資料の調査を助けてくださった以下のみなさまに感謝する。

メリーランド州カレッジ・パークの国立公文書館アーキヴィストのエイミー・レイター。オハイオ州シンシナティのヘブライ・ユニオン・カレッジ・ユダヤ人宗教研究所内、ジェイコブ・レイダー・マーカス・

アメリカン・ジューイッシュ・センター所長のゲイリー・ゾラ博士と調査部長のデイナ・ハーマン博士、ヘブライ・ユニオン・カレッジのクラウ図書館司書アリス・フィンクルスタイン。ニューヨーク市のユダヤ歴史センターおよびYIVO（イーヴォ）ユダヤ調査研究所のアーキヴィスト、イリヤ・スラヴッキー。また、ニューヨーク市立大学シティカレッジ（CCNY）の主任アーキヴィスト、シドニー・C・ヴァン・ノート、トルーマン図書館のデイヴィッド・クラーク、米国電気電子学会のアーロン・ノヴェル。オークリッジでは、オークリッジ市公共図書館オークリッジ資料室のテレサ・フォートニー、Y－12国家安全保障施設専属の歴史家（マンハッタン計画の歴史を語り伝え、核施設を史跡として保全する活動に尽力した）、D・レイ・スミス、オークリッジ国立研究所のマーク・ディッキー、マンハッタン・プロジェクト国立歴史公園のロビー・マイヤー。スーシティ市立博物館の学芸員トム・マンソン、スーシティ市公共図書館のケルシー・パターソン。

情報自由法（FOIA）を通じて連邦捜査局文書保管室から取り寄せた膨大な数のファイルに関しては、つねにシステム上可能なかぎり好意的に効率よく対応してくれたFBI広報担当官のリアーナ・ラムジーに感謝しなくてはならない。FBIの編集ずみファイルに関しては、報道の自由のための記者委員会のアダム・マーシャル弁護士がFOIAを有効に利用して、（当該機関が請求された情報の開示を拒否した場合などに）不服を申し立てる方法を助言してくれた。弁護士で作家のマーク・シムロットにも特別の感謝を捧げたい。

このほかにも多くの図書館や文書館のお世話になった（以下、archives のうちデジタル化ずみのデータベースと思われるものはカタカナ書きの「アーカイヴ」とした）。ニューヨーク公共図書館本館の閲覧室とレファレンス・デスク。ニューヨーク市チェンバーズ通り三一番地にある市立図書館。ニューヨーク市記録情報サービス課。ニューヨーク歴史博物館。コロンビア大学、ウィスコンシン大学、ノートルダム大学、シカゴ大学、そしてマサチューセッツ工科大学の各文書館。ニューヨーク大学のタミメント図書館。ワシントン大学の特別コレクション。テキサス州のガルヴェストン歴史財団文書館。ワシントンDCの原子力遺産財団（アトミック・ヘリテージ）。オハイオ州オークウッドのライト記念公共図書館。ニューメキシコ州アルバカーキの国立原子力博物館。米国科学アカデミー文書館。米国国務省パスポート課。ニューヨークタイムズ・アーカイヴ。イスラエルのエルサレムにあるユダヤ民族史中央文書館。Ancestry.com. オハイオ州マイアミズバーグのマウンド科学エネルギー博物館。ゼネラル・エレクトリック・アーカイヴ。マサチューセッツ州土地登記記録のウェブサイト。ヘテリック記念図書館内のオハイオ・ノーザン大学資料室。ベラルーシのピンスク市立文書館。情報自由法電子閲覧室：cia.gov/library/readingroom.

ロシア側の資料に関しては、ジョージ・コヴァルの又姪マヤ・コヴァルが協力してくれた。ジョージが表紙にサインした一九三一年刊行の『草の葉』の写真を送ってもらったことはとりわけうれしく思った。また、ジョージ・コヴァルについて調査・執筆したロシアの研究者、アレクサンドル・ペトロヴィチ・ジューコフとユーリ・アレクサンドロヴィチ・レベデフ、すでに故人となったGRUの歴史家ウラジーミル・ロタに敬意を捧げたい。マイアミ大学のハヴィガースト・ロシアおよびポスト・ソヴィエト研究センター所長のスティーヴン・ノリス博士、ロシア語教授であり、センターの通訳者でもあるベンジャミン・サトクリフ博士にもたいへんお世話になった。心からお礼を申し上げる。

いくつかの調査段階で快く力を貸してくれた人々のお名前もあげておく。ドン・コネリー、ブライアン・コネリー、ロン・エリス、ピーター・フィッシャー、コーリー・フリントフ、マシュー・フランシス、リチャード・ハッケン、ピーター・ハウク、デイヴィッド・カッツマン、ポール・ランバーガー、マーク・ニーカーク、ロリ・ステイセル、マイケル・スターロ、ジム・トービン、ビル・タトル、ジム・ヴィース、アン・ヴィース、ジョン・ワーナー、ジョスリン・ウィルク。さらに、チェイス・ビーチ、スコット・バイヤース、サラ・バイヤース、リチャード・キャンベル、スカーレット・チェン、ジェニー・クラーク、ペリー・クラーク、ニック・クルーニー、ニナ・クルーニー、ジェレマイア・コスタ、ジェフリー・ダナフー、キャロル・ダナフー、ケイリー・ドイル、リン・フレイズ、ティム・ギルマン、クリスティン・ギルマン、リサ・ハイツ、パム・ハウク、マーク・ジョーンズ、トム・ローレンソン、アリス・ローレンソン、ロイス・ローガン、キース・マクウォルター、ジョー・プレッシャー、クリス・シンガー、エミリー・ウィリアムズ、ジョー・ウォロール、そして故ジョージ・W・ハウク。みなさまに厚くお礼を申しあげる。

最後に、何年も前に「ウォールストリート・ジャーナル」紙のスタッフライターとして勤務していたころのわたしの担当編集者たち、日々の執筆ルーティンを粘り強く続ける姿勢と、謙虚であることのたいせつさを教えてくれたドン・モフィット、ノーム・パールスタイン、ポール・スタイガー、スティーヴ・アドラーに、心からの感謝を捧げたい。

参考文献

Akhmedov, Ismail. *In and Out of Stalin's GRU: A Tatar's Escape from Red Army Intelligence*. Frederick, MD: University Publications of America, 1984.

Albright, Joseph, and Marcia Kunstel. *Bombshell: The Secret Story of America's Unknown Atomic Spy Conspiracy*. New York: Times Books, 1997.

Andrew, Christopher, and Oleg Gordievsky. *KGB: The Inside Story of Its Foreign Operations from Lenin to Gorbachev*. New York: HarperCollins, 1992.

Andriushin, I. A., A. K. Chernyshev, and IU. A. Iudin, "Khronologiia osnovnykh sobytii istorii atomnoi otrasli SSSR i Rossii" [The Chronology of Key Events in the History of the Nuclear Industry in the USSR and Russia."] In *Ukroshchenie iadra: stranitsy istorii iadernogo oruzhiia i iadernoi infrastruktury SSSR* [*Taming the Nucleus: The Pages of the History of Nuclear Weapons and Nuclear Infrastructure in the USSR*], edited by R. I. Il'kaev. Sarov and Saransk: Krasnyi Oktiabr', 2003.

Baggott, Jim. *The First War of Physics: The Secret History of the Atom Bomb, 1939–1949*. New York: Pegasus Books, 2010.〔ジム・バゴット『原子爆弾　1938～1950年――いかに物理学者たちは、世界を残虐と恐怖へ導いていったのか?』青柳伸子訳，作品社〕

Baldwin, Neil. *Henry Ford and the Jews: The Mass Production of Hate*. New York: PublicAffairs, 2001.

Bird, R. Byron. *Charles Allen Thomas, 1900–1982: A Biographical Memoir*. Washington, D.C.: National Academy of Sciences, 1994.

Blum, Howard. *In the Enemy's House*. New York: HarperCollins, 2018.

Bush, Vannevar. *Modern Arms and Free Men*. New York: Simon & Schuster, 1949.

Campbell, Craig, and Sergey Radchenko. *The Atomic Bomb and the Origins of the Cold War*. New Haven, CT: Yale University Press, 2008.

Chambers, Whittaker. *Witness*. New York: Random House, 1952.

Cohen, Adam. *Nothing to Fear: FDR's Inner Circle and the Hundred Days That Created Modern America*. New York: Penguin Press, 2009.

Cohen, Rabbi Henry II. *Kindler of Souls: Rabbi Henry Cohen of Texas*. Austin: University of Texas Press, 2007.

Committee on Un-American Activities, U.S. House of Representatives. *The Shameful Years: Thirty Years of Soviet Espionage in the United States*. December 30, 1951.

Compton, Arthur Holly. *Atomic Quest: A Personal Narrative*. New York: Oxford University Press, 1956.

Conner, Susan Marks, ed. *I Remember When . . . Personal Recollections and Vignettes of the Sioux City Jewish Community, 1869–1984*. Based on Oscar Littlefield's History. Sioux City, Iowa: Jewish Federation of Sioux City, 1985.

Coryell, Julie E., editor. Interviews by Joan Bainbridge Safford. *A Chemist's Role in the Birth of Atomic Energy: Interviews with Charles DuBois Coryell*. Portland, OR: Promethium Press, 2012.

Culver, John C., and John Hyde. *American Dreamer: The Life and Times of Henry A. Wallace*. New

York: W. W. Norton, 2000.

Gentry, Curt. *J. Edgar Hoover: The Man and the Secrets*. New York: W.W. Norton, 2001.〔カート・ジェントリー『フーヴァー長官のファイル 上,下』吉田利子訳,文藝春秋〕

Gessen, Masha. *Where the Jews Aren't: The Sad and Absurd Story of Birobidzhan, Russia's Jewish Autonomous Region*. New York: Schocken, 2016.

Gilbert, Keith V. *History of the Dayton Project*. Miamisburg, OH: Monsanto Research Corporation, 1969.

Glinsky, Albert. *Theremin: Ether Music & Espionage*. Urbana: University of Illinois Press, 2000.

Goodman, Walter. *The Committee: The Extraordinary Career of the House Committee on Un-American Activities*. New York: Farrar, Straus & Giroux, 1968.

Gordon, Linda. *The Second Coming of the KKK: The Ku Klux Klan of the 1920s and the American Political Tradition*. New York: Liveright, 2017.

Gornick, Vivian. *The Romance of American Communism*. New York: Basic Books, 1979.

Gottlieb, Robert. *Avid Reader: A Life*. New York: Farrar, Straus & Giroux, 2016.

Groueff, Stephane. *Manhattan Project: The Untold Story of the Making of the Atomic Bomb*. New York: Little, Brown, 1967.〔ステファーヌ・グルーエフ『マンハッタン計画——原爆開発グループの記録』中村誠太郎訳,早川書房〕

Groves, General Leslie M. *Now It Can Be Told: The Story of the Manhattan Project*. New York: Harper & Row, 1962.〔レスリー・R・グローブス『原爆はこうしてつくられた』富永謙吾,実松譲訳,恒文社〕

Hadden, Gavin, ed. *Manhattan District History: Book VIII, Los Alamos Project (Y)*. Volume 3, Auxiliary Activities, Chapter 4, Dayton Project. 1947.

Haslam, Jonathan. *Near and Distant Neighbors: A New History of Soviet Intelligence*. New York: Farrar, Straus & Giroux, 2015.

Haynes, John E. *Red Scare or Red Menace? American Communism and Anticommunism in the Cold War Era*. Chicago: Ivan Dee, 1995.

Haynes, John Earl and Harvey Klehr. *Early Cold War Spies: The Espionage Trials That Shaped American Politics*. Cambridge, UK: Cambridge University Press, 2006.

Haynes, John Earl and Harvey Klehr. *In Denial: Historians, Communism & Espionage*. San Francisco: Encounter Books, 2005.

Haynes, John Earl and Harvey Klehr. *Spies: The Rise and Fall of the KGB in America*. New Haven, CT: Yale University Press, 2009.

Haynes, John Earl and Harvey Klehr. *Venona: Decoding Soviet Espionage in America*. New Haven, CT: Yale University Press, 1999.〔ジョン・アール・ヘインズ,ハーヴェイ・クレア『ヴェノナ——解読されたソ連の暗号とスパイ活動』中西輝政監訳,山添博史,佐々木太郎,金自成訳,扶桑社〕

Herken, Gregg. *Brotherhood of the Bomb: The Tangled Lives and Loyalties of Robert Oppenheimer, Ernest Lawrence, and Edward Teller*. New York: Henry Holt, 2013.

Hoddeson, L., P. W. Henriksen, R. A. Meade, and C. Westfall. *Critical Assembly: A Technical History of Los Alamos During the Oppenheimer Years*. Cambridge: Cambridge University Press, 1993.

Holloway, David. *Stalin and the Bomb: The Soviet Union and Atomic Energy, 1939-1956*. New Haven, CT: Yale University Press, 1994.〔デーヴィド・ホロウェイ『スターリンと原爆』川上洸,松本幸重訳,大月書店〕

Hoover, J. Edgar. *Masters of Deceit*. New York: Henry Holt, 1958.

Houghton, Vince. *The Nuclear Spies: America's Atomic Intelligence Operation against Hitler and Stalin*. Ithaca, NY: Cornell University Press, 2019.

Howe, Irving. *World of Our Fathers*. New York: Open Road Media, 2017.

Johnson, Charles W. and Charles O. Jackson. *City Behind a Fence: Oak Ridge, Tennessee 1942–1946*. Knoxville: University of Tennessee Press, 1981.

Kasenkina, Oksana. *Leap to Freedom*. Philadelphia: Lippincott, 1949.

Kelly, Cynthia, and Richard Rhodes. *The Manhattan Project: The Birth of the Atomic Bomb in the Words of Its Creators, Eyewitnesses, and Historians*. New York: Black Dog & Leventhal, 2007.

Klehr, Harvey. *The Heyday of American Communism: The Depression Decade*. New York: Basic Books, 1984.

Klehr, Harvey. *The Soviet World of American Communism*. New Haven, CT: Yale University Press, 1998.

Klehr, Harvey, and John Earl Haynes. *The American Communist Movement: Storming Heaven Itself*. Woodbridge, CT: Twayne Publishers, 1992.

Klehr, Harvey, John Earl Haynes, and Fridrikh Igorevich Firsov. *The Secret World of American Communism*. New Haven, CT: Yale University Press, 1995.〔ハーヴェイ・クレア，ジョン・アール・ヘインズ，F・I・フイルソフ『アメリカ共産党とコミンテルン――地下活動の記録』渡辺雅男，岡本和彦訳，五月書房〕

Knight, Amy. *Beria: Stalin's First Lieutenant*. Princeton, NJ: Princeton University Press, 1993.

Knight, Amy. *How the Cold War Began: The Igor Gouzenko Affair and the Hunt for Soviet Spies*. New York: Basic Books, 2007.

Kopelev, Lev. *Ease My Sorrows: A Memoir*. Translated by Antonina W. Bouis. New York: Random House, 1983.

Kotkin, Stephen. *Stalin: Waiting For Hitler, 1929–1941*. New York: Penguin Press, 2017.

Kramish, Arnold. *The Griffin*. New York: Houghton Mifflin, 1986.〔アーノルド・クラミッシュ『暗号名グリフィン――第二次大戦の最も偉大なスパイ』新庄哲夫訳，新潮社〕

Krivitsky, W. G. *I Was Stalin's Agent*. London: The Right Book Club, 1939.

Krivitsky, W. G. *In Stalin's Secret Service*. New York: Enigma Books, 2000.〔W・クリヴィツキー『スターリン時代――元ソヴィエト諜報機関長の記録』根岸隆夫訳，みすず書房〕

Latynina, Alla. "Istinnoe proisshestvie" i "Raskhozhii sovetskii siuzhet" ["A Real Event" and "A Popular Soviet Story"], *Novyi mir*, no. 6, 2006.

Lebedev, IU. A. *Dva vybora . . . ob istorii verbovok Zh. A. Kovalia* [*Two Choices . . . (the History of George Koval's Recruitments*]. Moscow: RKhTU, 2014.

Lebedev, IU. A. "Novye dokumenty po istorii sovetskogo atomnogo proekta" ["New Documents on the History of the Soviet Atomic Project"], *Voprosy istorii estestvoznaniia i tekhniki* 37, no. 4 (2016), 702–35.

Lebedev, IU. A. "O doblesti, o podvige, o slave . . . Paradoksy syd'by Geroia Rossii Zhorzha Kovalia" ["Valor, Feat, Glory . . . The Paradoxes of the Fate of George Koval, the Hero of Russia"]. *Istoricheskii Vestnik RKhTU* 28, no. 3 (2009), 13–29.

Lebedev, IU. A. "Paradoksy sud'by" ["Paradoxes of Fate"]. *Vesti* (Tel Aviv), January 10, 2008, 18, 22;

January 17, 2008, 20, 33; February 14, 2008, 38–39; February 21, 2008, 26–27.

Lebedev, IU. A. *Vetvleniia sudby Zhorzha Kovalia* [*Branches of Fate of George Koval*]. 2 vols. Moscow: Tovarishchestvo Nauchnykh Izdanii KMK, 2019.

Lebedev, IU. A. and G. I. Koval. "Pishchat' nel'zia . . . " ["Squeaking Is Not Allowed . . . "]. *Istoricheskii Vestnik RKhTU* 44, no. 2 (2014), 20–21.

Lee, Albert. *Henry Ford and the Jews*. New York: Stein & Day, 1980.

Lokhova, Svetlana. *The Spy Who Changed History*. London: William Collins, 2018.

Longfellow, Henry Wadsworth. *The Village Blacksmith*. New York: E.P. Dutton, 1890.

Lota, V. I. "Ego zvali 'Del'mar' " [" 'They Called Him 'Delmar' "]. *Krasnaia Zvezda* 128, July 25, 2007.

Lota, V. I. *GRU i atomnaia bomba* [*The GRU and the Atomic Bomb*]. Moscow: Olma-Press, 2002.

Lota, V. I. "Kliuchi ot ada" ["The Keys to Hell"]. *Sovershenno Sekretno* 8, no. 124 (1999).

Lota, V. I. *Kliuchi ot ada* [The Keys to Hell] (Moscow: Kuchkovo pole, 2008).

Lota, V. I. "Operatsiia "Del'mar' " ["Operation 'Delmar' "], *Krasnaia zvezda*, no. 71 (23616), April 19, 2002.

Lota, V. I. "Spetskomandirovka . . . v Ok-Ridzh" ["Special Assignment . . . to Oak Ridge"]. *Krasnaia Zvezda*, no. 238 (December 25, 2013), 6, and no. 4 (January 15, 2014), 6.

Lota, V. I. "Vklad voennykh razvedchikov v sozdanie otechestvennogo atomnogo oruzhiia, 1941–1945 gg" ["The Contribution of Military Intelligence Agents to the Creation of the Soviet Atomic Weapons. 1941–1945"], *Voennoistoricheskii zhurnal*, no. 11 (2006).

Lota, V. I. "Zvezda 'Del'mara' " ["The Star of 'Del'mar' "]. *Rossiiskoe Voennoe Obozrenie*, no. 10, 40–44, and no. 11 (2008), 34–49.

Macintyre, Ben. *A Spy Among Friends: Kim Philby and the Great Betrayal*. New York: Crown, 2014.〔ベン・マッキンタイアー『キム・フィルビー――かくも親密な裏切り』小林朋則訳, 中央公論新社〕

Macintyre, Ben. *The Spy and the Traitor: The Greatest Espionage Story of the Cold War*. New York: Crown, 2018.〔ベン・マッキンタイアー『KGBの男――冷戦史上最大の二重スパイ』小林朋則訳, 中央公論新社〕

Marinbach, Bernard. *Galveston: Ellis Island of the West*. Albany: SUNY Press, 1984.

Maroon & White, 1929, vol. 25. Central High School yearbook, Sioux City, Iowa.

Mayhew, Robert. *Ayn Rand and* Song of Russia*: Communism and Anti-Communism in 1940s Hollywood*. Lanham, MD: Scarecrow Press, 2004.

McCullough, David. *Truman*. New York: Simon & Schuster, 1992.

"Iz mendeleevtsev XX veka" ["Of Mendeleevites of XX century"], *Mendeleevets*, no. 10 (2299), December 2013.

Moyer, Harvey V., ed. *Polonium*. Oak Ridge: US Atomic Energy Commission Technical Information Service Extension, TID-5221, July 1956.

Norris, Robert S. *Racing for the Bomb: The True Story of General Leslie R. Groves, The Man Behind the Birth of the Atomic Age*. New York: Skyhorse Publishing, 2014.

Olmsted, Kathryn S. *Red Spy Queen: A Biography of Elizabeth Bentley*. Chapel Hill: University of North Carolina Press, 2003.

Ossian, Lisa L. *The Depression Dilemmas of Rural Iowa, 1929–1933*. Columbia: University of Missouri Press, 2011.

Pinkus, Benjamin. *The Jews of the Soviet Union: The History of a National Minority*. Cambridge, UK: Cambridge University Press, 2008.

Pondrum, Lee G. *The Soviet Atomic Project: How the Soviet Union Obtained the Atomic Bomb*. Singapore; Hackensack, NJ: World Scienti-c Publishing Co., 2018.

Reed, Thomas C., and Danny B. Stillman. *The Nuclear Express: A Political History of the Bomb and Its Proliferation*. London: Zenith Press, 2009.

Reuben, William A. *The Atom Spy Hoax*. New York: Action Books, 1955.

Rhodes, Richard. *Dark Sun: The Making of the Hydrogen Bomb*. New York: Simon & Schuster, 1995.〔リチャード・ローズ『原爆から水爆へ——東西冷戦の知られざる内幕(上)(下)』小沢千重子,神沼 二真訳,紀伊國屋書店〕

Rhodes, Richard. *Energy: A Human History*. New York: Simon & Schuster, 2018.〔リチャード・ローズ『エネルギー400年史——薪から石炭、石油、原子力、再生可能エネルギーまで』秋山勝訳,草思社〕

Rhodes, Richard. *The Los Alamos Primer: The First Lectures on How to Build an Atomic Bomb*. New York: Chump Change, 2018.〔Robert Serber著, Richard Rhodes編『ロスアラモス・プライマー——開示教本「原子爆弾製造原理入門」』今野廣一訳,丸善プラネット〕

Rhodes, Richard. *The Making of the Atomic Bomb*. New York: Simon & Schuster, 1986.〔リチャード・ローズ『原子爆弾の誕生(上)(下)』神沼二真,渋谷泰一訳,紀伊國屋書店〈普及版〉〕

Richelson, Jeffrey T. *Spying On the Bomb: American Nuclear Intelligence from Nazi Germany to Iran and North Korea*. New York: W.W. Norton, 2007.

Rockaway, Robert A. *Words of the Uprooted: Jewish Immigrants in Early 20th Century America*. Ithaca, NY: Cornell University Press, 1998.

Romerstein, Herbert, and Eric Breindel. *The Venona Secrets: Exposing Soviet Espionage and America's Traitors*. Washington, DC: Regnery History, 2001.

Rovner, A. *The "Icor" and the Jewish Colonization in the U.S.S.R.* New York: ICOR, 1934.

Rubinstein, Hilary L., Dan Cohn-Sherlock, Abraham J. Edelheit, and William D. Rubenstein. *The Jews in the Modern World: A History Since 1750*. London: Hodder Education, 2002.

Sakmyster, Thomas. *Red Conspirator: J. Peters and the American Communist Underground*. Champaign: University of Illinois Press, 2011.

Scammell, Michael. *Solzhenitsyn: A Biography*. New York: W.W. Norton, 1984.

Schmidt, Regin. *Red Scare: FBI and the Origins of Anticommunism in the United States, 1919–1943*. Copenhagen: Museum Tusculanum Press, University of Copenhagen, 2000.

Schrecker, Ellen W. *No Ivory Tower: McCarthyism & the Universities*. Oxford: Oxford University Press, 1986.

Shitov, Andrei. "Agent Del'mar vykhodit na sviaz" ["Agent Delmar Makes Contact"], *Rossiiskaia gazeta*, no. 4575, January 30, 2008.

Shitov, Andrei. "Geroi Rossii ostalsia grazhdaninom SShA" ["The Hero of Russia Remained a US Citizen"], *Rossiiskaia gazeta*, no. 4676, June 4, 2008.

Shtakser, Inna. *The Making of Jewish Revolutionaries in the Pale of Settlement: Community and Identity during the Russian Revolution and Its Immediate Aftermath, 1905–07*. Palgrave Studies in the History of Social Movements. London: Palgrave Macmillan, 2014.

Shteinberg, M. "Glavnyi atomnyi shpion" ["The Main Atomic Spy"], *Chaika Seagull Magazine*, no. 23 (106), December 1, 2007.

Shuman, Bernard. *A History of the Sioux City Jewish Community, 1869 to 1969*. Sioux City, IA: Jewish Federation, 1969.

Smith, Hedrick. *The New Russians*. New York: Random House, 2012.〔ヘドリック・スミス『新・ロシア人(上)(下)』飯田健一監訳,日本放送出版協会〕

Smith, Walter Bedell. *My Three Years in Moscow*. New York: Simon & Schuster,1949.〔ウオルター・ベデル・スミス『モスクワの三年』朝日新聞社訳,朝日新聞社〕

Smyth, Henry DeWolf. *Atomic Energy for Military Purposes: The Official Report on the Development of the Atomic Bomb under the Auspices of the United States Government, 1940–1945*. Princeton, NJ: Princeton University Press, 1945.〔H・D・スマイス『原子爆弾の完成――スマイス報告』杉本朝雄,田島英三,川崎榮一訳,岩波書店〕

Soldatov, Andrei, and Irina Borogan. *The Compatriots: The Brutal & Chaotic History of Russia's Exiles, Émigrés, and Agents Abroad*. New York: Public-Affairs, 2019.

Solzhenitsyn, Aleksandr I. *In the First Circle*. Translated by Harry T. Willets. New York: HarperCollins, 2009.

Solzhenitsyn, Aleksandr I. *The First Circle*. Translated from the Russian by Thomas P. Whitney. New York: Harper & Row, 1968.〔ソルジェニーツィン『煉獄のなかで』木村浩,松永緑弥訳,新潮社〕

Solzhenitsyn, Aleksandr. *The Gulag Archipelago, 1918–1956: An Experiment in Literary Investigation*. New York: Harper & Row, 1973.〔アレクサンドル・ソルジェニーツィン『収容所群島――1918–1956 文学的考察(1)〜(6)』木村浩訳,新潮社〕

Srebrnik, Henry Felix. *Dreams of Nationhood: American Jewish Communists and the Soviet Birobidzhan Project, 1924–1951*. Brighton, MA: Academic Studies Press, 2010.

Srebrnik, Henry. *Jerusalem on the Amur: Birobidzhan and the Canadian Jewish Movement, 1924–1951*. London: McGill–Queen's University Press, 2008.

Steinbeck, John. *A Russian Journal*. New York: Viking, 1948.〔ジョン・スタインベック『ロシア紀行――かつて戦争があった』(日本スタインベック協会監修『スタインベック全集14』)今村嘉之,藤田佳信,小野迪雄訳,大阪教育図書〕

Straight, Michael. *After Long Silence*. New York: W.W. Norton, 1983.

Sudoplatov, Pavel and Anatoli Sudoplatov. With Jerrold L. and Leona P. Schecter. *Special Tasks: The Memoirs of an Unwanted Witness—A Soviet Spymaster*. New York: Little, Brown, 1994.

Sulick, Michael J. *Spying in America*. Washington, DC: Georgetown UniversityPress, 2012.

Suvorov, Viktor. *Inside Soviet Military Intelligence*. New York: Macmillan, 1984.

Theoharis, Athan G. *Chasing Spies: How the FBI Failed in Counterintelligence but Promoted the Politics of McCarthyism in the Cold War Years*. Chicago: Ivan Dee, 2002.

Theoharis, Athan G., and John Stuart Cox. *The Boss: J. Edgar Hoover and the Great American Inquisition*. Philadelphia: Temple University Press, 1988.

Thomas, Charles Allen and John C. Warner. *The Chemistry, Purification and Metallurgy of Polonium*. Oak Ridge: Atomic Energy Commission, Office of Technical Information, 1944.

Thomas, Linda Carrick. *Polonium in the Playhouse*. Columbus: Ohio State University Press, 2017.

Tobias, Henry Jack. *The Jewish Bund in Russia*. Stanford, CA: Stanford University Press, 1972.

Wachman, M. J. *Why the Jewish Masses Must Rally to the Defense of the Soviet Union*. New York: ICOR, 1932.

Vaksberg, Arkady. *Stalin Against the Jews*. Translated by Antonina W. Bouis. New York: Knopf, 1994.

Van Der Rhoer, Edward. *The Shadow Network*. New York: Scribner, 1983.

Van Nort, Sydney C. *The City College of New York*. The Campus History Series. Mount Pleasant, SC: Arcadia Publishing, 2007.

Weinberg, Robert. *Stalin's Forgotten Zion: Birobidzhan and the Making of a Soviet Jewish Homeland*. Berkeley: University of California Press, 1998.

Weiner, Hollace Ava. *Jewish Stars in Texas: Rabbis and Their Work*. College Station, TX: Texas A&M University Press, 2006.

Weinstein, Allen. *Perjury: The Hiss-Chambers Case*. New York: Knopf, 1978.

Weinstein, Allen. *The Haunted Wood: Soviet Espionage in America—The Stalin Era*. New York: Modern Library, 2000.

Westcott, Ed. *Images of America: Oak Ridge*. Mount Pleasant, SC: Arcadia Publishing, 2005.

Whitman, Walt. *Leaves of Grass*. New York: Doubleday, 1940.〔ウォルト・ホイットマン『草の葉』富山英俊訳，みすず書房ほか〕

Zhukov, A. P. *Atmosfera deistvii: Zhorzh Abramovich Koval* (1913–2006) [*The Atmosphere of Action: George Abramovich Koval* (1913–2006)]. Moskva: RKhTU, 2013.

Zhukov, A. P. "Mendeleyevets v Oak-Ridge (st. Tennessee USA)" ["A Mendeleevite at Oak Ridge (Tennessee USA)"]. *Istoricheskii Vestnik RkhTU* 3, no. 5 (2001), 31–35.

原　注

人の生涯をめぐる真実を発掘するには、さまざまな決断や目的達成の裏にあった動機や願望や不安、信念、希望を探るため、広範な調査を必要とする。そのような情報は、手紙や日記、はがき、新聞の切り抜き、学校アルバム、写真、地図、納税記録、乗船名簿、パスポート、ときには本に残されたサインにさえ埋もれているが、必ずしもたやすく見つかるとはかぎらない。スパイの生涯を物語るのは二重にむずかしい。なぜなら中心となる役者たちが生きているあいだに専門技能を駆使し、真実にいたる道をことごとくふさいでしまっているからだ。ジョージ・コヴァルの生涯に関わる調査では、彼がGRU（ソ連軍の情報総局）のスパイだったために困難が加わった。なぜなら、1940年代にアメリカで何をしていたのか、その任務の記録がいまだにほとんど閲覧できないからだ。本書のエピローグでも触れたように、ソ連のスパイ交信記録の暗号解読作戦“ヴェノナ”プロジェクトをテーマにした本など、多数の著作がある冷戦史の専門家、ジョン・アール・ヘインズは、コヴァルの名が浮上するまでは、マンハッタン計画におけるGRUの策謀など「まったく何も」知られていなかったと述べた。ソ連の諜報活動に詳しい歴史学者ジョナサン・ハスラムは、2019年に出版したその著書『近くて遠い隣人〔原題 *Near and Distant Neighbors*〕』のなかで、GRUの歴史が「白日のもとにさらされるのはまだまだ先のことだ」と書いている。

では、どのようにすれば1940年代にアメリカで暗躍した原爆スパイの生涯にたどり着けるのか。まずは、第二次世界大戦時の欧米でソ連がどのようなスパイ活動をしていたのか、その実態はまだようやく解明がはじまったばかりという認識を持つ。答えが出ないままに終わる謎もあることを覚悟する。それから、明確な目標をいくつも設定し、一次資料や記録にあたる。FBIの事件報告書を調べ、物語の主要なプレーヤーに関する詳細な年表を作成し、隠れ蓑として使われた店や居宅の住所を地図に描き入れ、偶然であった可能性をことごとくつぶしていく。さらに、これまでスパイ問題の専門家が書いた名著や記事を片っ端から読んでいく。

『スリーパー・エージェント』を執筆するにあたっては、ジョージ・コヴァル、ベンジャミン・ラッセン、アーサー・アダムズに関するFBIの膨大な捜査ファイルが非常に役立った。数百ページにおよぶネイサン・グレゴリー・シルヴァマスター捜査報告書やJ・エドガー・フーヴァーの多くのメモ、それもとくにコヴァルの元の同僚や上司、雇用主、家主、級友、ガールフレンド、親族、教師への聞き取り調査の記録には助けられた。また、パスポートの申請書や陸軍登録記録、機密情報ファイル、法的記録といったありとあらゆる公文書に関わる調査報告書もあった。7000ページ近くにのぼるこれらの報告書を精査することで、重要な一次資料はもちろん、主要な人物の行動を時間軸に沿って記述する手がかりを得ることができた。しかし、こうしたファイルにはところどころに矛盾や誤り、重複があり、編集が施されている場合もあったことを指摘しておかなければならない。事実は適宜再確認をする必要があるものだ。

わたしはまた、すぐれた二次資料も参照し、主要参考文献として巻末にその一覧を掲載した。いずれも本文とほぼ同等に興味をそそる注釈がついている。おそらく将来はこれらの資料をもとにまた新たな本が書かれ、戦時アメリカにおけるソ連のスパイ活動の研究を進めるための最良の手法、

最良の資料が明らかになることと思う。謝辞にも書いたように、わたしは国内各地の文書コレクションにもあたり、所収された数多くの書類を読み込んだ。

そうした探求の目的は、もちろん、可能なかぎり真実に迫ることだったが、同時に、コヴァルがGRUから命じられたアメリカへの「出張」にまつわる長年の謎を少しでも解明することだった。たとえば、本書で明らかにしたように、コヴァルが1944年8月にマンハッタン計画のオークリッジ施設に配属されたのは、単に幸運なめぐり合わせではなかった。また、コヴァルが1948年にモスクワへ戻ったあとに困難に直面したのは、任務が不調に終わったからではなかった。コヴァルがソ連に送ったことがわかっている、オークリッジ施設やポロニウムの生産方法、放射線安全対策に関する報告書は、ソ連が初の原子爆弾を完成させるまでの期間を大幅に短縮した。

しかし解き明かせなかった謎も多数あり、残念に思っている。コヴァルはソ連軍の情報総局に何通の報告書を送ったのか。その正確な時期はいつだったのか。1948年にコヴァルのはがきを受け取った人物はスパイ活動に関わっていたのか。あるいは少なくとも彼が二重生活を送っていたことを知っていたのか。運び屋の「クライド」はベンジャミン・ラッセンの別のコードネームだったのか。そして1948年9月にグランド・セントラル・パレスでコヴァルが会えなかった人物は何者なのか。止めどなく疑問が湧いてくる。しかし本を書くかぎりは、必ずどこかの時点で終わりにしなければならない。

わたしはふたつのことを願っている。ひとつは、『スリーパー・エージェント』を通じ、読者がひとりのスパイの興味深い心理を理解してくださること。もうひとつは、未来の研究者に本書を役立ててもらうことだ。この本を書くことにより、アメリカにおけるソ連スパイ活動史の閉じられた扉を少しずつこじあけていく作業に、わずかながら貢献できたと自負している。

プロローグ

1. Robert W. Potter, “Three Big Shows for City’s Jubilee,” *New York Times*, June 6, 1948, 13; William L. Laurence, “Public to Witness Atom Explosions: First Demonstration of Actual Uranium Blasts Scheduled Here for Golden Jubilee,” *New York Times*, August 9, 1948, 21; “Far Star to Open City Jubilee Show,” *New York Times*, August 16, 1948, 21; Associated Press, “Starlight of 50 Years Ago to Open New York Exhibit,” *Kingston Daily Freeman* (Kingston, NY), August 20, 1948, 1; Paul Blauvelt, “Visitors at Exposition to See Atom-Splitting,” *Brooklyn Daily Eagle*, August 22, 1948, 3; Walter Sullivan, “City’s Exposition for Jubilee Opens in Blaze of Lights,” *New York Times*, August 22, 1948, 1.
2. Sullivan, 21.
3. Best Show in New York”: Bob Considine, International News Service, September 16, 1948, 14.
4. C. P. Trussell, “House Body Plans to Expose Details of Atomic Spying,” *New York Times*, September 18, 1948, 1.
5. FBI case #65-16756〔「FBI 容疑者65-16756番」の意。以下、この英語名を用いる〕に関する報告書より。1956年3月に複数回、同年10月に1回、ジーンからの聞き取り調査がおこなわれた。また、FBI case #65-14743 に関する1954年1月、2月、3月の報告書も参照。「CCNYのキャンパスにほど近い」ボウリング場は、アッパーウエストサイドのリヴァーサイド教会の地階に設けられた施設内にあった。この施設は地下1階と地下2階を占め、4本のボウリングレーンのほか映画

館や講堂を備えていた。Peter J. Paris, ed., *The History of the Riverside Church in the City of New York* (New York: New York University Press, 2004).

6 FBI case #65-16756に関する1956年3月の報告書。レオナード・フィンクルスタインからの聞き取り調査記録。

7 Ibid. ジーン・フィンクルスタイン・モルデツキーからの聞き取り調査。

8 Blauvelt, 3.

9 FBI case #65-16756に関する1956年3月の報告書。

10 Ibid.

11 Irving Spiegel, "Clark Holds Spies in U.S. Are 'On Run,'" *New York Times*, September 19, 1948, 28.

12 FBI case #65-16756に関する報告書より。1955年4月に実施された家主からの聞き取り調査記録と1956年3月に実施されたジーン・モルデツキーからの聞き取り調査記録。

13 Ibid. 1956年3月の聞き取り調査記録。

第一部　新天地

第1章　アメリカン・ドリーム

1 *Sioux City Journal*, June 18, 1924, 7. Susan Marks Conner, ed., *I Remember When . . . Personal Recollections and Vignettes of the Sioux City Jewish Community, 1869–1984* (Sioux City, Iowa: Jewish Federation of Sioux City, 1985), 30–35.

2 Bernard Marinbach, *Galveston: Ellis Island of the West* (Albany: SUNY Press, 1984), 26.

3 "S/S Hannover (2), Norddeutscher Lloyd," Norway Heritage, norwayheritage.com/p_ship.asp?sh=hann2.

4 アブラム・コヴァルがテレハニを出発し、ブレーメンで蒸気船ハノーファー号に乗船したのちガルヴェストンで降船、スーシティに到着するまでの各日付は、FBI case #65-609 に関する1955年4月17日の報告書による。

5 アブラムの移民登録書は、1910年5月5日にスーシティに到着後、アイオワ州ウッドベリー郡地区裁判所に提出された。生年月日は、1919年5月8日に同裁判所保管の彼の帰化申請書 #853で確認できる。1919年9月4日に帰化証明書 #1247809が発行され、1919年9月8日にアブラムは正式にアメリカ国籍を取得した。

6 ガルヴェストン運動の詳細については、Marinbach, *Galveston*を参照。Marinbachはこの本のなかで西部地方に新たに誕生したユダヤ人コミュニティのことを書き、188ページに、アブラム・コヴァルが1910年に「移民としてガルヴェストン港に」やってきたことに触れている。

7 Cyrus L. Sulzberger, "Immigration Restriction: Its Fallacies," *The Menorah: A Monthly Magazine for the Jewish Home*, New York, April 1906, 193–202.

8 Ibid., 35.

9 ガルヴェストン運動についてさらに詳しくは、Edward Allan Brawley, "When the Jews Came to Galveston," *Commentary*, April 2009, 31–36. *Galveston Daily News*, March 22, 1931, 1; Henry Cohen, "The Galveston Immigration Movement: A 1909 Report," *B'nai B'rith Messenger*, Los Angeles, March 26 and April 16, 1909; Henry Cohen Papers at the Jacob Rader Marcus Center of the American Jewish Archives, box 1, folder 4, Galveston Movement, 1907–1916.

10 協会が負担した費用については、Brawley, "When the Jews Came to Galveston," 33.

11 Inna Shtakser, *The Making of Jewish Revolutionaries in the Pale of Settlement: Community and Identity during the Russian Revolution and Its Immediate Aftermath, 1905–07*, Palgrave Studies in the History of Social Movements (London: Palgrave Macmillan, 2014), 1–18; Azriel Shohat, *The Jews of Pinsk, 1881 to 1941* (Stanford, CA: Stanford University Press, 2013).

12 FBI case #65-14743に関する1954年1月の報告書より。ニューヨークの弁護士Sidney Naishtatの証言によれば、この兵役義務が移民を決意させる理由になったという。

13 John D. Klier and Shlomo Lambroza, eds., *Pogroms: Anti-Jewish Violence in Modern Russian History* (New York: Cambridge University Press, 1992). この本の220ページには、テレハニの近くの町ピンスクで結成されていたブンドの自衛組織の写真（1905年撮影）が掲載されている。写ったメンバーひとりひとりの名前は書かれていないが、男性のひとりがアブラム・コヴァルによく似ている。Hilary L. Rubinstein, Dan Cohn-Sherlock, Abraham J. Edelheit, and William D. Rubenstein, *The Jews in the Modern World: A History Since 1750* (London: Hodder Education, 2002)とHenry Jack Tobias, *The Jewish Bund in Russia* (Stanford, CA: Stanford University Press, 1972)も参照のこと。

14 Victoria Khiterer, "The October 1905 Pogroms and the Russian Authorities," *Nationalities Papers* 43, no. 5 (2015), 788–803.

15 Tobias, *The Jewish Bund in Russia*, 237.

16 エテル・シェニツキーについては、IU. A. Lebedev, *Dva vybora . . . ob istorii verbovok Zh. A. Kovalia* [ふたつの選択肢… ジョージ・コヴァル採用の履歴], Moscow: RKhTU, 2014所収の、ジョージ・コヴァルが1939年の夏にGRUに送った手記より。

17 Herman Bernstein, "Expulsion of Jews from Russia Begins Afresh," *New York Times*, April 17, 1910, 8; "The New Martyrdom of the Jews in Russia," *New York Times*, June 5, 1910, 14.

18 "Expulsion of Jews Goes On, German Jews Association Makes the Charge," *Vossische Zeitung* (Berlin), May 21, 1910.

19 "Jews Sent into Exile," United Press Wire, May 21, 1910.

20 Marinbach, *Galveston, 187–89*; Conner, ed., *I Remember When . . .* , 10–56; Bernard Shuman, *A History of the Sioux City Jewish Community, 1869 to 1969* (Sioux City, IA: Jewish Federation, 1969); William L. Hewitt, "So Few Undesirables," *Annals of Iowa* 50, no. 2 (Fall 1989), 158–79.

21 アブラム・コヴァルは1922年12月30日にヴァージニア通り619番地の家を購入した。所有権移転証書は1923年3月7日にアイオワ州ウッドベリー郡庁に提出されている。

22 コヴァル家の子供たちの生年月日は、アイオワ州ウッドベリー郡庁保管文書より。

第2章　真実だけを

1 ジョージの生い立ちについては、FBI case #65-16756に関する1954年12月、1955年3月の報告書より。彼の子供時代のさまざまな友人や親戚を対象に実施された聞き取り調査記録を参照。

2 Hewitt, "So Few Undesirables," 158.

3 Marcia Poole, *The Yards: A Way of Life* (The Lewis and Clark Interpretive Center Association, Sioux City, Iowa: 2006), 98–101.

4 1917年の十月革命後の反ユダヤ主義の広がりと第一次世界大戦後の赤狩りについては、Ann Hagedorn, *Savage Peace: Hope and Fear in America, 1919* (New York: Simon & Schuster, 2007), 185–87, 222–23.

5 Linda Gordon, *The Second Coming of the KKK: The Ku Klux Klan of the 1920s and the American Political Tradition* (New York: Liveright, 2017), 195.

6 Robert J. Neymeyer, "In the Full Light of Day: The Ku Klux Klan in 1920s Iowa," *The Palimpsest*, Summer 1995, 59.

7 Hewitt, "So Few Undesirables," 177–79.

8 Albert Lee, *Henry Ford and the Jews* (New York: Stein & Day, 1980), 150.

9 Ibid., 14.

10 Boris Brasol, *The International Jew* (Dearborn, MI: The Dearborn Publishing Company, 1920–1922).

11 *Sioux City News*, September 30, 1921.

12 Lee, *Henry Ford and the Jews*, 80–81.

13 FBI case #65-16756に関する1955年3月の報告書。高校時代の友人からの聞き取り調査記録。

14 *Maroon & White* (Sioux City, Iowa: Central High School Yearbook, 1929), vol. 25, 51.

15 "Youngest Member of Central High Graduating Class an Honor Student," *Sioux City Journal*, June 1, 1929, 7; *Maroon & White*, 30.

16 *Maroon & White*, 119.

17 Henry Wadsworth Longfellow, *The Village Blacksmith* (New York: E.P. Dutton, 1890), 10.

18 アイオワ大学教務課職員Octavia Prattによれば、コヴァルは1929年9月19日に工学部に入学し、1932年5月まで在籍したという。FBI case #65-16756に関する1954年12月の報告書より、Prattからの聞き取り調査記録。

19 American Vigilant Intelligence Federation, Chicago, August 28, 1930. また、"Investigation of Communist Propaganda," US Congress, House of Representatives, Special Committee on Communist Activities in the United States (1930), 94–95も参照。

20 *Objects and Purposes of the American Vigilant Intelligence Federation* (Chicago: AVI, 1900).

21 Regin Schmidt, *Red Scare: FBI and the Origins of Anti-communism in the United States, 1919–1943* (Copenhagen: Museum Tusculanum Press, University of Copenhagen, 2000), 326–27.

第3章　逮捕

1 Allen Parker Mize Jr., "High Mercury Blamed for Hopper Army," *Des Moines Tribune*, July 27, 1931, 1, 3; Associated Press, "Planes May Be Used to Kill Pests," *Iowa City Press-Citizen*, July 29, 1931, 1.

2 Stanley Lebergott, "Labor Force, Employment, and Unemployment, 1929–39: Estimating Methods," US Bureau of Labor Statistics, www.bls.gov/opub/mlr/1948/article/pdf/labor-force-employment-and-unemployment-1929-39-estimating-methods.pdf; see table 1 on page 2.

3 Ferner Nuhn, "The Farmer Learns Direct Action," *The Nation*, March 8, 1933, 254–56.

4 大恐慌期のアイオワについては、Linda Mason Hunter, "The Farmer Feeds Us All: Making Do During the Great Depression," *The Iowan*, March/April 2004, 13–20.

5 Harvey Klehr, *The Heyday of American Communism: The Depression Decade* (New York: Basic Books, 1984), 50; *Labor Unity* (1929年から1935年まで米国共産党の母体だったTrade Union Unity League〔職業別労働組合連合〕の機関誌), February 8, 1930, 8.

6 Newspapers.comよりもはるか以前に、FBIはPaul Lewisがスーシティで運営していた民間調査

機関The Lewis Systemでコヴァルの逮捕を伝える新聞記事を発見していた。記事の内容はFBI case #65-16756に関する1955年3月の報告書に一字一句たがえることなく引用されている。

7 IKORとビロビジャンについては、Masha Gessen, *Where the Jews Aren't: The Sad and Absurd Story of Birobidzhan, Russia's Jewish Autonomous Region* (New York: Schocken, 2016); Henry Felix Srebrnik, *Dreams of Nationhood: American Jewish Communists and the Soviet Birobidzhan Project, 1924–1951* (Brighton, MA: Academic Studies Press, 2010); Robert Weinberg, *Stalin's Forgotten Zion: Birobidzhan and the Making of a Soviet Jewish Homeland* (Berkeley: University of California Press, 1998).

8 A. Rovner, *The "Icor" and the Jewish Colonization in the U.S.S.R.* (New York: ICOR, 1934), 13.

9 M. J. Wachman, *Why the Jewish Masses Must Rally to the Defense of the Soviet Union* (New York: ICOR, 1932), 16.

10 ICOR (at YIVO Institute for Jewish Research at the Center for Jewish History)発行のパンフレット*Birobidjan*, 1; Rovner, *The "Icor,"* 4.

11 "Excerpts from the Report of the American Icor Commission of Biro-Bidjan," ICOR Yearbook, 1932, xviii.

12 Morris Lefkoからの聞き取り調査記録。FBI case #65-16756に関する1955年3月の報告書より。

13 September 1931 transaction, lots record #367, page 419. この土地はlot 5, block 48, Middle Sioux City Additionと記録されている。May 1932, lots record #167, page 467, docket #4139.

14 ビロビジャン渡航便を運航していた船会社の名前は、ICOR Yearbook, 1932に掲載の広告より。

15 IU. A. Lebedev, *Vetvleniia sudby Zhorzha Kovalia*［ジョージ・コヴァルの運命の枝］(Moscow: Tovarishchestvo Nauchnykh Izdanii KMK, 2019), vol. 1, 247.

第二部　偽装

第4章　出張

1 *Nailebn* (新生活), vol. 9, no. 2, 1935, 45. メンデレーエフは現在のロシア・D・メンデレーエフ化学工科大学〔英語名：D. Mendeleev University of Chemical Technology of Russia〕である。

2 ビロビジャン入植者の統計とその実態については、Henry Srebrnik, "The Other Jewish State," *Jewish Advocate*, September 7, 1972, A21–22.

3 Ibid., A22.

4 Ibid., A21.

5 Henry Srebrnik, *Dreams of Nationhood*, 249–53; Paul Novick, *Jews in Birobidzhan* (New York: 1937), available in the Papers of Paul (Pesakh) Novick, YIVO Institute for Jewish Research, Center for Jewish History, RG1247, Folder 17.

6 Julia Older, "Jewish Pioneers Creating Rich, Fertile Homeland, Secure Future with Soviet Aid," *Moscow News and Moscow Daily News*, November 7, 1936, 4, 30–31.

7 1936年夏のジョージ・コヴァルの状況については、FBI case #65-16756に関する1958年1月〜9月の報告書より、ハリー・ガーシュテルと妻のゴールディからの聞き取り調査記録を参照。

8 ミラの身体特徴については、FBI case #65-16756に関する1958年4月の報告書より。

9 ミラが1938年11月に書いた手記と、ジョージが1939年8月にGRUに提出した経歴書より。A. P. Zhukov, *Atmosfera deistvii: Zhorzh Abramovich Koval* (1913–2006) [*The Atmosphere of Action:*

George Abramovich Koval (1913–2006)] (Moskva: RKhTU, 2013).

10 ミラとジョージの住所はIU. A. Lebedev, "Paradoksy sud'by" ["Paradoxes of Fate"], *Vesti* (Tel Aviv), January 10, 2008, 18, 22より。

11 Michael Ellman, "Soviet Repression Statistics: Some Comments," *Europe-Asia Studies* 54, no. 7 (November 2002), 1151–72.

12 Zhukov, *Atmosfera deistvii*, 92.

13 Ibid.

14 Jonathan Haslam, *Near and Distant Neighbors: A New History of Soviet Intelligence* (New York: Farrar, Straus & Giroux, 2015), 85.

15 V. I. Lota, "Zvezda 'Del'mara'" ["The Star of 'Delmar'"], *Rossiiskoe Voennoe Obozrenie*, no. 10, 40–44, and no. 11 (2008), 34–49; and Levedev, *Dva vybora*, 38.

16 Ibid.

17 GRUは6月1日までにこの報告書を受け取ったとみられる。Ibid., 39.

18 Ibid.

19 Ibid.

20 Ibid.

21 Viktor Suvorov, *Inside Soviet Military Intelligence* (New York: Macmillan, 1984), 77–78.

22 V. I. Lota, "Spetskomandirovka . . . v Ok-Ridzh" ["Special Assignment . . . to Oak Ridge"], *Krasnaia Zvezda* 238 (December 25, 2013), 6; Lebedev, *Dva vybora*, 40.

23 Zhukov, *Atmosfera deistvii*, 86.

第5章　ブロンクス

1 ロシア人研究者のユーリ・レベデフがコヴァル家の保管文書のなかから発見した「3枚の黄ばんだ便箋」に、この旅のようすが書かれていた。レベデフはジョージ・コヴァルの評伝のなかでその内容を紹介している。「ミラ、きみはきっと心配しているだろう」という書き出しではじまるこの手紙を、ジョージは船長に託し、ウラジオストクに戻り次第ミラに郵送してくれるように頼んだ。IU. A. Lebedev, *Vetvleniia sudby Zhorzha Kovalia*, 2 vols. (Moscow: Tovarishchestvo Nauchnykh Izdanii KMK, 2019), vol. 1, 246.

2 FBI case #65-14743の「ファラデー」に関する聞き取り調査、FBI case #65-16756の「ジョージ・アブラモヴィチ・コヴァル」に関する聞き取り調査では、コヴァルが時折偽名を使っていたという情報が提供されている。1958年7月の調査によれば、コヴァルはしばしば「サム」という通り名を使っていたという。またFBI case #65-14743 に関する1954年3月の報告書には、レイヴン電気商会の元従業員数名から聞き取った情報として、コヴァルはニューヨーク市に来たばかりのころには「ジョージ・ローズ」と名乗っていたと記録されている。しかしこれらの情報を裏付ける証拠はない。

3 Order #12928, serial #2987. FBI case #65-16756に関わる1954年10月の報告書より。

4 Ibid.

5 David Margolick, "Workmen's Circle: 85 Years of Aid to Jews," *New York Times*, November 10, 1985; *Reform Advocate*, vol. 44, no. 2, August 24, 1912, 15; Oliver B. Pollak, "Keeping Yiddish Alive: The Workmen's Circle in Des Moines, Iowa, 1930–1952," *Shofar* 16, no. 3 (Spring 1998), 118–31.

6 FBI case #65-14743に関わる1954年1月の報告書より。

7 同1952年4月の報告書。

8 Svetlana Lokhova, *The Spy Who Changed History* (London: William Collins, 2018), 215–16. Lokhovaは、セルの構造を最もよく記述した文献として、フョードル・ドストエフスキーの小説『悪霊』をあげている。

9 銀行の情報は、FBI case #65-14743に関わる1951年10月および1952年3月の報告書より。ブロードウェイ貯蓄銀行を通じてラッセンに報酬が支払われていた事実は、1950年2月の報告書より。彼が口座を開設していた銀行には、西24丁目から1ブロックのブロードウェイにあったManufacturers Trust Company、ブロードウェイと西24丁目の角にあったthe Public National Bank and Trust Company、西34丁目249番地のModern Industrial Bank、東42丁目1番地のthe Corn Exchange Bank and Trustなどがあった。なかでもヴィージー通りにほど近いブロードウェイ沿いのthe New York Trust Companyは、ロセフの宝石店からわずか徒歩5分のところにあった。

10 ラッセンの風貌については、Ohio Northern University yearbook, 1912〔学校アルバム〕に掲載の写真、FBI報告書に掲載された数多くのパスポート写真、またレイヴン電気商会の元テナントと元従業員からの聞き取り調査より。FBI case #65-14743に関する1952年2月、3月、5月と、1954年9月、1955年10月の報告書。

11 FBI case #65-14743に関する1954年9月の聞き取り調査記録より。

12 ラッセンのラソフとしての経歴については、FBI case #65-14743に関する1952年2月と3月の報告書より。ラッセンは1912年2月15日、オハイオ州ハーディン郡ケントン市の一般訴訟裁判所で、ラソフの名でアメリカ市民権を取得した。帰化証明書番号23435。

13 Klier, *Pogroms: Anti-Jewish Violence in Modern Russian History*, 88.

14 "Socialist Study Club Organized," *Ada Record* (Ada, Ohio), March 6, 1912, 2.

15 Ohio Northern University yearbook, 1912, 166.

16 Ohio Northern University yearbook, 1912, 43.

17 cityrecord.engineering.nyu掲載の1920年1月31日の記録より。

18 Edison Tech Center digital archives, edisontc.org; FBI case #65-14743に関する1950年2月と1952年3月の報告書; Stephen Millies, "GE's 'Moral Fabric' and Its Forgotten Socialist Wizard," *Workers World*, April 15, 2016.

19 Charles P. Steinmetz, "The Soviet Plan to Electrify Russia," *Electrical World*, September 30, 1922, 715–19.

20 FBI case #65-14743に関する1952年3月の報告書より。

21 Joseph Albright and Marcia Kunstel, *Bombshell: The Secret Story of America's Unknown Atomic Spy Conspiracy* (New York: Times Books, 1997); John Earl Haynes and Harvey Klehr, *Early Cold War Spies: The Espionage Trials That Shaped American Politics* (Cambridge, UK: Cambridge University Press, 2006); Lokhova, *The Spy Who Changed History*; Henry L. Zelchenko, "Stealing America's Know-How: The Story of AMTORG," American Mercury, February 1952, 75–84.

22 Supreme Court records, Bronx County, New York, September 7, 1931.

23 FBI case #65-14743に関する1952年4月の報告書。

24 1954年11月9日付のフーヴァーのメモより。このメモには、「ソ連の諜報当局がアメリカ合衆国に派遣した要員は『ファラデー』のもとへ送られ、その後ファラデーが彼らを自分の経営する会社やその他の機関に就職させた」とも書かれている。

25 同1954年9月のメモより。

26 同1954年11月のメモより。

27 ニューヨーク州庁に保管されているレイヴン電気商会の法人設立証明書より。Records of the New York State Department of State, Albany, vol. 5645, no. 92.

28 John Earl Haynes and Harvey Klehr, *Venona: Decoding Soviet Espionage in America* (New Haven, CT: Yale University Press, 1999), 93–97; Andrei Soldatov and Irina Borogan, *The Compatriots: The Brutal & Chaotic History of Russia's Exiles, Émigrés, and Agents Abroad* (New York: Public Affairs, 2019), 58–59; Haslam, *Near and Distant Neighbors*, 132–34.

29 Haynes and Klehr, *Venona*, 79, 95.

30 Ibid., 87.

31 Ibid., 82.

32 Ibid., 93.

33 FBI case #65-14743に関する1952年4月の報告書。

34 Soldatov and Borogan, *The Compatriots*, 59.

35 Haynes and Klehr, *Venona*, 93–96.

36 FBI case #65-56402. 住所は、the Nathan Gregory Silvermaster summary (part 4 of 7) for the Julius Rosenberg case〔ジュリアス・ローゼンバーグ事件のファイル中、ネイサン・グレゴリー・シルヴァマスターに関わる捜査の概要〕, page 2.

37 FBI case #65-14743に関わる1952年3月の報告書。

38 FBI case #65-16756に関する1954年11月の報告書にはコロンビア大学Records DivisionのMs. Madeline Scullyのコメントが記載されている（彼の成績は「B」でした）。

第6章　一般化学

1 1941年、1942年のコロンビア大学エクステンション・プログラムの詳細については、Columbia University Catalogue, 1941–42, 1942–43.

2 授業の時間割や場所については、Jocelyn Wilkに手助けをしてもらってColumbia University Archivesで確認した。

3 Laurence Lippsett, "The Manhattan Project: Columbia's Wartime Secret," *Columbia College Today*, Spring/Summer 1995, 18.

4 Ibid., 20.

5 Ibid., 18.

6 Ibid., 20.

7 手紙は、Linda Carrick Thomas, *Polonium in the Playhouse* (Columbus: Ohio State University Press, 2017), 30–31. 手紙を送るまでのいきさつについては、Richard Rhodes, *The Making of the Atomic Bomb* (New York: Simon & Schuster, 1986), 303–9.

8 Ibid., 314.

9 インフレーション換算アプリsaving.org/inflation/を使って当時の6000ドルを2020年の価値に換算すると10万ドルになる。

10 William L. Laurence, "Vast Power Source in Atomic Energy Opened by Science," *New York Times*, May 5, 1940, 1, 51.

11 Dr. R. M. Langer, "Fast New World," Collier's, vol. 106, no. 1 (July 6, 1940), 18–19, 54–55.

12 Laurence, "Vast Power," 1, 51.

13 Lokhova, *The Spy Who Changed History*, 214.

14 Ibid., 305.

15 Paul Crouchの証言をふくむ、クラレンス・ヒスキーに関する下院非米活動委員会聴聞会の記録(United States: US Government Printing Office, Congress, House Committee on Un-American Activities, 1949)。The Atomic Heritage Foundation (atomicheritage.org)にも、ヒスキーの学歴、経歴、下院非米活動委員会聴聞会における証言記録が保存されている。また、米国陸軍化学戦局予備役兵として登録されていた件については、FBI case #101-2118に関わるファイルに保管された1940年8月21日付の文書に記録されている。これは戦争省軍事諜報部からFBIに提出された1944年9月の報告書にふくまれていた資料である。

16 FBI case #65-14743に関わる1955年10月の報告書より。元GRU諜報員によって提供された情報。

17 アダムズに関しては、おもにFBIニューヨーク支局のcase #100-16821を中心に、2840ページにのぼる報告書が残されている。ほかの支局でアダムズに割り振られていた容疑者番号は、#100-6277、#100-17841、#100-63983、#100-331280である。彼の名前は、ほかのファイルにも登場する。たとえば、ラッセンの捜査ファイルである、1952年3月、1953年7月、1954年8月と9月、1955年10月のFBI case #65-14743に関わる報告書にアダムズについての詳細が書かれている。二次資料としては、Haynes and Klehr, *Venona*; Lokhova, *The Spy Who Changed History*; Haslam, *Near and Distant Neighbors*; and Herbert Romerstein and Eric Breindel, The Venona Secrets: Exposing Soviet Espionage and America's Traitors (Washington, DC: Regnery History, 2001)も有用である。

18 Robert Gottlieb, *Avid Reader: A Life* (New York: Farrar, Straus & Giroux, 2016), 313–14, 316. また、FBI case #100-16821に関する1945年3月の報告書では、複数のパスポート番号などの情報を読むことができる。

19 ラトヴィアの首都リガに置かれていた米国公使館の1923年4月12日付の文書より。FBI case #100-16821Aに関わる1945年3月の報告書にも同じ内容の記載がある。

20 FBI case #65-14743に関する1952年3月の報告書より。アダムズの再入国をめざした試みが、サム・ノヴィクの失敗から1938年のジェイコブ・アロノフの成功にいたるまで詳しく書かれている。

21 ヒスキーは1946年6月11日にFBIニューヨーク支局で聞き取り調査を受けたときには、1941年9月にレコード店で「偶然」アダムズと出会ったのだと説明している。FBI case #100-16821に関わる1946年6月の報告書より。

22 FBI case #65-16756に関わる1954年4月と5月、1956年3月、1957年3月の報告書より。

23 FBI case #65-14743に関わる1954年9月の報告書に、請負契約のリストが掲載されている。

24 A. P. Zhukov, "Mendeleyevets v Oak-Ridge (st. Tennessee USA)" [オークリッジのメンデレーエフ卒業生(アメリカ、テネシー州)], *Istoricheskii Vestnik RKhTU* 3, no. 5 (2001), 32.

25 FBI case #65-14743に関わる1955年10月の報告書に、ラッセンの仮面会社レイヴン電気商会の会計報告書の内容が転載されている。FBI case #65-1675に関する1954年4月の報告書と、1957年3月のオークリッジ訪問者名簿からさらに詳しい情報を得ることができる。

26 Rhodes, *Making of the Atomic Bomb*, 427, 486.

27 土地の詳細は、テネシー州ローン郡とアンダーソン郡の土地所有者を対象とした1942年11月2日付の通達より。Civil action no. 429, subject "Eminent Domain Manhattan Project."

28 Thomas, *Polonium in the Playhouse*, 40.

第7章　コネクション

1 ラッセンが酔っ払ったあげくに金を盗られた顚末については、FBI case #65-14743に関する1953年10月の報告書より。事件が1943年3月8日に起きていたことを突き止めたニュージャージー州エセックス郡検察局のLouis Sklarey警部補、Clarence Merrill刑事部長からの聞き取り調査記録もふくまれ、ニューヨーク市警とニューアーク市警の捜査ファイルも添付されている。

2 インフレーション率を使って当時の1万ドルを2020年の価値に換算するとおよそ16万6000ドル、マリアンとボーイフレンドが使った4000ドルはおよそ6万6000ドルになる。

3 レイヴン電気商会のビルのレイアウトは、FBI case #65-14743に関する1954年9月の報告書による。

4 Ibid.

5 FBI case #65-14743に関する1952年2月および3月、1955年10月の報告書より。

6 同1952年3月の報告書。

7 Ibid. Raven

8 FBI case #65-14743に関する1954年11月と1955年6月の報告書より。レイヴン電気商会元従業員Alexander Donigerへの聞き取り調査記録。

9 Rhodes, *Making of the Atomic Bomb*, 327.

10 Albright and Kunstel, *Bombshell*, 74. この本に書かれたアメリカの原子爆弾を標的にしたソ連の初期諜報活動に関する有益な情報は、316–18ページに記載の一次資料にもとづいている。

11 Ibid.

12 Ibid., 75.

13 Ibid.

14 Ibid., 104.

15 オヴァキミアンの報告書 “About Use on a New Source of Energy— Uranium,” Ibid., 76.

16 Ibid.

17 J. A. Krug, “Production, Wartime Achievements and the Reconversion Outlook,” *A Report to the War Production Board* (Washington, DC: October 9, 1945), 38–39.

18 FBI case #65-56402のthe Nathan Gregory Silvermaster summary (part 4 of 7).

19 Haynes and Klehr, *Venona*, 136, 143.

20 FBI cases #63983および#16821に関わる1944年7月の報告書。

21 Haynes and Klehr, *Venona*, 175.

22 FBI捜査官D. M. LaddはJ・エドガー・フーヴァーに宛てた1945年2月27日付のメモのなかで、最初にアダムズを当局に告発したのは、マンハッタン計画の保安責任者ジョン・ランズデール・ジュニア中佐だと伝えている。このメモは1948年2月にFBI case #331280に加えられた。

第8章　ジープの男

1 FBI case #65-553(ノックスヴィル支局の捜査ファイル)に関わる1954年2月の報告書。

2 FBI case #65-16756に関わる1956年3月と1957年3月の報告書。

3 同1955年5月の報告書。

4 Dwight Ink, “The Army Goes to College,” in *Ohio State Engineer*, vol. 27, no. 1 (November 1943), 15–16.

5 ニューヨーク市立大学シティカレッジ（CCNY）の陸軍特別訓練課程部隊の公式名称は3225th 'STAR' Unitだった。FBI case #65-16756に関する1955年10月の報告書。

6 ASTPについてさらに詳しくは、CCNYの週刊新聞*The Campus*, February 8, 1943, and October 6, 1943; and the CCNY *Bulletin*, 1942–1943.

7 Arnold Kramish, in Michael Walsh, "George Koval: Atomic Spy Unmasked." *Smithsonian*, May 2009, 44.

8 FBI case #65-16756に関する1957年7月の報告書。

9 *The Campus*, February 25, 1944, 1.

10 District Circular Letter to All Area Engineers and Division Heads (Knoxville, TN: War Department, US Engineer Office Manhattan District, September 1, 1943), 1–7. このファイルには"CONFIDENTIAL"〔極秘〕のスタンプが捺されている。オークリッジ公共図書館オークリッジ資料室〔the Oak Ridge Room, Oak Ridge Public Library〕所蔵の資料。

11 各施設に配備された特別工兵分遣隊〔SED〕についての詳細は、atomicheritage.org/history/special-engineer-attachment.

12 FBI case #65-16756に関わる1957年2月～8月の報告書。

13 Ibid.

14 同1957年2月の報告書より、レイモンド・P・クック大佐からの聞き取り調査記録。

15 同1958年3月の報告書。

16 カリフォルニア大学のサイクロトロンについては、Thomas, *Polonium in the Playhouse*, 54.

17 Rhodes, *Making of the Atomic Bomb*, 605に引用されたフランスの化学者Bertrand Goldschmidtの言葉。

18 Rhodes, 486–95; General Leslie M. Groves, *Now It Can Be Told: The Story of the Manhattan Project* (Boston: Da Capo Press, 2009), 94–124; Charles W. Johnson and Charles O. Jackson, *City Behind a Fence: Oak Ridge, Tennessee 1942–1946* (Knoxville: University of Tennessee Press, 1981); Robert S. Norris, *Racing for the Bomb: The True Story of General Leslie R. Groves, The Man Behind the Birth of the Atomic Age* (New York: Skyhorse Publishing, 2014).

19 S-50は当時はすでに閉鎖されていた。

20 Karl Z. Morgan, "The Responsibilities of Health-Physics," *Scientific Monthly* 63, no. 2 (August 1946), 93–100.

21 "Karl Z. Morgan: Man on a Mission," *ORNL Review* 9, no. 4 (Fall 1976), 44.

22 FBI case #65-16756に関する1955年7月の報告書。K・Z・モーガンからの聞き取り調査記録。

23 W. H. Ray, "Health Physics Building Surveying at Clinton Laboratories," Manhattan District, 1946. タイプライターで書かれたこの文書は、オークリッジ公共図書館のオークリッジ資料室で読むことができる。「作業分解構成図」は7～11ページに掲載。

24 FBI case #65-16756に関わる1956年11月の報告書。

25 Johnson, *City Behind a Fence*, 137–40.

26 Ibid., 137–66.

27 Norris, *Racing for the Bomb*, 270.

28 Ibid., 145–46.

29 *Security Manual: Manhattan District*, US Engineer Office, November 26, 1945, Restricted, National Archives, College Park, MD, file #160259, 11. 著者の請求により2017年4月27日に開示。

30 Ibid., 30.

31 Ibid., 32.

32 Ibid., 34.

33 G. Koval, "Determination of Particulate Air-Borne Long-Lived Activity," June 22, 1945. この論文は1947年に、the Technical Information Division, Oak Ridge Operationsにより出版された。

34 V. I. Lota, "Ego zvali 'Del'mar'" [「デルマー」と呼ばれた男], Krasnaia Zvezda 128 (July 25, 2007). ロタによれば、コヴァルはニューヨーク市を発ってオークリッジに向かう前に一度、そしてオークリッジ時代に少なくとも一度、「ファラデー」に会っている。

35 2020年9月、著者によるデュアン・M・ワイスへのインタビューより。

36 Thomas, *Polonium in the Playhouse*, 72.

37 V. I. Lota, *GRU i atomnaia bomba* [GRUと原子爆弾] (Moscow: Olma-Press, 2002), 255.

第9章 プレイハウスの秘密

1 B. Cameron Reed, "Rousing the Dragon: Polonium Production for Neutron Generators in the Manhattan Project," *American Journal of Physics* 87 (5) (May 2019), 377–83.

2 Thomas, *Polonium in the Playhouse*, 9.

3 Ibid., 51.

4 ポロニウムについては、Harvey V. Moyer, ed., *Polonium* (Oak Ridge: US Atomic Energy Commission Technical Information Service Extension, TID-5221, July 1956); Rhodes, *Making of the Atomic Bomb*; Thomas, *Polonium in the Playhouse*; Keith V. Gilbert, *History of the Dayton Project* (Miamisburg, OH: Monsanto Research Corporation, 1969); Reed, "Rousing the Dragon."

5 Thomas, *Polonium in the Playhouse*, 58.

6 ラニミード・ハウスのユニット4に勤務していたエンジニア、George Mahfouzのインタビューより。Voices of the Manhattan Project, Atomic Heritage Foundation archives, manhattanprojectvoices.org/oral-histories/george-mahfouzs-interview.

7 Rhodes, *Making of the Atomic Bomb*, 578.

8 Reedは "Rousing the Dragon" のなかで、ウラニウム爆弾はプルトニウム爆弾ほどには強力なイニシエーターを必要としないが、いずれの爆弾でもイニシエーターにはポロニウム／ベリリウムを中性子源として使用すると述べている。

9 Gavin Hadden, ed., *Manhattan District History: Book VIII, Los Alamos Project (Y)*, vol. 3, chapter 4: "Dayton Project," 1947, 4.

10 Ibid., 111.

11 Thomas, *Polonium in the Playhouse*, 104.

12 Ibid., 88.

13 Ibid., 64.

14 Moyer, *Polonium*, 3.

15 デイトン・プロジェクトと各施設については、Thomas, *Polonium in the Playhouse*; Charles Allen Thomas Papers, Washington University Special Collections; Gilbert, *History of the Dayton Project*; Hadden, ed., *Manhattan District History*; Howard Shook and Joseph M. Williams, "Building the Bomb in Oakwood," *Dayton Daily News Magazine*, September 18, 1983; Jim DeBrosse, "Russian Spy Lived in Dayton, Stole Secrets," *Dayton Daily News*, April 28, 2012.

16 Shook and Williams, "Building the Bomb in Oakwood."

17 Thomas, *Polonium in the Playhouse*, 90.

18 著者による取材；Traci Pedersen, "Polonium: A Rare and Highly Volatile Radioactive Element," Live Science, December 6, 2018, livescience.com/39452-polonium.html; Moyer, ed., *Polonium*, 342.

19 *Monsanto Chemical Company—Unit III*, "Progress Report," September 1–15, 1945; Thomas, *Polonium in the Playhouse*, 116.

20 フィッシャー家の人々については、FBI case #16756に関する1956年4月の報告書。

21 Thomas, *Polonium in the Playhouse*, 123.

22 Rhodes, *Making of the Atomic Bomb*, 580.

23 Reed, "Rousing the Dragon," 379.

24 Thomas, *Polonium in the Playhouse*, 125.

25 Gilbert, *History of the Dayton Project*, 6.

26 Rhodes, *Making of the Atomic Bomb*, 676.〔Len Giovannitti and Fred Freed, *The Decision to Drop the Bomb* (New York: Coward-McCann, 1965), 197からの引用〕

27 Thomas, *Polonium in the Playhouse*, 141.

28 Arthur Holly Compton, *Atomic Quest: A Personal Narrative* (New York: Oxford University Press, 1956), 103.

29 General Leslie M. Groves, *Now It Can Be Told: The Story of the Manhattan Project* (New York: Harper & Row, 1962), 351.

30 Henry DeWolf Smyth, *Atomic Energy for Military Purposes: The Official Report on the Development of the Atomic Bomb under the Auspices of the United States Government, 1940–1945.*

31 General Leslie R. Groves, "The Atom-General Answers His Critics," *Saturday Evening Post*, June 19, 1946, 101.

32 Ibid., 15.

33 Ibid., 101.

34 Smyth, *Atomic Energy for Military Purposes*のまえがき。

35 Groves, "The Atom-General Answers His Critics," 102.

36 Alex Wellerstein, "Solzhenitsyn and the Smyth Report," *Restricted Data: The Nuclear Secrecy Blog*, February 12, 2016, blog.nuclearsecrecy.com/2016/02/12/solzhenitsyn-smyth-report/.

37 スマイス報告がロシア語に翻訳されていた件についてはAlbright and Kunstel, *Bombshell*, 154. 本書第10章、「S課」に関する記述も参照。

38 Compton, *Atomic Quest*, 103.

39 Hadden, ed., *Manhattan District History*, 9. ポロニウムの生産は1972年まで、デイトンの南西約20キロのところにあったthe Mouno Laboratoryで続けられていた。

40 Harvey V. Moyer, ed., *Polonium* (Oak Ridge: US Atomic Energy Commission on Technical Information Service Extension), TID-5221, July 1956. マンハッタン計画のポロニウムに関する記録は1983年まで機密情報に指定されていた。

41 Lota, *GRU i atomnaia bomba*, 257.

第10章　スパイ術

1　*Security Manual* (Manhattan District: US Engineer Office, November 26, 1945), 35 and Exhibit IV.
2　「S課」については、Pavel Sudoplatov and Anatoli Sudoplatov with Jerrold L. and Leona P. Schecter, *Special Tasks: The Memoirs of an Unwanted Witness—A Soviet Spymaster* (New York: Little, Brown, 1994), 184–87; Albright and Kunstel, *Bombshell*, 154–55; IU. A. Lebedev, "Novye dokumenty po istorii sovetskogo atomnogo proekta" [ソ連原爆開発史に関する新たな文書], Voprosy istorii estestvoznaniia i tekhniki 37, no. 4 (2016), 719.
3　Lota, *GRU i atomnaia bomba*, 26.
4　William Broad, "A Spy's Path: Iowa to A-Bomb to Kremlin Honor," *New York Times*, November 12, 2007, A18.
5　Haynes and Klehr, *Venona*, 9.
6　IU. A. Lebedev, "O doblesti, o podvige, o slave . . . Paradoksy syd'by Geroia Rossii Zhorzha Kovalia" [勇気、恐怖、栄光… ロシアの英雄ジョージ・コヴァルの運命のパラドックス], *Istoricheskii Vestnik RkhTU* 28, no. 3 (2009), 23.
7　Thomas, *Polonium in the Playhouse*, 115; Lota, "Spetskomandirovka," *Krasnaia Zvezda*, no. 238 (201,3), 6, and no. 4 (2014), 6; Lota, *Kliuchi ot ada* [地獄の鍵] (Moscow: Kuchkovo pole, 2008), 255–56. ファラデーが受け取った情報については、V. I. Lota, "Ego zvali 'Del'mar'", *Krasnaia Zvezda*, 128 (July 25, 2007).
8　Lota, "Spetskomandirovka," *Krasnaia Zvezda*, no. 238 (2013), G, and no. 4 (2014), 6.
9　Lota, *GRU i atomnaia bomba*, 30; and Walsh, "George Koval," *Smithsonian*, 45.
10　Compton, *Atomic Quest*, 103.
11　HUACについては、Walter Goodman, *The Committee: The Extraordinary Career of the House Committee on Un-American Activities* (Farrar, Straus & Giroux, 1968); Haynes and Klehr, *Early Cold War Spies; Haynes, Red Scare or Red Menace*; Weinstein, Allen. *The Haunted Wood: Soviet Espionage in America—The Stalin Era* (New York: Modern Library, 2000).

第11章　裏切り

1　Amy Knight, *How the Cold War Began: The Gouzenko Affair and the Hunt for Soviet Spies* (New York: Basic Books, 2007), 5.
2　Ibid., 1.
3　Ibid., 10.
4　Romerstein and Breindel, *The Venona Secrets*, 16.
5　Knight, *How the Cold War Began*, 6.
6　Sulick, Michael J., *Spying in America* (Washington, D.C: Georgetown University Press, 2012), 185, 191.
7　Dickey, Christopher, "The 'Red Spy Queen' Who Shocked America—and the Soviets," *Daily Beast*, July 28, 2019.
8　Howard Rushmore, "Russian Atom Spy Trailed by FBI Here," *New York Journal-American*, December 3, 1945, 1.
9　FBI case #100-331280に関わる1947年6月の報告書より。1947年4月10日付のフーヴァーのメモ。

10 FBI case #100-63983に関わる1949年11月の報告書より。1949年3月に実施したシカゴ大学冶金研究所の元従業員Edward T. Manningに対する聞き取り調査の記録。
11 FBI case #100-16821に関わる1946年12月23日の報告書より。フーヴァーからFBIニューヨーク支局に送られたメモ。
12 この日のアダムスの行動については、FBI case #100-63983に関わる1946年3月5日の報告書より。
13 同1946年3月の報告書。
14 Howard Rushmore, "Red Atom Spy Eludes FBI as Canada Nabs 22," *New York Journal-American*, February 16, 1946, 1.
15 *New York Times*, March 5, 1946, 1.
16 *New York Journal-American*, March 15, 1946に掲載の写真キャプション。

第12章　クラブに入れ

1 FBI case #100-16821に関する1946年3月24日の報告書より。フーヴァーのメモ(このメモには、オークリッジの情報漏洩を伝えた3月24日付「ニューヨーク・ジャーナル＝アメリカン」紙の記事コピーが添付されている)。
2 Albright and Kunstel, *Bombshell*,180.
3 Sudoplatov, *Special Tasks*, 213.
4 FBI case #65-16756に関する1956年6月と7月の報告書。FBIの聞き取り調査を受けた人々のうちの数名はコヴァルがこのHKN支部でリーダー的存在だったと記憶しており、ひとりは彼が支部長だったと述べた。しかし支部の記録にアクセスできず、コヴァルがどのようなポストに就いていたかは確認できなかった。
5 同1956年9月の報告書。ヘンリー・ハンスタインからの聞き取り調査記録。
6 ハンスタインについては、同1956年3月の報告書。
7 *The Campus*, October 4, 1945.
8 FBI case #65-16756に関する1955年4月の報告書。
9 Wallace, Henry, *New Republic*, October 21, 1946.
10 John C. Culver and John Hyde, *American Dreamer: A Life of Henry A. Wallace* (W.W. Norton, 2000), 266–68.
11 FBI case #65-16756 に関わる1957年4月の報告書。1957年3月22日と1957年4月4日に実施された聞き取り調査記録より。
12 Robert Mayhew, *Ayn Rand and* Song of Russia: *Communism and Anti-Communism in 1940s Hollywood* (Lanham, MD: Scarecrow Press, 2004), 182.
13 *Time* magazine, "The Congress: From Wonderland," October 27, 1947, 4.
14 パスポート申請書のハーバート・J・サンドバーグに関する記載事項。US Department of State, Passport Office, March 15, 1948.
15 FBI case #65-16756に関する1955年1月と4月、1956年12月の報告書。
16 コードネーム「ヴィクトール」は CIA-DRP00M01914R00100000400500-6より。1944年12月6日にニューヨークからモスクワに送られた暗号電文をヴェノナ作戦によって解読したもの。正体が判明した1971年6月23日の日付も付記されている。
17 ヴェノナ作戦により暗号解読された1944年の電報より。Wilson Center, wilsoncenter.org.

第13章　逃亡

1 FBI case #65-16756に関して1954年6月に2回、1955年4月に1回実施された聞き取り調査記録。
2 同1955年11月、アーノルド・クラミッシュからの聞き取り調査記録。
3 同1965年3月、Leonard Fieldからの聞き取り調査。
4 Ibid.
5 FBI case #65-2384に関する1956年8月の報告書より。Abraham Fuchs（クラウス・フックスではない）からの聞き取り調査記録。Abraham Fuchsの妹〔姉?〕はコヴァルと何度かデートをしている。
6 *New York Times*, February 19,1942, 2.
7 FBI case #65-16756に関して1956年3月に実施されたジーン・フィンクルスタイン・モルデツキーからの聞き取り調査記録。ジーンの3人の兄の名は、シェルドン、レオナード、ジョージである。
8 Goodman, *The Committee*, 227-71.
9 American Social History Project, *Who Built America?*, vol. 2 (New York: Pantheon Books, 1992), 503; Michael Freedland, "Hunting Communists? They Were Really After Jews," *Jewish Chronicle*, August 6, 2009.
10 American Jewish Committee's 1948 survey: Laurence Bush, "McCarthyism and the Jews," *Jewish Currents*, May 1, 2011.
11 Allen Weinstein, *Perjury: The Hiss-Chambers Case* (New York: Knopf, 1978), 51.
12 ソ連領事館のイメージについては、Albright and Kunstel, *Bombshell*, 96.
13 Oksana Kasenkina, *Leap to Freedom* (Philadelphia: Lippincott, 1949). ニューヨークタイムズでは何週間にもわたって記事を掲載した。
14 *New York Daily News*, July 26,1998. "old New York"についての連載記事"Big Town"の一部。
15 Alexander Feinberg, "' Russians Go Home as Lomakin Stays," *New York Times*, August 23, 1948, 1, 5.
16 Ibid., August 26, 1948, 1, 3.
17 William A. Reuben, *The Atom Spy Hoax* (New York: Action Books, 1955), 141.
18 Blauvelt, 3.
19 "Text of Report by House Committee on Un-American Activities Relating to Atomic Espionage," *New York Times*, September 28, 1948, 22–23. 前日に公開された文書からレズリー・グローヴズ将軍の言葉が引用されている。
20 Ibid., 23.
21 William S. White, "Clark Agency Hits Spy Investigations, Bars Trials Now," *New York Times*, September 30, 1948, 1, 15.
22 "Wallace, Hiss O3 Capital Social List," *New York Times*, October 3, 1948, 38.
23 "The Atomic Spy Hunt," *Time*, October 4, 1948, vol. 52, no. 14, 24.
24 *New York Times*, September 30, 1948, 1.
25 "S.S. America, S.S. United States: Sailing on the 'All American' Team to Europe," united-states-lines.org/america-first-class.
26 FBI case #65-16756に関する1956年3月と8月の報告書。
27 Longfellow, *The Village Blacksmith*, 20.

第三部　追跡

第14章　最高機密

1 C. L. Sulzberger, "Russia — A Land of Paradox," *New York Times*, January 2, 1949, 26.

2 Harry Schwartz, "What Russians Read in Their Newspapers," *New York Times*, January 9, 1949.

3 Benjamin Pinkus, *The Jews of the Soviet Union: The History of a National Minority* (Cambridge, UK: Cambridge University Press, 2008), 141.

4 Ibid., 144, 149のほか、Oleg Yegorov, "Fighting the 'Rootless Cosmopolitan': How Stalin Attacked Soviet Jews after WWII," Russia Beyond, www.rbth.com/history/327399-stalin-versus-soviet-jews, January 26, 2018も参照。1949年初頭の反ユダヤ主義については、Walter Bedell Smith, *My Three Years in Moscow* (New York: Simon & Schuster, 1949), 273-75.

5 Pinkus, *Jews of the Soviet Union*, 193.

6 V. I. Lota, "Spetskomandirovka," *Krasnaia Zvezda*, no. 238 (December 25, 2013, 6 およびno. 4 (January 15, 2014), 6.

7 1949年のコヴァルの報告書の内容は、Albright and Kunstel, *Bombshell*, 194にまとめられている。オールブライトとカンステルは、1993年11月19日に、この報告書をモスクワのソヴィエト原子力省公文書館から入手した。さらに詳細は、Lebedev, *Vetvleniia sudby Zhorzha Kovalia*, 710.

8 Ibid., 711. 1949年3月4日、ラヴレンチー・ベリヤからソヴィエト連邦閣僚会議に宛てたメモ。

9 Ibid. 1949年3月4日、ベリヤからM・G・ペルヴーヒンに送られたメモ。

10 Michael I. Schwartz, "The Russian-A(merican) Bomb: The Role of Espionage in the Soviet Atomic Bomb Project," in *Journal of Undergraduate Sciences* 3 (Summer 1995), 104.

11 Lebedev, *Dva vybora*, 3.

12 Lebedev, "Novye dokumenty po istorii sovetskogo atomnogo proekta," 722–24.

13 Hanson W. Baldwin, "Has Russia the Atomic Bomb?—Probably Not," *New York Times*, November 9, 1947, E3.

14 Vince Houghton, *The Nuclear Spies: America's Atomic Intelligence Operation against Hitler and Stalin* (Ithaca, NY: Cornell University Press, 2019), 166.

15 Walter Bedell Smith: "Did the Soviet Bomb Come Sooner Than Expected?" *Bulletin of the Atomic Scientists*, October 1949, 264.

16 Ibid.

17 Schwartz, 106.

18 Houghton, *Nuclear Spies*, 153.

19 Groves, "The Atom-General Answers His Critics," 102.

20 J. Edgar Hoover, "The Crime of the Century: The Case of the A-Bomb Spies," *Reader's Digest*, May 1951.

第15章　パリからのはがき

1 J. Edgar Hoover, "Red Spy Masters in America," *Reader's Digest*, August 1952, 87.

2 FBI case #65-14743に関する1952年3月28日の報告書より。ラッセンに関するFBIの報告書は、彼が「ファラデー」と同一人物であったことが公表されてからは、ラッセンの名前ではなく、すべて"Unknown Subject; Faradej; Faraday; Espionage R."というラベルが貼られるようになった。

3 同1952年1月12日の報告書より。1951年4月9日、フーヴァーからニューヨーク支局に送られ

た手紙。
4 同1952年3月12日の報告書。
5 同1952年1月12日報告書より。フーヴァーのメモ。
6 同1952年3月20日の報告書。
7 同1952年3月に提出された複数の報告書より。
8 同1953年7月23日の報告書。
9 同1953年1月の報告書。ベンジャミン・ラッセンは1967年にソ連で死亡した。正確な場所は不明。ガートルードとシーモアについては、ふたりが1951年末か1952年はじめにパリを離れたあとのことはまだわかっていない。
10 同1953年3月の報告書より。レイヴン電気商会の元簿記係、Elizabeth Barryからの聞き取り調査記録。
11 同1954年7月19日の報告書より。フーヴァーのメモ。
12 FBI case #65-16756に関する報告書。すべて1954年から1955年前半にかけて実施された多くの聞き取り調査の記録より。
13 Hoover, "Red Spy Masters," 83–84.
14 FBI case #65-16756に関する捜査ファイルより、「別人の」ジョージ・コヴァルからの聞き取り調査記録。最初のインタビューは1954年9月。1956年1月にはさらに何度か実施された。
15 同ファイルより、フーヴァーからニューヨーク支局に宛てた1955年1月13日付のメモ。
16 同1955年8月、フーヴァーから同局に宛てた2通のメモ。
17 同1956年5月10日付のフーヴァーのメモ。
18 同1956年1月6日付のフーヴァーのメモ。
19 同1956年1月22日の報告書。
20 同1956年11月19日の報告書。
21 同 1956年3月の報告書より。複数回にわたるジーン(フィンクルスタイン)・モルデツキーからの聞き取り調査記録。

第16章 一九五三年三月の手紙

1 FBI case #65-16756に関わる1956年8月26日の報告書より。1956年5月20日付のアブラム・コヴァルからガーシュテル夫妻への手紙。
2 FBI case #65-16756に関する1959年2月24日の報告書より。フーヴァーのメモ。
3 同1959年4月2日、フーヴァーのメモ。
4 同1959年6月の報告書より。1959年5月21日付の駐モスクワ・アメリカ大使館ルイス・W・ボーデン領事からコヴァルへの手紙。
5 同1959年7月の報告書より、コヴァルの手紙。
6 同1959年11月の報告書。
7 FBI case #65-16756に関わる1962年6月の報告書。
8 Ibid.
9 FBI case #65-16756に関わる1962年11月の報告書。
10 Ibid.
11 Lota, *GRU i atomnaia bomba*, 259.
12 Ibid., 260.

13 Lebedev, "Paradoksy sud'by," 18.

14 Lota, *GRU i atomnaia bomba*, 262より、3月16日の手紙。

15 コヴァルからアーノルド・クラミッシュへのEメール。Walsh, "George Koval," *Smithsonian*, 47.

16 アレクサンドル・ソルジェニーツィンについては、Michael Scammell, *Solzhenitsyn: A Biography* (New York: W.W. Norton, 1984), 262–65を参照。彼の著作『第一圏』については、Alla Latynina, "'Genuine Occurrence' and 'Overworked Soviet Plotline': The Two Versions of *[The First] Circle* as Viewed from the Present," *Russian Studies in Literature* 43, no. 4 (Fall 2007), 82–97.

17 Aleksandr I. Solzhenitsyn, *In the First Circle*, translated by Harry T. Willets (New York: HarperCollins, 2009), 5.

18 FBI case #65-16756に関わる1978年3月の報告書より。FBI 長官ウィリアム・ウェブスターがニューヨーク市支局とニューヨーク州オールバニー支局に送ったメモ。

19 同1978年5月4日および5月16日の報告書。

20 Lev Kopelev, *Ease My Sorrows: A Memoir*, translated by Antonina W. Bouis (New York: Random House, 1983), 72–105.

21 Lebedev, "O doblesti," 16.

第17章　開示

1 John Barron, "Our New Moscow Embassy," *Reader's Digest*, June 1987, 100.

2 さらに詳しくは、Michael A. Boorstein, *History of the Construction of the American Embassy in Moscow: The History, Politics and Planning Behind the Construction of the Most Costly American Embassy in the World*. Lecture given on November 18, 1989, at Fellows Breakfast for the Harvard University Fellows Program at the Weatherhead Center for International Affairs in Cambridge, Massachusetts, 9.

3 Ibid., 5.

4 Saul Pett, "Bugged U.S. Embassy Stands—for Now—as a Reminder of the Cold War," *Los Angeles Times*, February 25, 1990, 1.

5 Albert Glinsky. *Theremin: Ether Music & Espionage* (Urbana: University of Illinois Press, 2000), 261–64.

6 Harrison Salisbury, " 'Bugged' Embassy in Moscow Was Viewed as Security 'Dream,' " *New York Times*, May 21, 1964, 1.

7 Stephen Engelberg, "Embassy Security," *New York Times*, April 19, 1987, 1, 15.

8 Boorstein, 9.

9 V. I. Lota, "Kliuchi ot ada" [地獄の鍵], *Sovershenno Sekretno* 8, no. 124 (1999), 18 and 19.

10 Lebedev, *Dva vybora*, 44.

11 Claim #052-18-0975, Social Security Administration, Office of Central Operations, Baltimore, MD, February 7, 2000. 年金の給付請求についてさらに詳しくは、Andrei Soldatov, "The Soviet Atomic Spy Who Asked for a U.S. Pension," in *Daily Beast*, May 28, 2016.

12 Lebedev, *Dva vybora*, 45.

13 Lota, "Ego zvali 'Del'mar' ".

14 Lota, *GRU i atomnaia bomba*, 17.

15 初の自宅訪問の詳しいようすは、Lota, "Ego zvali 'Del'mar' ".

16 Broad, "A Spy's Path."

17 Ibid.

18 Andrei Shitov, "Agent Del'mar vykhodit na sviaz' " [工作員デルマー、接触する], *Rossiiskaia gazeta*, no. 4575, January 30, 2008.

19 Jascha Hoffman, "Arnold Kramish, Expert on Nuclear Intelligence, Dies at 87," *New York Times*, July 15, 2010.

20 Ibid.

21 2000年4月末にクラミッシュがメンデレーエフ学長に送った手紙。*Historical Bulletin of the Mendeleev Institute*, issue 3, no. 5, vol. 3(2001), 34.

22 Lebedev, "O doblesti", 20; Zhukov, "Mendeleyevets v Oak-Ridge (st. Tennessee USA)," 32.

23 Walsh, "George Koval," *Smithsonian*, 44.

24 *Bombshell*では、ホールと連絡員がウォルト・ホイットマンの詩「草の葉」の言葉を使った暗号で、落ち合う日を伝えあっていたことが明かされている。関連があるかどうかはわかっていないが、コヴァルはまさにこの本を数十年にわたって所持していた。

25 *Bombshell*, 194.

26 Ibid.

27 Ibid., 195.

28 Ibid.

29 Ibid., 24.

30 Ibid. 2003年、クラミッシュからコヴァルへの手紙。

31 Ibid. 2003年、クラミッシュからコヴァルへのEメール。

32 IU. A. Lebedev, "The Character of Solzhenitsyn," in *Historical Bulletin of the Mendeleev Institute* 50 (2017), 27–43.

33 Lota, *GRU i atomnaia bomba*, 261.

34 Lebedev, *Dva vybora*, 48.

35 Lota, Vladimir: "They Called Him Delmar" in *Red Star* magazine, July 2007.

エピローグ

1 Lota, "Ego zvali 'Del'mar,' ", 25.

2 Walsh, "George Koval," *Smithsonian*, 40.

3 "President Vladimir Putin Handed Over to the GRU (Military Intelligence) Museum the Gold Star Medal and Hero of Russia Certificate and Document Bestowed on Soviet Intelligence Officer George Koval," press release, President of Russia: Official Web Portal, web.archive.org/web/20140116194923/archive.kremlin.ru/eng/text/news/2007/11/150176.shtml, November 2, 2007.

4 Ibid.

5 Walsh, "George Koval," *Smithsonian*, 40.

6 Ibid., 40, 42.

7 Broad, A18.

8 Ibid.

9 "James A. Schoke's Interview (2014)," Voices of the Manhattan Project, November 7, 2014,

manhattanprojectvoices.org/oral-histories/james-schokes-interview-2014. 1/4/20.

10 Walsh, "George Koval," *Smithsonian*, 47.

11 2020年6月にマヤ・コヴァルが著者に送ってくれた蔵書リストより。

12 この献辞は英語で書かれていた。マヤ・コヴァルがこれを見つけてレベデフのためにロシア語に訳したものが彼の2冊の著書、*Dva vybora . . . ob istorii verbovok Zh. A. Kovalia* と *Vetvleniia sudby Zhorzha Kovalia* に掲載された。本書ではそれをさらにマーシャ・ステパノワに英訳し直してもらって引用した。

訳者あとがき

第二次世界大戦中、ソヴィエト連邦の国民でありながら、アメリカで米国民として米国陸軍に入隊し、軍務のかたわら、原爆に関わる機密情報をソ連に流し続けたスパイがいた。ヨーロッパとアジア太平洋地域で激戦が繰り広げられていたころ、彼は米軍の施設内でジープを乗り回していたのだ。なぜそんなことができたのだろう。

その男、ジョージ・コヴァルは一九一三年一二月二五日、アメリカのアイオワ州スーシティで、ロシア・ユダヤ人移民の家庭に生まれた。彼の両親はその三年前、反ユダヤ主義の嵐が吹き荒れる帝政ロシアを逃れ、自由を求めてこの地に移り住んだ。ふたりとも熱心な社会主義者で、子供たちもその影響を受けて育った。コヴァルは成績優秀だったらしく、わずか一五歳で高校を卒業、その三カ月後にアイオワ大学工学部に入学した。その翌年には青年共産主義連盟のアイオワ支部代表に選ばれている。しかし一九三一年、彼は活動に熱中するあまり、警察沙汰を起こしてしまう。折しもアメリカでは、革命を経て誕生したソ連への警戒心から、ロシア移民に疑惑の目を向ける風潮が広まっていた。さらに「ユダヤ人は共産主義者」という偏見から反ユダヤ主義も高まりを見せていた。多くのユダヤ人はそれでもアメリカ社会に溶けこむ努力を続けたが、ジョージ親子は信念を曲げず、次第に孤立を深めていった。大恐慌の影響も相まって、大工だった父親は仕事の注文が減り、経済的にも追い詰められた。

一九三二年、一家はついにソ連に戻る決意を固め、極東地方に新設されたユダヤ人自治区に移住した。二年後、コヴァルは学位取得をめざしてモスクワのメンデレーエフ化学工科大学に入学する。彼はここでも優秀な成績をおさめ、大学院への進学を考えるようになった。しかしそんな彼に赤軍参謀本部情報総局（GRU）が目をつけた。科学スパイとしてアメリカに送り込むのにうってつけの人材と見なされたのだ。コヴァルは赤軍に入隊、諜報員としての訓練を受けたのち、一九四〇年にアメリカに密入国した。八年前にソ連に渡ったときには父ひとりの名で一家のパスポートを取得したので、アメリカ側にはジョージ・コヴァルが出国した記録がいっさい残っていなかったのだ。

コヴァルはニューヨークに居を定め、諜報活動の拠点として開設された偽装会社で働きながら、コロンビア大学で化学を学び、機が熟すのを待った。やがて一九四三年、彼は米国陸軍に徴兵された。軍では特別課程で科学技術者としての訓練を受け、優秀さを認められて原子爆弾開発研究施設に配属された。施設で働く人々を健康被害から守るため、放射線の測定・管理にあたることになったのだ。施設内のすべての場所に立ち入る必要があったことから、コヴァルは最高機密取扱資格を与えられた。諜報員にとっては願ってもない任務だった。彼は一九四四年にテネシー州オークリッジの施設で、翌年にはオハイオ州デイトンの施設で、原爆製造の鍵となる重要な情報を収集し、母国に送ることができたのだった。

一九四五年に広島と長崎に原爆が投下されてから四年後、アメリカの予想よりも大幅に早く、ソ連は初の原子爆弾を完成させ、爆発実験に成功した。後年、ソ連の開発責任者だった核物理学者のイーゴリ・クルチャトフは、「プロジェクト成功の五〇パーセント」は諜報活動によってもたらされたものだと述べた。無駄な実験を繰り返さずにすみ、大幅に開発を早められたというのだ。ソ連は英米による原爆開発計画が始動したころから、アメリカ、イギリス、カナダに数多くの「原爆スパイ」を放ってきた。一九五〇年ごろにはスパイの裏切りにより、そうした諜報ネットワークの存在が発覚してＦＢＩの捜査が大きく進んだ。

しかしジョージ・コヴァルの名が浮上するのは、さらに数年後のことだった。本書ではその捜査過程も丹念に追っていく。

著者は米国のノンフィクション作家、アン・ハーゲドーン。「ウォール・ストリート・ジャーナル」紙の元記者で、本書を執筆する以前にも五冊の作品を世に送り出している。そのテーマは、名門競走馬育成牧場カルメット・ファームの栄枯盛衰、国際誘拐ビジネス、一九世紀アメリカの地下鉄道運動〔奴隷の逃亡を支援した活動〕など、じつに多彩で、いずれも綿密な取材調査を経て生まれた力作だ。最新作の『スリーパー・エージェント』でも、その実力を如何なく発揮し、膨大な資料をもとに、戦中戦後をしたたかに生き抜いた男の一生を力強い筆致で描き出している。

本書は二〇二一年七月にアメリカで出版され、「軽快なペースで科学的な事実をわかりやすく語り、ソ連諜報活動史に残る瞠目すべきエピソードの数々を明らかにしていく。一読に値する作品だ」〔「パブリッシャーズ・ウイークリー」〕、「ジョン・ル・カレの小説に匹敵する秀逸な冒険物語」〔書評サイト「ニューヨーク・ジャーナル・オブ・ブックス」〕、「熟考と忍耐がいかに諜報活動を利するかを学べる教科書のような本」〔CIA課報研究所機関誌「スタディーズ・イン・インテリジェンス」誌〕など、各方面から高い評価を得た。翌年には二〇二二年度エドガー賞犯罪実話賞にノミネートされた。

訳者にとっても刺激に満ちた実り多い仕事だったが、固有名詞の表記には少々悩んだ。ジョージ・コヴァル〔George Koval〕のロシア名は「ジョルジュ・コワリ〔Zhorzh Koval〕」というらしいが、国境を越えるたびに名前を変えるわけにいかないので、原著の綴りに従い、英語読みを基本とした。Kovalは「コウヴァル」と表記すべきだろうが、「コヴァル」とも聞こえる。最終的には読みやすさを優先した。彼のコードネームDelmarも英語読みの「デルマー」とした。ジョージの家族についてはヘブライ語読みが適切と判断し、単語の発音が聞けるサイト、https://ja.forvo.com/で確認した。なお、著者の苗字Hagedornは、日本ではさまざまに表記されているが、彼女の公式サイトの動画（http://annhagedorn.com/sleeper-agent/）で本人が「ハーゲドーン」と名乗っているので、今回はそれに合わせることにした。この動画では本書に描かれた時代や場所の映像・画像を見ることができる。興味のあるかたはぜひのぞいてみていただきたい。

本書では、おもに文献資料から掘り起こした事実をつなぎ合わせてジョージ・コヴァルの物語を構成しているため、コヴァル自身が折々に何を思い、悩み、葛藤していたか、ほんとうのところはわからない。また、著者も認めているように、解明されていない謎も多く残る。

コヴァルは自分の人生をどう思っていたのだろう。みずからの功績を誇りとしていただろうか。彼の弟は独ソ戦で戦死しているが、コヴァルはいつそれを知ったのだろう。ドイツへの復讐を誓っただろうか。原爆がドイツではなく日本に投下されたときには何を感じただろう。何より気になるのは、ホロコーストをどう受け止めたかということだ。コヴァルとその家族は何度となく反ユダヤ主義に直面しなければならなかった。ときには身の危険にもさらされた。そんなものがなければ、彼らの人生は大きくちがっていたことだろう。

コヴァルの物語は、読む者に幾多の重い問いを突きつけたままで幕をおろす。著者は、この本の執筆により「アメリカにおけるソ連スパイ活動史の閉じられた扉を少しずつこじあけていく作業に、わずかながら貢献できたと自負している」という。わたしもまた、訳者としていくらか貢献できたとすればうれしいと思う。

二〇二三年一一月

布施由紀子

【ハ行】

【タ行】

【ナ行】

【カ行】

【サ行】

索　引

【欧文】

【ア行】

photo: Pat Williamsen

【著者略歴】

アン・ハーゲドーン（Ann Hagedorn）

米国オハイオ州デイトン生まれ。コロンビア大学ジャーナリズム大学院卒業。「ウォール・ストリート・ジャーナル」などで新聞記者として活躍したのちノンフィクション作家に転身、名門競走馬育成牧場カルメット・ファームの栄枯盛衰、国際誘拐ビジネス、米国民間軍事会社の実態などをテーマとする意欲作に取り組む。2009年にデニソン大学より名誉人文学博士号を授与された。執筆のかたわら、ジャーナリズム大学院や大学の講座で学生の指導にもあたっている。

［著作一覧］

- *Wild Ride: The Rise and Tragic Fall of Calumet Farm, Inc., America's Premier Racing Dynasty*（Henry Holt & Co., 1994）
- *Ransom: The Untold Story of International Kidnapping*（Henry Holt & Co., 1998）アン・ヘッジドーン・オーバック『国際誘拐ビジネス――語られなかった真実』村上雅夫訳／DHC、2000年
- *Beyond the River: The Untold Story of the Heroes of the Underground Railroad*（Simon & Schuster, 2004）
- *Savage Peace: Hope and Fear in America, 1919*（Simon & Schuster, 2007）
- *The Invisible Soldiers: How America Outsourced Our Security*（Simon & Schuster, 2014）
- *Sleeper Agent : The Atomic Spy in America Who Got Away*（Simon & Schuster, 2021）『スリーパー・エージェント――潜伏工作員』布施由紀子訳／作品社、2024年

【訳者略歴】

布施由紀子（ふせ・ゆきこ）

翻訳家。大阪外国語大学英語学科卒業。訳書に、ジョン・ウィリアムズ『ブッチャーズ・クロッシング』『アウグストゥス』（以上、作品社）、マイケル・ドブズ『核時計零時1分前』（NHK出版）、エリック・シュローサー『核は暴走する』（河出書房新社）、A・R・ホックシールド『壁の向こうの住人たち』（岩波書店）、ベンジャミン・ウチヤマ『日本のカーニバル戦争』（みすず書房）、ティモシー・スナイダー『ブラッドランド』（ちくま学芸文庫）など。

SLEEPER AGENT
THE ATOMIC SPY IN AMERICA WHO GOT AWAY
by ANN HAGEDORN

スリーパー・エージェント
——潜伏工作員

2024年 1月25日　初版第 1 刷印刷
2024年 1月30日　初版第 1 刷発行

著　者　アン・ハーゲドーン
訳　者　布施由紀子

発行者　福田隆雄
発行所　株式会社 作品社
〒102-0072 東京都千代田区飯田橋 2-7-4
電　話　03-3262-9753
ＦＡＸ　03-3262-9757
振　替　00160-3-27183
ウエブサイト　https://www.sakuhinsha.com

装　丁　小川惟久
本文組版　米山雄基
印刷・製本　シナノ印刷株式会社

Printed in Japan
ISBN 978-4-86793-005-2　C0022